U0366951

中等职业教育工业分析与检验专业系列教材编委会

"十二五"职业教育国家规划教材

经全国职业教育教材审定委员会审定

> 中等职业教育工业分析与检验专业系列教材

仪器分析技术

陈兴利　赵美丽　主编
熊秀芳　主审

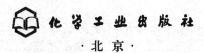

化学工业出版社

·北京·

本教材根据教育部颁布的《中等职业学校工业分析与检验专业教学标准》编写，突出理论实践一体化教学。全书共分十六个检测项目，内容囊括紫外-可见分光光度法、原子吸收光谱法、电位分析法和气相色谱法。

教材围绕各检测项目的国家标准进行编写，严格规范操作过程及知识体系的描述。切实结合企业生产实际，力求培养能与企业直接对接的高素质劳动者和技能型人才。

本书适合中等职业学校工业分析与检验、药物分析与检验以及环境监测、商品检验、精细化工、食品工程等专业作为教材使用，也可作为职业技能培训基本操作训练用书。

图书在版编目（CIP）数据

仪器分析技术/陈兴利，赵美丽主编 . —北京：化学工业出版社，2016.5（2025.2 重印）

"十二五"职业教育国家规划教材 中等职业教育工业分析与检验专业系列教材

ISBN 978-7-122-26459-6

Ⅰ．①仪… Ⅱ．①陈…②赵… Ⅲ．①仪器分析-中等专业学校-教材 Ⅳ．①O657

中国版本图书馆 CIP 数据核字（2016）第 046447 号

责任编辑：窦　臻　　　　　　　　　　文字编辑：刘志茹
责任校对：王素芹　　　　　　　　　　装帧设计：史利平

出版发行：化学工业出版社（北京市东城区青年湖南街 13 号　邮政编码 100011）
印　　装：涿州市般润文化传播有限公司
787mm×1092mm　1/16　印张 24¾　字数 605 千字　2025 年 2 月北京第 1 版第 7 次印刷

购书咨询：010-64518888　　　　　　售后服务：010-64518899
网　　址：http://www.cip.com.cn

凡购买本书，如有缺损质量问题，本社销售中心负责调换。

定　　价：49.00 元

前 言　FOREWORD

　　《仪器分析技术》作为教育部遴选的"中等职业学校工业分析与检验专业"的专业核心课教材，是为适应建立健全职业教育保障体系和规范化教材建设的需要，根据教育部最新批准的《中等职业学校工业分析与检验专业教学标准》要求而编写的。本教材以中等职业学校《仪器分析技术课程标准》为依据，按照"任务引领、做学一体"的设计思路，结合《国家职业标准化学检验工（三、四、五级）》相关要求，从浩瀚的国家检测标准体系中遴选了具有代表性的十六个检测项目，涉及紫外-可见分光光度法、原子吸收光谱法、电位分析法和气相色谱法。教材以项目工作过程为导向，从认识仪器→操作仪器→样品检测→形成报告等工作任务流程为主线编排内容，并根据仪器分析技术实际应用现状，结合学生的认知特点，层层展开工业产品检测和质量控制分析检测工作的职业面纱，带领学生走进仪器分析技术领域。

　　本教材主要特点如下：

　　1. 教材体现了以职业能力培养为本位、以操作实践能力为主线、以综合素质提升为核心的职业教育课程理念。

　　2. 在教材内容选择上，理论以"必需"、"够用"为原则，实践以真实工作任务为载体，强化分析检测技术应用能力培养，结合职业资格证书考核要求，培养学生分析检验的综合能力和职业素质。

　　3. 在教材编写形式上，力求做到体例新颖、图文并茂、通俗易懂、表达清晰。任务设计形式以工作过程为导向，按照任务引入、任务目标、任务分析、任务实施、任务评估等工作过程表达方式，展开项目训练。

　　4. 教材中每个项目都有质控或加标回收验证，让学生充分认知检测方法的规范性及科学性。项目中的检验方法选自国家标准或行业标准，其中名词术语定义、量和单位、量方程等力求采用国家标准中的描述，体现行业标准化、规范化的要求。

　　5. 教材配套有相关的检测标准（包括本教材中涉及的国家和行业标准）以及教学 PPT 文档、课后习题答案等，便于读者自学以及查阅原始资料。选用本教材的学校可以与化学工业出版社联系（cipedu@163.com），免费索取。

　　特别说明：教材中选用的仪器只供示范，同类型的仪器在教学中可以同等使用。教材中带"＊"拓展项目为选学项目。本教材除特别指明外，所用试剂的纯度应在分析纯以上，实验用水应至少符合 GB/T 6682 三级水规格。

　　本教材由上海信息技术学校陈兴利和江西省化学工业学校赵美丽任主编，新疆化学工业学校王丽任副主编，武汉技师学院熊秀芳主审。陈兴利编写项目七、项目八、项目九、项目十六；赵美丽编写项目一、项目十三、项目十四、项目十五；王丽编写项目二、项目三；河南化学工业高级技工学校马金红编写项目四、项目五、项目六、项目十二；海南技师学院韩衍蝶编写项目十、项目十一。 全书由陈兴利和赵美丽统稿并修改。

　　本教材在编写过程中得到上海信息技术学校周健副校长、盛晓东主任以及江西省化学工业学校边风根副校长的关心与支持，江西省化学工业学校陈艾霞老师为教材的编写提供了许多宝贵的意见，上海化工研究院张永清总工、陕西省石油化工学校韩利义老师对全书仔细审阅并提出许多建设性意见。 在此均表示衷心的感谢！

　　由于编者水平有限，时间仓促，教材中不妥之处在所难免，敬请读者批评指正。

编　者

2016 年 3 月

目 录　CONTENTS

项目一

步入仪器分析殿堂

项目导航

　　分析化学包括化学分析法和仪器分析法。仪器分析是分析化学的一个重要组成部分，化学分析是利用化学反应及其计量关系进行分析的一类分析方法；仪器分析则是以物质的物理性质或物理化学性质为基础，通过精密仪器测定物质的物理性质或物理化学性质而分析出待测物质的化学组成、成分含量及化学结构等信息的一类分析方法。

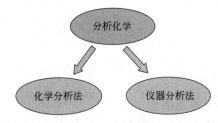

　　本项目从走进仪器分析实验室开始，介绍仪器分析实验室中相关设备，概述仪器分析技术课程，包括一个工作任务——认识与使用仪器分析实验室设备。

任务　认识与使用仪器分析实验室设备

 **任务引入**

 **任务目标**

1. 会绘制仪器分析实验室平面图。
2. 会安全使用实验室的水电。
3. 能正确使用洗眼器和紧急冲淋装置。
4. 会整理仪器分析实验室。
5. 能说出仪器分析法的分类。
6. 能说出实验室"7S"管理内涵。

工作页

（一）任务分析

1. 明晰任务流程

绘制实验室平面图 → 使用实验室基础设备 → 使用洗眼及冲淋装置 → 整理仪器分析实验室

2. 任务难点分析

（1）仪器分析实验室平面图绘制；

（2）整理仪器分析实验室。

3. 条件需求与准备

（1）洗眼器及冲淋装置；

（2）相关仪器。

（二）任务实施

 活动1　绘制仪器分析实验室平面图

1. 走进仪器分析实验室

通过观察某一间仪器分析实验室，了解实验室的结构布局，记录以下信息：实验室的长度和宽度、层高、实验台的尺寸及位置、仪器的名称及摆放位置等，填至表1-2中。

2. 绘制平面图

根据以上信息，绘制上述实验室的平面图。

知识链接

1. 化学分析法与仪器分析法的区别与联系

化学分析法是指利用化学反应和它的计量关系来确定被测物质的组成和含量的一类分析方法，主要包括滴定分析法和重量分析法。

仪器分析法是基于与物质的物理或物理化学性质而建立起来的分析方法。这类方法通常是测量光、电、磁、声、热等物理量而得到分析结果，而测量这些物理量，一般要使用比较复杂或特殊的仪器设备，因而称之为"仪器分析"。

（1）仪器分析法的特点

① 灵敏度高，检出限低　仪器分析法的检测限一般都在10^{-6}级、10^{-9}级，有的甚至可达10^{-12}数量级。如原子吸收光谱法的检测限可达10^{-9}（火焰原子化法）～10^{-12}（非火焰原子化法）g/L。因此，仪器分析适用于微量或痕量组分的分析，它对于超纯物质的分析、环境监测及生命科学研究等有着非常重要的意义。

② 选择性好　许多仪器分析方法可以通过选择或调整测定条件，不经分离而同时测定混合物的组分，可适用于复杂物质的分析。

③ 样品用量少　测定时有时只需数微升或数毫克样品，甚至可用于样品无损分析。如X射线荧光分析法可以在不损坏样品的情况下进行分析，这对考古、文物分析等有特殊应用价值。

④ 应用范围广泛，能适应各种分析要求　除了用于定性、定量分析外，仪器分析还可以用于结构分析、价态分析、状态分析、微区和薄层分析、微量及超痕量分析等，也可用来测定有关物理化学常数。

⑤ 易于实现自动化，操作简便快速　被测组分的浓度变化或物理性质变化能转变成某种电学参数（如电阻、电导、电位、电容、电流等），使分析仪器容易和计算机连接，实现自动化，从而简化操作过程。样品经预处理后，有时经数十秒到几分钟即可得到分析结果。如冶金部门用的光电直读光谱仪，在$1\sim2$min可同时测出钢样中20～30种成分。

仪器分析用于成分分析仍有一定局限性：第一，准确度不够高，通常相对误差在百分之几左右，一般不适合常量和高含量组分的分析；第二，仪器设备复杂，价格昂贵，特别是一些大型化精密仪器还不容易普及，推广使用受到一定限制。

（2）仪器分析技术与化学分析技术的联系

二者之间并不是完全孤立的两种分析技术，区别也不是绝对的。仪器分析技术是在化学分析技术的基础上发展起来的，其应用过程中大多涉及化学分析，如试样在进行仪器分析之前，通常需要用化学法对试样进行预处理（如富集浓缩、除去干扰物质等）；仪器分析大多属于相对比较测量法，即分析时一般都要用标准物质进行定量工作曲线校准，而所用标准物质却需要用化学分析法进行准确含量的测定；进行复杂物质的分析时，仅仅依靠仪器分析方法无法顺利进行，时常要综合运用多种方法才能完成分析任务。总之，正如著名分析化学家梁树权先生所说，"化学分析和仪器分析同是分析化学两大支柱，两者唇齿相依，相辅相成，彼此相得益彰"。

2. 仪器分析法的分类

仪器分析法内容丰富，种类繁多，为了便于学习和掌握，将仪器分析法按其测量过程中所观测的物质的物理、化学特征性质进行分类（见表1-1）。

表 1-1　仪器分析法分类

方法的分类	特征性质	相应的分析方法（部分）
光学分析法	辐射的发射	原子发射光谱法（AES）
	辐射的吸收	原子吸收光谱法（AAS），红外吸收光谱法（IR），紫外-可见吸收光谱法（UV-Vis），核磁共振波谱法（NMR），原子荧光分光光度法（AFS）
	辐射的散射	浊度法，拉曼光谱法
	辐射的衍射	X射线衍射法，电子衍射法
电化学分析法	电导	电导法
	电流	电流滴定法
	电位	电位分析法
	电量	库仑分析法
	电流-电压特性	极谱分析法，伏安法
色谱分析法	两相间的分配	气相色谱法（GC），高效液相色谱法（HPLC），离子色谱法（IC）
其他分析法	质荷比	质谱法

活动2　使用仪器分析实验室基础设备

1. 使用配电盒

熟悉配电盒的位置（见图1-1），确认配电盒内每个开关所控用电器的名称，如果开关较多可以标记。实验结束离开实验室前需确认配电盒的开关全部关闭。

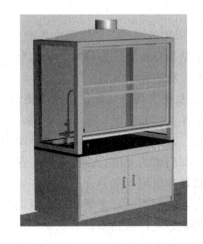

图 1-1　配电盒　　　　　　　　　图 1-2　实验室通风橱

2. 使用通风橱

使用通风橱（见图1-2）的时候人站或坐于橱前，将玻璃门尽量放低，手通过门下伸进柜内进行实验。由于排风扇通过开启的门向内抽气,在正常情况下有害气体不会大量溢出。

 注意事项

1. 在实验开始以前,必须确认通风橱处于运行状态,才能进行实验操作。

2. 实验结束后至少还要继续运行5min以上才可关闭通风机,以排出管道内的残留气体。

3. 实验时,在距玻璃视窗150mm内不要放任何设备,大型实验设备要有充足的空间,不应影响空气的流动,前面视窗尽量放低使用。

4. 通风橱在使用时,每2h进行10min的补风即开窗通风,使用时间超过5h的,要敞开窗户,避免室内出现负压。

5. 禁止在未开启通风橱时在通风橱内做实验。

6. 禁止在做实验时将头伸进通风橱内操作或查看。

7. 禁止通风橱内储存易燃易爆物品。

8. 禁止将移动插线排或电线放在通风橱内。

9. 操作人员在不使用通风橱时,通风橱台面避免存放过多的试验器材或化学物质,禁止长期堆放。

活动3 练习使用洗眼器及紧急冲淋装置

1. 练习使用洗眼器。
2. 练习使用紧急冲淋装置。

知识链接

洗眼器及紧急冲淋装置

(1)洗眼器

洗眼器(见图1-3)是当发生有毒有害物质(如化学液体等)喷溅到工作人员身体、脸、眼等部位,用于紧急情况下,暂时减缓有害物对身体的进一步侵害的重要急救设备,进一步的处理和治疗需要遵从医生的指导,避免或减少不必要的意外。

(2)紧急冲淋装置

"紧急冲淋装置"适用于事故抢险、迅速清洗附着在人体上的有毒有害物质,通过使用大量的水快速喷淋、冲洗,达到应急处理,从而减轻受伤害的程度,如图1-4所示。

图1-3 洗眼器

图1-4 紧急冲淋装置

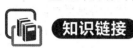 **活动 4　整理仪器分析实验室**

1. 整理某一实验室的仪器设备。

2. 整理玻璃仪器及药品试剂等。

3. 整理好所有的仪器后，整理实验室台面，清洁地面。

知识链接

"7S"管理内涵

"7S"管理是基于日本"5S"管理方式的一种管理方法，"5S"即整理、整顿、清扫、清洁、素养，"6S"在此基础上多了一个安全，"7S"多了一个节约。

"5S"起源于日本，是指在生产现场对人员、机器、材料、方法、信息等生产要素进行有效管理。这是日本企业独特的管理办法。因为整理（Seiri）、整顿（Seiton）、清扫（Seiso）、清洁（Seiketsu）、素养（Shitsuke）是日语外来词，在罗马文拼写中，第一个字母都为 S，所以日本人称之为"5S"。近年来，随着人们对这一活动认识的不断深入，有人又添加了"安全（Safety）、节约（Save）"等内容，分别称为"6S"、"7S"。

1S（整理）

定义：区分需要用的和不需要用的，不需要用的清除掉。

目的：把"空间"腾出来活用。

2S（整顿）

定义：要用的东西依规定定位、定量摆放整齐，明确标识。

目的：不用浪费时间找东西。

3S（清扫）

定义：清除工作场所内的脏污，并防止污染的发生。

目的：消除"脏污"，保持工作场所干干净净、明明亮亮。

4S（清洁）

定义：将上面 3S 实施的做法制度化，规范化，并维持成果。

目的：通过制度化来维持成果，并显现"异常"之所在。

5S（素养）

定义：人人依规定行事，从心态上养成好习惯。

目的：提升"人的品质"，养成工作讲究认真的习惯。

6S（安全 ）

A. 管理上制定正确作业流程，配置适当的工作人员监督指示功能。

B. 对不合安全规定的因素及时举报消除。

C. 加强作业人员安全意识教育。

D. 签订安全责任书。

目的：预知危险，防患于未然。

7S（节约）

减少企业的人力、成本、空间、时间、库存、物料消耗等因素。

目的：养成降低成本习惯，加强作业人员减少浪费意识教育。

(三) 任务数据记录（见表1-2）

表1-2　原始记录

记录编号		实验室名称	
温度		相对湿度	
配电盒是否完好		通风橱是否正常	
实验室整理	合格□　　　　　　　不合格□		
一、绘制实验室平面图			
实验室长度/m		实验室宽度/m	
实验台长度/m		实验台宽度/m	
实验室平面图			
二、使用洗眼器及紧急冲淋装置			
洗眼器的使用方法			
紧急冲淋装置的使用方法			
检验人		复核人	

(四) 任务评估（见表1-3）

表1-3　任务评价表　　　日期

评价指标	评价要素	等级评定	
		自评	教师评
绘制实验室平面图	是否正确		
配电盒使用	是否正确		
通风橱使用	是否正确		
洗眼器使用	是否正确		

続表

评价指标	评 价 要 素	等级评定	
		自评	教师评
紧急冲淋装置使用	是否合理		
整理实验室	是否合理		
学习方法	预习报告书写规范		
工作过程	遵守管理规程,操作过程符合现场管理要求,出勤情况		
思维状态	能发现问题、提出问题、分析问题、解决问题		
自评反馈	按时按质完成工作任务,掌握专业知识点		
经验和建议			
总成绩			

注:等级评定:A,好;B,较好;C,一般;D,有待提高。(此表注适用全书同类"任务评价表")

拓展知识　仪器分析技术的发展趋势

现代工业生产的发展、科学技术的不断进步和人民生活水平的提高,特别是近几年,生命科学、资源调查、医药卫生、环境科学、材料科学的迅猛发展和深入研究对分析化学提出了新的要求。为了适应科学发展,仪器分析随之也出现以下发展趋势。

(1)方法的创新

进一步提高仪器分析方法的灵敏度、选择性和准确度。各种选择性检测技术和多组分同时分析技术等是当前仪器分析研究的重要课题。

(2)分析仪器智能化

计算机在仪器分析法中不仅只运算分析结果,还可以优化操作条件、控制完成整个仪器的分析过程,包括进行数据采集、处理、计算等,直至数据动态显示和最终结果输出,从而实现分析操作的自动化和智能化。

(3)新型动态分析检测和非破坏性检测

离线的分析检测不能瞬时、直接、准确地反映生产实际和生命环境的情景实况,不能及时控制生产、生态和生物过程。运用先进的分析原理研究建立有效而实用的实时、在线和高灵敏度、高选择性的新型动态分析和非破坏性检测将是21世纪仪器分析发展的主流。目前生物传感器如酶传感器、免疫传感器、细胞传感器等不断涌现;纳米传感器的出现也为活体分析带来了机遇。

(4)多种方法的联合使用

仪器分析多种方法的联合使用可以使每种方法的优点得以发挥,使每种方法的缺点得以补救。联合使用分析技术已成为当前仪器分析的重要方向。

(5)扩展时空多维信息

随着环境科学、宇宙科学、能源科学、生命科学、临床医学、生物医学等学科的兴起,现代仪器分析的发展已不再局限于将待测组分分离出来进行表征和测量,而且成为一门为物质提供尽可能多的化学信息的科学。随着人们对客观物质认识的深入,某些过去所不甚熟悉的领域(如多维、不稳态和边界条件等)也逐渐提到日程上来。采用现代核磁共振光谱、质谱、红外光谱等分析方法可提供有机物分子的精细结构,空间排列构型及瞬态变化等信息,为人们对化学反应历程及生命的认识，提供了重要基础。

（6）分析仪器微型化及微环境的表征与测定

包括微区分析、表面分析、固体表面和深度分布分析、生命科学中的活体分析和单细胞检测、化学中的催化与吸附研究等。仪器分析的微型化特别适于现场的快速分析。

总之，仪器分析正在向快速、准确、自动、灵敏及适应特殊分析的方向迅速发展。

 **思考题**

简答题

1. 概述仪器分析技术的概念及特点。

2. 列举仪器分析技术的内容分类。

项目二

分光光度法测定生活饮用水中的总铁

 项目导航

铁作为生活饮用水质常规检验一般化学限量指标必测项目，同时铁也是动物组织和血液中的重要元素，铁参与血红蛋白、肌红蛋白、细胞色素和其他酶的合成，并参与氧的运输。铁作为生活饮用水质常规检验一般化学限量指标（限铁值 0.3mg/L），水中铁含量超过 0.3mg/L 时，会产生一定的颜色和气味。水中含铁量高，会使洗过的衣服和卫生用品（瓷器）发生斑点，含量达 1~2mg/L 时，有些人会感觉到苦涩味，所以测定生活饮用水中铁含量很有必要。

铁的测定方法有原子吸收光谱法、原子发射光谱法、邻二氮杂菲分光光度法等，前两种需要较昂贵的仪器，不便于基层推广使用。为此，我们选择邻二氮杂菲分光光度法测铁的含量。

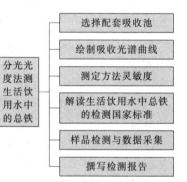

分光光度法是指应用分光光度计，根据物质对不同波长的单色光吸收程度不同而对物质进行定性定量分析的方法。根据光的波谱区域不同，可分为：

① 紫外分光光度法（200~380nm）；
② 可见分光光度法（380~780nm）；
③ 红外分光光度法（0.78~300μm）。

本项目为可见分光光度法，以邻二氮杂菲为显色剂，故称为邻二氮杂菲分光光度法。项目共包括六个工作任务。

 资源链接

1. JJG 178—2007 紫外、可见、近红外分光光度计检点规程
2. GB/T 5750.6—2006 生活饮用水标准检验方法 金属指标
3. JJF 1032—2005 光学辐射计量名词术语及定义
4. GB/T 8322—2008 分子吸收光谱法术语
5. GB/T 14666—2003 分析化学术语
6. 紫外-可见分光光度计操作规程

任务一　选择配套吸收池

任务引入

　　上海张女士一家搬进新装修的房子后，出现头晕乏力等症状，后发现是由于房间内甲醛超标造成的。那么如何检测甲醛呢？可以用紫外-可见分光光度计进行检测。下面就来认识一下这个仪器。

任务目标

1. 会操作紫外-可见分光光度计。
2. 会正确使用吸收池。
3. 会选择配套吸收池，会校正吸收池。
4. 说出光的基本特性。
5. 记住紫外线、可见光的波长范围。
6. 说出紫外-可见分光光度计的基本组成部件。
7. 记住单色光、透射比、吸光度概念。

（一）任务分析

1. 明晰任务流程

2. 任务难点分析

（1）查阅仪器说明书；

（2）查找任务活动中的操作方法。

3. 条件需求与准备

（1）紫外-可见分光光度计；

（2）紫外-可见分光光度计使用说明书。

4. 吸收池计量性能要求（见表 2-1）

表 2-1 吸收池配套性要求

吸收池类型	波长/nm	配套误差/%
石英吸收池	220	0.5
玻璃吸收池	440	0.5

通用技术要求：吸收池不得有裂纹，透光面应清洁，无划痕和斑点。

环境条件：温度（10～35℃），相对湿度不大于 85%，电压 220V±22V，频率 50Hz±1Hz，仪器不应受强光直射，周围无强磁场、电场干扰，无强气流及腐蚀性气体。

（二）任务实施

活动 1 认识分光光度计

紫外-可见分光光度计有各种型号，外形也略有差异，如图 2-1 所示。

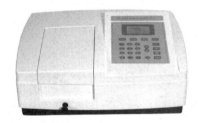

图 2-1 紫外-可见分光光度计

各种型号的分光光度计均由五部分组成，如图 2-2 所示。

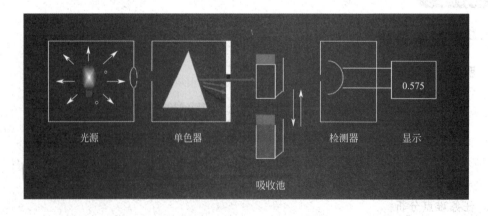

图 2-2 紫外-可见分光光度计结构

分光光度计的型号很多，但它们的基本结构相似，都是由光源、单色器、吸收池、检测器和显示系统等部件构成。

1. 光源

紫外-可见分光光度计的光源有两种，如图 2-3 所示，一种是热辐射光源，提供可见光，另一种是气体放电光源，提供紫外线，测定时根据需要打开相应的光源。热辐射光源利用固体灯丝材料高温放热产生的辐射作为光源，如钨灯、卤钨灯。钨灯作为光源，其辐射波长范围在 $320\sim2500nm$，最适宜的波长使用范围是 $320\sim1000nm$，卤钨灯的使用寿命及发光效率高于钨灯。气体放电光源是指在低压直流电条件下，氢气或氘气放电所产生的连续辐射，一般为氢灯或氘灯，最适宜的波长使用范围是 $185\sim375nm$。

图 2-3　分光光度计光源

2. 单色器

单色器是将光源发射的复合光分解成单色光并可从中选出任一波长单色光的光学系统，如图 2-4 所示。紫外-可见分光光度计的色散元件，目前主要采用棱镜和光栅。单色器由以下五个部分组成。

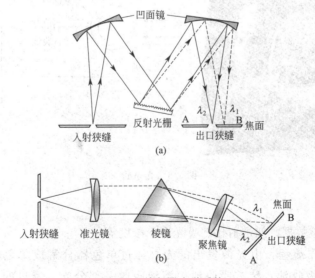

图 2-4　单色器光学系统

① 入射狭缝：光源的光由此进入单色器。

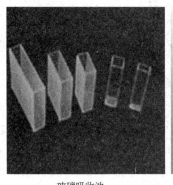

玻璃吸收池　　　　　石英吸收池

图 2-5　吸收池

② 准光装置：透镜或凹面反射镜使入射光成为平行光束。

③ 色散元件：将复合光分解成单色光。

④ 聚焦装置：透镜或凹面反射镜，将分光后所得单色光聚焦至出射狭缝。

⑤ 出射狭缝：所需要的单色光由此射出。

3. 吸收池

吸收池又称比色皿，是用于盛放待测液和决定透光液层厚度的器件，如图 2-5 所示。吸收池一般为长方体（也有圆鼓形或其他形状，但长方体最普通），其底及两侧为毛玻璃，另两面为光学透光面。根据光学透光面的材质，吸收池有玻璃吸收池和石英吸收池两种。玻璃吸收池用于可见光区，石英吸收池用于可见光区和紫外光区均可。吸收池的规格是以光程为标志的。紫外-可见分光光度计常用的吸收池规格有：0.5cm、1.0cm、2.0cm、3.0cm、5.0cm 等，使用时，根据实际需要选择。

4. 检测器

检测器又称接收器，其能对透过吸收池的光做出响应，并把它转变成电信号输出，其输出信号大小与透过光的强度成正比。

分光光度计中的光电转换元件有光电池、光电管（见图 2-6）、光电倍增管等。

目前最常见的检测器是光电倍增管，其特点是在紫外-可见光区的灵敏度高，响应快。但强光照射会引起不可逆损害，因此高能量检测不宜，需避光。

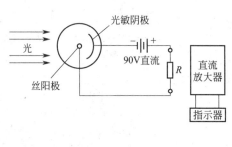

图 2-6　光电管

5. 显示系统

显示测量的实验数据，如透射比、吸光度、浓度等。

分光光度计工作流程：由光源发出的光，经过单色器分解成单色光，单色器选择所需要的单色光通过吸收池，装在吸收池中溶液吸收一部分光，透过的光进入检测器，检测器将接收到的光信号转变成电信号，放大后输出给显示系统，由显示系统显示出吸光度或透射比。

活动2 操作分光光度计

1. 阅读仪器使用说明书。
2. 打开分光光度计箱盖，打开仪器电源开关，预热20min。
3. 转动手轮，选择所需波长。
4. 在控制面板上切换到 τ 模式，练习调 $\tau=0\%$ 和 $\tau=100\%$。
5. 练习拉杆按照挡位拉出和复位。

@ 注意事项

1. 转动波长手轮时要沿着一个方向转动，不要来回振荡。
2. 切换模式时，按键的力度要合适。
3. 在非测量状态下，暗箱盖是打开的。

 知识链接

1. 光

（1）光的性质

光是一种电磁波，如表2-2所示，既有波动性又有粒子性。光的波动性可用波长 λ、频率 ν、光速 c 等参数来描述：

$$\lambda=\frac{c}{\nu}$$

光由具有能量的光子流组成，光子的能量用下式表达：

$$E=h\nu=h\frac{c}{\lambda} \tag{2-1}$$

式中，E 为能量，eV；ν 为频率，Hz；λ 为波长，nm；c 为光速，299792458m/s；h 为普朗克常数，6.626×10^{-34}J·s。

从式（2-1）中可见，光的能量与波长成反比，光的波长越短（频率越高），其能量越大。

表 2-2　电磁波谱

电磁波	波长/nm	电磁波	波长/nm
γ 射线	$5\times10^{-4}\sim0.014$	可见光	$380\sim780$
硬 X 射线	$0.014\sim0.14$	近红外线	$780\sim3000$
软 X 射线	$0.14\sim10$	中红外线	$3\times10^3\sim3\times10^4$
远紫外线	$10\sim200$	远红外线	$3\times10^4\sim3\times10^5$
紫外线	$200\sim380$	微波	$3\times10^5\sim10^9$

（2）单色光、复合光

单色光是指具有单一频率的光。实际上，频率范围甚小的光既可看成单色光，也可用空气或真空中的波长来表征单色光。复合光是指包含两种或两种以上单色成分的光，如白光。可见光是指能直接引起视感觉的光学辐射，其波长范围为 $380\sim780$nm。

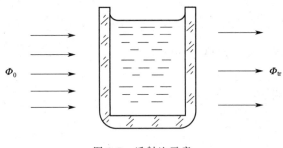

图 2-7　透射比示意

2. 透射比

透射比 τ：透射光通量与入射光通量之比（见图 2-7）。

$$\tau = \frac{\Phi_{tr}}{\Phi_0}$$

式中，Φ_0 为入射光通量；Φ_{tr} 为透射光通量。

透射比可以用小数表示，也可以用百分数表示，用百分数表示时称为百分透射比。

3. 吸光度

物质对光的吸收程度可用吸光度 A 表示。吸光度是透射比倒数的对数。

$$A = \lg \frac{1}{\tau} \tag{2-2}$$

活动3　检验吸收池的配套性

1. 洗涤吸收池，装入蒸馏水至 2/3 高度，用滤纸吸干外壁水分，用擦镜纸擦拭光学面，如图 2-8 所示，依次放入仪器样品室。

2. 拉动吸收池拉杆，将第一只吸收池置于光路中，在仪器控制面板上切换到 τ 模式，开盖时调 $\tau = 0\%$。

3. 合上箱盖，调 $\tau = 100\%$。

4. 重复调节 $\tau = 0\%$、$\tau = 100\%$。

5. 拉杆，分别测其他各吸收池的透射比，并记录数据至表 2-3 中。

图 2-8　吸收池使用

6. 开盖，拉杆复位，取出吸收池洗净、晾干。

7. 关仪器电源，填写仪器使用记录。

 **注意事项**

1. 拿取吸收池时，只能用手指接触两侧的毛玻璃面，不可接触光学面，不能将光学面与硬物或脏物接触。

2. 凡含有腐蚀玻璃的物质（如 F^-、$SnCl_2$、H_3PO_4 等）的溶液，不得长时间盛放在吸收池中。

3. 测量完毕立即清洗吸收池，擦干或晾干，不得在电炉或火焰上对吸收池进行烘烤。

 知识链接

吸收池配套性检定方法

仪器所附的同一光径吸收池中，装蒸馏水于 220nm（石英吸收池）、440nm（玻璃吸收池）处，将一个吸收池的透射比调至 100%，测量其他各池的透射比值，其差值即为吸收池的配套性。对透射比范围只有 0％～100％挡的仪器，可用 95％代替 100％。

（三）任务数据记录（见表 2-3）

表 2-3　选择配套吸收池原始记录

记录编号				
样品名称		样品编号		
检验项目		检验日期		
检验依据		判定依据		
温度		相对湿度		
检验设备（标准物质）及编号				
吸收池材质		吸收池规格/cm		
测量波长/nm		测试溶液		
吸收池编号				
透射比				
校验结果				
检验人		复核人		

（四）任务评估（见表 2-4）

表 2-4　任务评价表　　日期

评价指标	评价要素	等级评定	
		自评	教师评
开机	是否预热		
选择波长	波长的选择方法 波长示值		
调透射比	$\tau=0\%$ $\tau=100\%$		
使用吸收池	拿取方法 洗涤方法 装溶液高度 擦拭方法 放入样品室内光学面的方向		
透射比的测量	拉杆方法		
数据处理	记录数据		
学习方法	预习报告书写规范		
工作过程	遵守管理规程 操作过程符合现场管理要求 出勤情况		
思维状态	能发现问题、提出问题、分析问题、解决问题		
自评反馈	按时按质完成工作任务 掌握专业知识点		
经验和建议			
	总成绩		

拓展知识　紫外-可见分光光度计类型

紫外-可见分光光度计按波长范围划分，可分为可见分光光度计、紫外-可见分光光度计；按光路划分，可分为单光束分光光度计、双光束分光光度计；按波长数划分，可分为单波长分光光度计、双波长分光光度计。如图 2-9 所示。

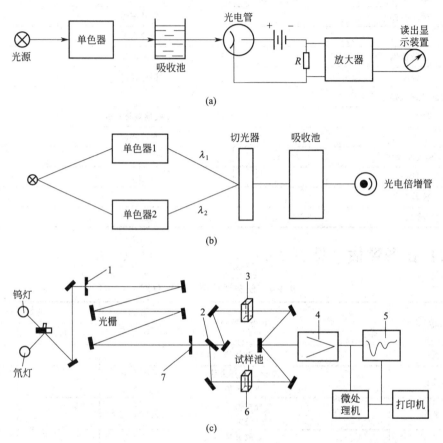

图 2-9　紫外-可见分光光度计的类型
（a）单光束分光光度计；（b）双波长分光光度计；（c）双光束分光光度计
1—入射狭缝；2—切光器；3—参比池；4—检测器；5—记录仪；6—测量池；7—出射狭缝

1. 单光束分光光度计

从光源发出的光经过单色器等一系列光学元件及吸收池后，最后照在检测器上始终为一束光，结构简单、价格低廉，缺点是不能消除光源或检测器波动带来的影响。

2. 双光束分光光度计

单色器分光后经反射镜分解为强度相等的两束光，一束通过参比池，另一束通过样品池。光度计能自动比较两束光的强度，此比值即为试样的透射比，经对数变换将它转换成吸光度并作为波长的函数记录下来。双光束分光光度计一般都能自动记录吸收光谱曲线。由于两束光同时分别通过参比池和样品池，还能自动消除光源强度变化所引起的误差。

3. 双波长分光光度计

由同一光源发出的光被分成两束，分别经过两个单色器，得到两束不同波长（λ_1 和 λ_2）的单色光；利用切光器使两束光以一定的频率交替照射同一吸收池，然后经过光电倍增管和电子控制系统，最后由显示器显示出两个波长处的吸光度差值 ΔA（$\Delta A = A_{\lambda 1} - A_{\lambda 2}$）。对于多组分混合物、浑浊试样（如生物组织液）分析，以及存在背景干扰或共存组分吸收干扰的情况下，利用双波长分光光度法，往往能提高方法的灵敏度和选择性。利用双波长分光光度计，能获得导数光谱。通过光学系统转换，使双波长分光光度计能很方便地转化为单波长工作方式。如果能在 λ_1 和 λ_2 处分别记录吸光度随时间变化的曲线，还能进行化学反应动力学研究。优点是可以完全消除吸收池或空白与样品溶液不匹配，所引起的测量误差。

思考题

一、判断题

1. 可见分光光度计中的光源是氢灯或氘灯。（　　）

2. 单色器是能从复合光中分出一种所需波长的单色光的光学装置。（　　）

3. 吸收池外面的溶液先用滤纸吸，再用擦镜纸擦拭。（　　）

4. 吸收池使用后立即用水冲洗干净。（　　）

5. 紫外分光光度计的光源常用碘钨灯。　　（　　）

6. 紫外-可见分光光度分析中，在入射光强度足够强的前提下，单色器狭缝越窄越好。（　　）

7. 分光光度计检测器的作用是将光信号转变为电信号。（　　）

8. 光电倍增管的灵敏度高于光电管。（　　）

9. 紫外-可见分光光度计使用前必须预热 20min。（　　）

10. 吸收池可以烘干。（　　）

11. 玻璃吸收池可以使用在紫外光区。（　　）

12. 检测器不能长时间曝光，应避免强光照射或受潮积尘。（　　）

13. 按光路分，紫外-可见分光光度计分为单光路和双光路两种。（　　）

14. 吸收池配套性误差一般不大于 5%。（　　）

二、选择题

1. 钨灯或卤钨灯作为光源它们主要用于（　　）。

A. 紫外光区　　　B. 紫外和可见光区　　　C. 可见光区　　　D. 红外光区

2. 比色分光光度法测定中，下列操作正确的是（　　）。

A. 手捏吸收池的毛面　　　　　　　　B. 手捏吸收池的透光面

C. 用普通纸擦拭吸收池的外壁　　　　D. 溶液注满吸收池

3. 722N 型分光光度计适用于（　　）。

A. 可见光区　　　B. 紫外光区　　　C. 红外光区　　　D. 都适用

4. 紫外分光光度计常用的光源是（　　）。

A. 钨灯　　　　B. 氘灯　　　　C. 元素灯　　　　D. 无极放电灯

5. 分光光度计底部干燥筒内的干燥剂要（　　）。

A. 定期更换　　　B. 使用时更换　　　C. 保持潮湿

6. 分光光度计的核心部件是（　　）。

A. 光源　　　　B. 单色器　　　　C. 检测器　　　　D. 显示器

7. 双光束分光光度计与单光束分光光度计相比，其突出优点是（　　）。

A. 可以采用快速响应的检测系统 　　B. 可以抵消吸收池所带来的误差

C. 可以扩大波长的应用范围 　　D. 可以抵消因光源强度的变化而产生的误差

8. 在分光光度法中，当改变仪器波长时，则对零点和透光率100%应（　　　）。

A. 不必校正 　　　　　　　　　　B. 只需校正零点

C. 只需校正100% 　　　　　　　D. 零点和透光率100%都重新校正

9. 透射比是指（　　　）。

A. 透射光通量 Φ_{tr} 与入射光通量 Φ_0 之比 　　B. 入射光通量 Φ_0 与透射光通量 Φ_{tr} 之比

C. 吸收光通量 Φ_a 与入射光通量 Φ_0 之比 　　D. 入射光通量 Φ_0 与吸收光通量 Φ_a 之比

10. 某溶液的吸光度 $A = 0.500$，其透射比为（　　　）。

A. 0.694 　　　B. 0.500 　　　　　C. 0.316 　　　　　D. 0.158

11. 百分透射比 τ 由36.8%变为30.6%时，吸光度 A 改变了（　　　）。

A. 增加了 0.080 　　　　　　　　B. 增加了 0.062

C. 减少了 0.080 　　　　　　　　D. 减少了 0.062

三、填空题

1. 紫外-可见分光光度计由（　　　）、（　　　）、（　　　）、（　　　）、（　　　）五大部件组成。

2. 紫外分光光度计用的光源是（　　　）灯或（　　　）灯。

3. 分光光度分析时，待测溶液一般注到吸收池高度的（　　　）。

4. 紫外线的波长范围是（　　　），可见光的波长范围是（　　　）。

任务二 绘制吸收光谱曲线

为什么 $KMnO_4$ 溶液置于日光下呈现紫色，而 $CuSO_4$ 溶液则呈现蓝色？

将两种特定颜色的光按一定的强度比例混合，可成为白光，这两种特定颜色的光就称为互补色光，如图 2-10 所示，每条直线两端的两种光都是互补色光。当一束白光通过某溶液时，该溶液选择性地吸收白光中的某一波长范围（某种颜色）的光，则该溶液呈现透过光的颜色，如图 2-11。故溶液的颜色是基于物质对光的选择性吸收，若要精确地说明物质具有选择性吸收不同波长范围光的性质，可用该物质的吸收光谱曲线来描述。

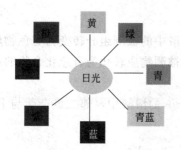

图 2-10 互补色光

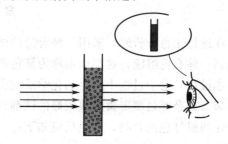

图 2-11 溶液颜色的产生

任务目标

1. 会绘制吸收光谱曲线。
2. 会选择适宜的测定波长、参比溶液、吸收池。
3. 说出显色条件、测量条件的选择方法。

工作页

（一）任务分析

1. 明晰任务流程

准备仪器试剂 → 配制溶液 → 开机预热 → 选择测量波长 → 用参比调零

绘制吸收曲线 ← 关机 ← 更换测量波长 ← 测量试液的吸光度

2. 任务难点分析

绘制吸收曲线。

3. 条件需求与准备

（1）仪器

① 紫外-可见分光光度计。

② 容量瓶：100mL。

（2）试剂

① 铁标准储备溶液（100.0μg/mL）：称取 0.7022g 六水合硫酸亚铁铵溶于少量纯水，加 3mL 盐酸（$\rho_{20}=1.19g/mL$），定容为 1000mL。

② 铁标准使用溶液（10.0μg/mL）（用时配制）。

③ 盐酸羟胺溶液：100g/L（用时配制）。

④ 邻二氮杂菲溶液（1.0g/L）：称取 0.1g 邻二氮杂菲溶解于加有 2 滴盐酸（$\rho_{20}=1.19g/mL$）的纯水中，并稀释至 100mL。此溶液 1mL 可测定 100μg 以下的低铁（避光保存）。

⑤ 乙酸铵缓冲溶液（pH4.2）：称取 250g 乙酸铵溶于 150mL 纯水中，再加入 700mL 冰乙酸，混匀。

⑥ 盐酸溶液（1+1）。

 知识链接

显 色 剂

在进行比色分析时，采用一种合适的试剂将试样溶液中的被测组分转变为有色物质，从而得到一种有色溶液，这类试剂称为显色剂；把无色的被测物质转化为有色化合物的过程称为显色过程，这个过程中发生的化学反应称为显色反应。

邻二氮杂菲是测定微量铁较好的试剂。在 pH 为 2～9 的溶液中，邻二氮杂菲与 Fe^{2+} 生成稳定的橙红色配合物，显色反应如下：

$$Fe^{2+} + \text{（邻二氮杂菲）} \longrightarrow \left[\text{（邻二氮杂菲）}_3 Fe \right]^{2+}$$

Fe^{3+} 与邻二氮杂菲作用生成蓝色配合物，稳定性较差，因此在实际应用中常加入还原剂使 Fe^{3+} 还原为 Fe^{2+}，再与邻二氮杂菲作用。常用盐酸羟胺 $NH_2OH \cdot HCl$（或抗坏血酸）作还原剂。

$$4Fe^{3+} + 2NH_2OH \longrightarrow 4Fe^{2+} + 4H^+ + N_2O + H_2O$$

测定时酸度高，反应进行较慢；酸度太低，则铁离子易水解。

（二）任务实施

✏ 活动1 配制测试溶液

取 2 个 50mL 干净的容量瓶，用吸量管吸取铁标准溶液（10.00μg/mL）5.00mL，放入其中一个容量瓶中，然后在两个容量瓶中各加入 1mL 10% 盐酸羟胺溶液，摇匀。放置 2min

后，各加入 2mL 邻二氮杂菲溶液，混匀后再加 10.0mL 乙酸铵缓冲溶液，各加纯水至 50mL，混匀，放置 10～15min。

 **注意事项**

试剂的加入顺序，不可颠倒。

 知识链接

1. 显色条件的选择

（1）显色剂用量

显色剂用量一般要适当，在具体工作中，显色剂的用量是通过实验来确定的。通过绘制 A-c_R 曲线，如图 2-12 所示，选择 A-c_R 曲线平坦的部分作为适宜的显色剂用量。

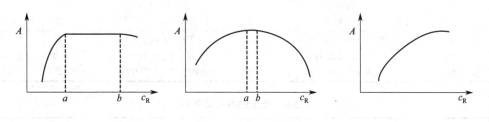

图 2-12　A-c_R 曲线

如图 2-12 所示：选取图中 a～b 段显色剂用量作为适宜的显色剂用量。

（2）溶液的酸度

当酸度不同时，同种金属离子与同种显色剂反应，可以生成不同配位数不同颜色的配合物；溶液酸度过高会降低配合物的稳定性；溶液酸度的变化，显色剂的颜色可能发生变化；溶液酸度过低可能引起被测金属离子水解。因此，在实验中要控制好显色反应的酸度。通过绘制 A-pH 曲线，如图 2-13 所示。选择 A-pH 曲线平坦的部分 a～b 段作为适宜的 pH。

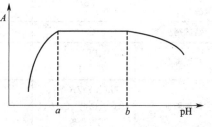

图 2-13　A-pH 曲线

（3）显色温度

不同的显色反应对温度的要求不同，因此对不同的反应应选择其适宜的显色温度。适宜的显色温度是通过实验来确定的。

（4）显色时间

显色反应完成所需要的时间称为"显色时间"，显色后有色物质色泽保持稳定的时间成为"稳定时间"。显然我们应在稳定时间以内进行溶液吸光度的测定。适宜的显色时间也是通过实验来确定的。

2. 显色剂（见表 2-5 和表 2-6）

3. 显色反应的基本要求

反应应具有较高的灵敏度和选择性，反应生成的有色化合物的组成恒定且较稳定，它和显色剂的颜色差别较大，显色条件易于控制。

选择适当的显色反应和控制好适宜的反应条件，是比色分析的关键。

表 2-5　常见的无机显色剂

显色剂	测定元素	反应介质	有色化合物组成	颜色	λ_{max}
硫氰酸盐	铁	$0.1\sim0.8mol/L$ HNO_3	$[Fe(CNS)_5]^{2-}$	红	480
	钼	$1.5\sim2mol/L$ H_2SO_4	$[Mo(CNS)_6]^-$ 或 $[MoO(CNS)_5]^{2-}$	橙	460
	钨	$1.5\sim2mol/L$ H_2SO_4	$[W(CNS)_6]^-$ 或 $[WO(CNS)_5]^{2-}$	黄	405
	铌	$3\sim4mol/L$ HCl	$[NbO(CNS)_4]^-$	黄	420
	铼	$6mol/L$ HCl	$[ReO(CNS)_4]^-$	黄	420
钼酸铵	硅	$0.15\sim0.3mol/L$ H_2SO_4	硅钼蓝	蓝	$670\sim820$
	磷	$0.15mol/L$ H_2SO_4	磷钼蓝	蓝	$670\sim820$
	钨	$4\sim6mol/L$ HCl	磷钨蓝	蓝	660
	硅	稀酸性	硅钼杂多酸	黄	420
	磷	稀 HNO_3	磷钼钒杂多酸	黄	430
	钒	酸性	磷钼钒杂多酸	黄	420
氨水	铜	浓氨水	$[Cu(NH_3)_4]^{2+}$	蓝	620
	钴	浓氨水	$[Co(NH_3)_6]^{2+}$	红	500
	镍	浓氨水	$[Ni(NH_3)_6]^{2+}$	紫	580
过氧化氢	钛	$1\sim2mol/L$ H_2SO_4	$[TiO(H_2O_2)]^{2+}$	黄	420
	钒	$3\sim6.5mol/L$ H_2SO_4	$[VO(H_2O_2)]^{3+}$	红橙	$400\sim450$
	铌	$18mol/L$ H_2SO_4	$Nb_2O_3(SO_4)_2(H_2O_2)$	黄	365

表 2-6　常见的有机显色剂

显色剂	测定元素	反应介质	λ_{max}/nm	$\varepsilon/[L/(mol \cdot cm)]$
磺基水杨酸	Fe^{3+}	pH2~3	520	1.6×10^3
邻二氮杂菲	Fe^{2+}	pH3~9	510	1.1×10^4
	Cu^+		435	7×10^3
丁二酮肟	Ni(Ⅳ)	氧化剂存在、碱性	470	1.3×10^4
1-亚硝基-2-苯酚	Co^{2+}		415	2.9×10^4
钴试剂	Co^{2+}		570	1.13×10^5
双硫腙	Cu^{2+}、Pb^{2+}、Zn^{2+}、Cd^{2+}、Hg^{2+}	不同酸度	$490\sim550$（Pb520）	$3\times10^4\sim4.5\times10^4$
偶氮胂Ⅲ	Th(Ⅳ)、Zr(Ⅳ)、La^{3+}、Ce^{4+}、Ca^{2+}、Pb^{2+}等	强酸至弱酸	$665\sim675$（Th665）	$10^4\sim1.3\times10^5$（Th1.3×10^5）
RAR（吡啶偶氮间苯二酚）	Co、Pd、Nb、Ta、Th、In、Mn	不同酸度	（Nb550）	（Nb3.6×10^4）
二甲酚橙	Zr(Ⅳ)、Hf(Ⅳ)、Nb(Ⅴ)、UO_2^{2+}、Bi^{3+}、Pb^{2+}等	不同酸度	$530\sim580$（Hf530）	$1.6\times10^4\sim5.5\times10^4$ Hf4.7×10^4
铬天青S	Al	pH5~5.8	530	5.9×10^4
结晶紫	Ca	$7mol/L$ HCl，$CHCl_3$-丙酮萃取		5.4×10^4
罗丹明B	Ca	$6mol/L$ HCl，苯萃取 $1mol/L$ HBr、异丙醚萃取		6×10^4
	Tl			1×10^5
孔雀绿	Ca	$6mol/L$ HCl，C_6H_5Cl-CCl_4萃取		9.9×10^4
亮绿	Tl	$0.01\sim0.1mol/L$ HBr 乙酸乙酯萃取		7×10^4
	B	pH3.5 苯萃取		5.2×10^4

活动 2 绘制吸收光谱曲线

用 2cm 吸收池，以试剂空白为参比，在 460～550nm 间，每隔 10nm 测一次吸光度（在峰值附近，每隔 2nm 测一次吸光度），记录测得数据填至表 2-7 中。

以波长 λ 为横坐标，吸光度 A 为纵坐标，绘制 A 和 λ 关系的吸收曲线。从吸收曲线上选择测定波长，一般选用最大吸收波长 λ_{max}。

@ 注意事项

1. 改变测定波长时必须重新用参比液校正吸光度为零。
2. 正确处理吸收池透光面外的溶液。
3. 吸收池放置要光面沿光路方向。

知识链接

1. 吸收曲线

物质的吸收光谱曲线是通过实验获得的，具体方法是：将不同波长的光依次通过某一固定浓度和厚度的有色溶液，分别测出它们对不同波长光的吸收程度（通常用吸光度 A 表示），以波长为横坐标，吸收程度为纵坐标作图，画出曲线，此曲线即称为该物质的吸收光谱曲线（或光吸收曲线），它描述了物质对不同波长光的吸收程度。图 2-14 所示的是三种不同浓度的邻二氮杂菲亚铁溶液的吸收曲线，图 2-15 是三种不同浓度的高锰酸钾溶液的吸收曲线。由图 2-14 和图 2-15 可以看出：

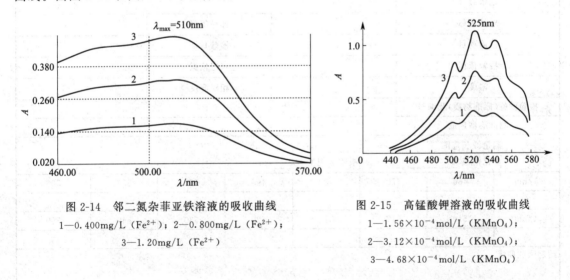

图 2-14　邻二氮杂菲亚铁溶液的吸收曲线
1—0.400mg/L（Fe^{2+}）；2—0.800mg/L（Fe^{2+}）；
3—1.20mg/L（Fe^{2+}）

图 2-15　高锰酸钾溶液的吸收曲线
1—1.56×10^{-4}mol/L（$KMnO_4$）；
2—3.12×10^{-4}mol/L（$KMnO_4$）；
3—4.68×10^{-4}mol/L（$KMnO_4$）

① 同一种物质对不同波长光的吸收程度不同。吸收程度最大处对应的波长称为最大吸收波长 λ_{max}。

② 不同浓度的同一种物质，其吸收曲线形状相似，λ_{max} 不变。而对于不同物质，它们的吸收曲线形状和 λ_{max} 则不同。

③ 吸收曲线可以提供物质的结构信息，并作为物质定性分析的依据之一。

④ 在 λ_{max} 处吸光度随浓度变化的幅度最大，所以测定最灵敏。吸收曲线是定量分析中选择入射光波长的重要依据。

2. 测量条件的选择

① 定量分析时通常选用 λ_{max} 为测量波长，此时灵敏度最高。吸收曲线是选择测定波长的依据，选择的原则是：吸收最大，干扰最小。

② 吸光度合适的范围是 0.2～0.8，在此范围时由仪器测量引起的误差比较小。通过调节溶液的浓度或选择适当厚度的吸收池，使吸光度在此适宜的范围内。

③ 参比溶液是用来调节仪器工作零点和消除某些干扰的。参比溶液的选择一般遵循以下原则。

溶剂参比：若仅待测组分与显色剂反应产物在测定波长处有吸收，其他所加试剂均无吸收，用纯溶剂作参比溶液，可以消除溶剂、吸收池等因素的影响。

试剂参比：若显色剂或其他所加试剂在测定波长处略有吸收，而试液本身无吸收，用不加试样的溶液作参比溶液，可以消除试剂中的组分产生的影响。

试样参比：若待测试样中其他共存组分在测定波长处有吸收，但不与显色剂反应，且显色剂在测定波长处无吸收，则可用不加显色剂的被测溶液作参比溶液，可以消除有色离子的影响。

褪色参比：若显色剂、试液中其他组分在测量波长处有吸收，则可在试液中加入适当掩蔽剂将待测组分掩蔽后再加显色剂作为参比溶液，可以消除显色剂的颜色及样品中微量共存离子的干扰。

（三）任务数据记录（见表 2-7）

表 2-7　绘制吸收光谱曲线原始记录

记录编号							
样品名称				样品编号			
检验项目				检验日期			
检验依据				判定依据			
温度				相对湿度			
检验设备(标准物质)及编号							
测试溶液组成							
测量波长范围 ＿＿＿＿ ～ ＿＿＿＿ nm							
参比溶液 ＿＿＿＿ 吸收池规格 ＿＿＿＿ cm							
λ/nm	460	470	480	490	500	506	508
A							
λ/nm	510	512	514	520	530	540	550
A							
绘制吸收曲线							
检验人				复核人			

（四）任务评估（见表 2-8）

表 2-8　任务评价表　　日期

评价指标	评 价 要 素	等级评定	
		自评	教师评
试剂	说出试剂名称及浓度		
吸量管	是否润洗 插入溶液前及调节液面前用滤纸擦拭管尖部 溶液放尽后，吸量管停留 15s 后移开		
容量瓶	稀释至容量瓶 2/3～3/4 体积时平摇 加蒸馏水至近标线约 1cm 处等待 1～2min 稀释至刻度，摇匀		
选择波长	从小到大依次选择		
调零	更换波长时要重新用参比液调仪器零点		
绘制吸收曲线	坐标参数选择得当 坐标分度选择得当 描点准确 曲线平滑 λ_{max} 是否为 510nm		
学习方法	预习报告书写规范		
工作过程	遵守管理规程 操作过程符合现场管理要求 出勤情况		
思维状态	能发现问题、提出问题、分析问题、解决问题		
自评反馈	按时按质完成工作任务 掌握专业知识点		
经验和建议			
	总成绩		

拓展知识　化合物的紫外-可见吸收光谱

各种化合物由于组成和结构上的不同，都有各自特征的紫外-可见吸收光谱，因此可以从吸收光谱的形状、波峰的位置、波峰的数目等进行定性分析，为研究物质的内部结构提供重要的信息。

1. 有机化合物的紫外-可见光谱

有机化合物的紫外-可见吸收光谱是由于分子的原子的外层价电子跃迁所产生的，电子跃迁与分子的组成、结构以及溶剂等因素有关。

（1）电子跃迁类型

物质分子内部三种运动形式：电子相对于原子核的运动；原子核在其平衡位置附近的相对振动；分子本身绕其重心的转动。分子具有三种不同能级：电子能级、振动能级和转动能级，三种能级都是量子化的，且各自具有相应的能量，分子的内能包括电子能量 E_e、振动

能量 E_v、转动能量 E_r，即 $E = E_e + E_v + E_r$（$\Delta E_e > \Delta E_v > \Delta E_r$）。其中电子能级的跃迁所需能量最大，约 $1\sim20\text{eV}$，根据 $E = h\nu = hc/\lambda$，需要吸收光的波长范围在 $200\sim1000\text{nm}$ 之间，恰好落在紫外-可见光区域。因此，紫外吸收光谱是由于分子中价电子的跃迁而产生的，也称之为电子跃迁光谱。电子能级间跃迁的同时总伴随有振动和转动能级间的跃迁，即电子光谱中总包含有振动能级和转动能级间跃迁产生的若干谱线而呈现宽谱带。

按分子轨道理论，有机化合物有几种不同性质的价电子：形成单键的称 σ 电子；形成双键的称 π 电子；氧、氮、硫、卤素等有未成键的孤对电子，称 n 电子。当它们吸收一定能量 ΔE 后，这些价电子跃迁到较高能级，此时电子所占的轨道称反键轨道，而这种电子跃迁同分子内部结构有密切关系。外层电子吸收紫外或可见辐射后，就从基态向激发态（反键轨道）跃迁。主要有四种跃迁（见图 2-16），所需能量 ΔE 大小顺序为：

$$n\rightarrow\pi^* < \pi\rightarrow\pi^* < n\rightarrow\sigma^* < \sigma\rightarrow\sigma^*$$

① $\sigma\rightarrow\sigma^*$ 跃迁 它是 σ 电子从 σ 成键轨道向 σ^* 反键轨道的跃迁，这是所有存在 σ 键的有机化合物都可以发生的跃迁类型。实现 $\sigma\rightarrow\sigma^*$ 跃迁所需的能量在所有跃迁类型中最大，因而所吸收的辐射波长最短，处在小于 120nm 的真空紫外区。因此，一般不讨论 $\sigma\rightarrow\sigma^*$ 跃迁所产生的吸收带。而由于仅能产生 $\sigma\rightarrow\sigma^*$ 跃迁的物质在 200nm 以上波长区没有吸收，故它们可以用做紫外-可见分光光度法分析的溶剂，如乙烷、庚烷、环己烷等。

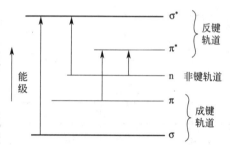

图 2-16　电子能级跃迁示意图

② $n\rightarrow\sigma^*$ 跃迁 它是非键的 n 电子从非键轨道向 σ^* 反键轨道的跃迁，含有杂原子（如 N、O、S、P 和卤素原子）的饱和有机化合物，都含有 n 电子，因此，都会发生这类跃迁。$n\rightarrow\sigma^*$ 跃迁所要的能量比 $\sigma\rightarrow\sigma^*$ 跃迁小，所以吸收的波长会长一些，可在 200nm 附近，但大多数化合物仍在小于 200nm 区域内，随杂原子的电负性不同而不同，一般电负性越大，n 电子被束缚得越紧，跃迁所需的能量越大，吸收的波长越短。$n\rightarrow\sigma^*$ 跃迁所引起的吸收，摩尔吸光系数通常为 $100\sim300\text{L/(mol·cm)}$。

③ $\pi\rightarrow\pi^*$ 跃迁 它是 π 电子从 π 成键向反键 π^* 轨道的跃迁，含有 π 电子基团的不饱和有机化合物，都会发生 $\pi\rightarrow\pi^*$ 跃迁。$\pi\rightarrow\pi^*$ 跃迁所需的能量比 $\sigma\rightarrow\sigma^*$ 跃迁小，也一般比 $n\rightarrow\sigma^*$ 跃迁小，所以吸收辐射的波长比较长，一般在 200nm 附近。摩尔吸光系数都比较大，通常在 $1.0\times10^4\text{L/(mol·cm)}$ 以上。

④ $n\rightarrow\pi^*$ 跃迁 由 n 电子从非键轨道向 π^* 反键轨道的跃迁，含有不饱和杂原子基团的有机物分子，基团中既有 π 电子，也有 n 电子，可以发生这类跃迁。$n\rightarrow\pi^*$ 跃迁所需的能量最低，因此吸收辐射的波长最长，一般都在近紫外光区，甚至在可见光区。此外，$n\rightarrow\pi^*$ 还具有以下特点：λ_{max} 与组成 π 键的原子有关，由于需要由杂原子组成不饱和双键，所以 n 电子的跃迁就与杂原子的电负性有关，与 $n\rightarrow\sigma^*$ 跃迁相同，杂原子的电负性越强，λ_{max} 越小；$n\rightarrow\pi^*$ 跃迁的概率比较小，所以摩尔吸光系数比较小，一般为 $10\sim100\text{L/(mol·cm)}$，比起 $\pi\rightarrow\pi^*$ 跃迁小 $2\sim3$ 个数量级。摩尔吸光系数的显著差别，是区别 $\pi\rightarrow\pi^*$ 跃迁和 $n\rightarrow\pi^*$ 跃迁的方法之一。

在以上四种跃迁类型所产生的吸收光谱中，$\pi\rightarrow\pi^*$、$n\rightarrow\pi^*$ 跃迁在分析上最有价值，因为它们的吸收波长在近紫外光区及可见光区，便于仪器上的使用及操作，且 $\pi \rightarrow \pi^*$ 跃迁具有很大的摩尔吸光系数，吸收光谱受分子结构的影响较明显，因此在定性、定量分析中很有用。

（2）常用术语

① 生色团　能吸收紫外-可见光的基团叫生色团，主要为具有不饱和键和未共用电子对的基团。

② 助色团　助色团是一种能使生色团的吸收峰向长波方向位移并增强其吸收强度的官能团，一般是含有未共享电子的杂原子基团，如—NH_2、—OH、—NR_2、—OR、—SH、—SR、—Cl、—Br 等。这些基团中的 n 电子能与生色团中的 π 电子相互作用（可能产生 p-π 共轭），使 $\pi \rightarrow \pi^*$ 跃迁能量降低，跃迁概率变大。

③ 红移、蓝移　吸收峰位置向长波方向的移动，叫红移。吸收峰位置向短波方向的移动，叫蓝移。波长不变，但是吸收强度增加的现象称为增色效应；吸收强度降低的现象称为减色效应。

④ 吸收带　R 吸收带：为 $n \rightarrow \pi^*$ 跃迁。

特点：跃迁所需能量较小，吸收峰位于 200～400nm；吸收强度弱，$\varepsilon < 10^2$ L/(mol·cm)。K 吸收带：为共轭双键中 $\pi \rightarrow \pi^*$ 跃迁。

特点：跃迁所需能量较 R 带大，吸收峰位于 210～280nm；吸收强度强，$\varepsilon > 10^4$ L/(mol·cm)。共轭体系的增长，K 吸收带长移，210～700nm，ε 增大。K 吸收带是共轭分子的特征吸收带，可用于判断共轭结构。

B 吸收带：有苯环必有 B 带，230～270nm 之间有一系列吸收峰，中强吸收，芳香族化合物的特征吸收峰。

E 吸收带：由苯环结构中三个乙烯的环状共轭体系的跃迁产生的，$\pi \rightarrow \pi^*$ 跃迁。$E_1 = 185nm$，强吸收，$\varepsilon > 10^4$ L/(mol·cm)；$E_2 = 204nm$，较强吸收，$\varepsilon > 10^3$ L/(mol·cm)。

（3）有机化合物的特征吸收

① 饱和单键烃类化合物只有 σ 键电子，而 σ 键电子最不容易被激发，只有吸收很大的能量后，才会产生 $\sigma \rightarrow \sigma^*$ 跃迁。一般在远紫外区才有吸收带。远紫外区又称真空紫外区，这是由于小于 160nm 的紫外线被空气中的氧所吸收，因此必须在无氧或真空条件下进行测定，目前应用不多。

② 当饱和单键烃类化合物中的氢被氧、卤素、硫等杂原子取代时，由于这些原子中存在 n 电子，而 n 电子比 σ 键电子易激发，从而产生 $n \rightarrow \sigma^*$ 跃迁，使电子跃迁的能量减小，吸收峰红移。

③ 不饱和脂肪烃中含有 π 电子，吸收能量后产生 $\pi \rightarrow \pi^*$ 跃迁。具有共轭双键的化合物，相间的 π 键产生共轭效应而生成大 π 键。而大 π 键各能级之间的距离较近，电子容易激发，所以吸收峰的波长就增加，生色作用大为增强。K 吸收带是共轭双键中 $\pi \rightarrow \pi^*$ 跃迁产生的吸收带，特点是强度大，摩尔吸光系数大于 10^4 L/(mol·cm)，吸收峰位置为 217～280nm，K 吸收带的波长及强度与共轭体系的数目、位置、取代基种类有关。

④ 芳香族化合物为环状共轭体系，R 吸收是生色团及助色团中 $n \rightarrow \pi^*$ 跃迁产生的，强度较弱，E_1 吸收带、E_2 吸收带是苯环共轭体系产生的，B 吸收带是 $\pi \rightarrow \pi^*$ 跃迁和苯环振动的重叠引起的，又称精细结构吸收带，可用来辨认芳香族化合物，有取代基时，B 吸

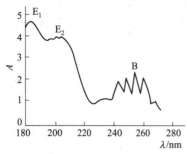

图 2-17 苯在乙醇溶液中的紫外吸收光谱

收带简化。E_1 吸收带、E_2 吸收带为苯环结构中三个乙烯的环状共轭体系的跃迁产生的，是芳香族化合物的特征吸收，见图 2-17。如苯环上有助色团如—OH、—Cl 等取代，因 n-π 共轭，使 E_2 吸收带向长波方向移动，但一般在 210nm 左右；若苯环上有生色团取代而与苯环共轭，则 E_2 吸收带与 K 吸收带合并并发生红移，同时出现一个精细结构吸收带即 B 吸收带，常用来辨认芳香族化合物，如苯环上有取代基时，复杂的 B 吸收带会简单化。苯环与生色团连接时，有 B 和 K 两种吸收带，有时还有 R 吸收带，其中 R 吸收带的波长最长。二取代苯的两个取代基在对位时，λ_{max} 和 ε_{max} 都比较大，而处于间位或邻位时，λ_{max} 和 ε_{max} 都比较小。

（4）紫外吸收光谱的应用

① 定性分析 有机化合物紫外吸收光谱，反映结构中生色团和助色团的特性，不完全反映整个分子的特性；根据化合物吸收光谱的形状、吸收峰的数目、强度、位置进行定性分析；λ_{max} 和 ε_{max} 是化合物的特性参数，可作为定性依据。

② 有机化合物的构型、构象的测定 顺反异构体的判断：生色团和助色团处在同一平面上时，才产生最大的共轭效应。由于反式异构体的空间位阻效应小，分子的平面性能较好，共轭效应强。因此反式都大于顺式异构体。

例如，肉桂酸的顺、反式的吸收如下：

$\lambda_{max}=280nm$，$\varepsilon_{max}=13500L/(mol \cdot cm)$；$\lambda_{max}=295nm$，$\varepsilon_{max}=27000L/(mol \cdot cm)$

互变异构体的判断：某些有机化合物在溶液中可能有两种以上的互变异构体处于动态平衡中，这种异构体的互变过程常伴随有双键的移动及共轭体系的变化，因此也产生吸收光谱的变化。最常见的是某些含氧化合物的酮式与烯醇式异构体之间的互变。例如乙酰乙酸乙酯就是酮式和烯醇式两种互变异构体，它们的吸收特性不同：酮式异构体 π→π* 跃迁，$\lambda_{max}=204nm$，ε_{max} 小；烯醇式异构体（双键共轭）π→π* 跃迁，$\lambda_{max}=245nm$，$\varepsilon_{max}=18000L/(mol \cdot cm)$。

两种异构体的互变平衡与溶剂有密切关系。在像水这样的极性溶剂中，由于可能与 H_2O 形成氢键而降低能量，以达到稳定状态，所以酮式异构体占优势；而像乙烷这样的非极性溶剂中，由于形成分子内的氢键，且形成共轭体系，使能量降低以达到稳定状态，所以烯醇式异构体比率上升。

③ 纯度检查 如果某一化合物在紫外区没有吸收峰，而其中的杂质有较强吸收，就可方便地检出该化合物中的痕量杂质。例如：要检定甲醇或乙醇中的杂质苯，可利用苯在 254nm 处的 B 吸收带，而甲醇或乙醇在此波长处几乎没有吸收。

2. 无机化合物的紫外-可见光谱

在电磁辐射的照射下，一些无机物也产生紫外-可见吸收光谱，其主要能级跃迁类型包括电荷转移跃迁和配位场跃迁。

（1）电荷转移跃迁

当化合物接受辐射能量时，一个电子由配体的电子轨道跃迁至金属离子的电子轨道，这种跃迁的实质是配体与金属离子之间发生分子内的氧化还原反应，Fe^{2+} 与邻二氮杂菲形成的配合物就是由于这类电子跃迁而呈现颜色。

（2）配位场跃迁

第四、第五周期的过渡金属元素和镧系、锕系元素的离子吸收光能后，低能级轨道上的 d 电子或 f 电子可以分别跃迁至高能级轨道，产生光的吸收，如 $[Cu(NH_3)_4]^{2+}$。

思考题

一、判断题

1. $CuSO_4$ 溶液呈现蓝色是由于它吸收了白光中的黄色光。（　　）

2. 绿色玻璃是基于吸收了紫色光而透过了绿色光。（　　）

3. 人眼能感觉到的光称为可见光，其波长范围是 200～380nm。（　　）

4. 高锰酸钾溶液呈现紫色是因为它吸收了绿色光。（　　）

5. 符合光吸收定律的溶液适当稀释时，最大吸收波长的位置不移动。（　　）

6. 有色溶液的最大吸收波长随溶液浓度的增大而增大。（　　）

7. 不同浓度的高锰酸钾溶液，它们的最大吸收波长也不同。（　　）

8. 根据吸收曲线可以找出被测组分的浓度。（　　）

9. 当所用的试剂有色而试样无色时，选用的参比溶液是试剂参比。（　　）

二、选择题

1. 1m 换算成 nm 时为（　　）。

A. 10^6 nm　　　　B. 10^9 nm　　　　C. 10^{10} nm　　　　D. 10^{12} nm

2. 人眼能感觉到的光称为可见光，其波长范围是（　　）。

A. 380～780nm　　B. 380～780μm　　C. 200～380nm　　D. 200～780nm

3. 当一束白光通过紫色高锰酸钾溶液时，（　　）被溶液吸收。

A. 绿色光　　　　B. 紫色光　　　　C. 黄色光　　　　D. 蓝色光

4. 将黄色光和蓝色光按一定强度比例混合可得到白色光，则这两种色光的关系是（　　）。

A. 可见光　　　　B. 单色光　　　　C. 互补色光　　　　D. 复合光

5. 硫酸铜溶液呈蓝色是由于它吸收了白光中的（　　）。

A. 红色光　　　　B. 橙色光　　　　C. 黄色光　　　　D. 蓝色光

6. 比色分析中某有色溶液的浓度增加时，最大吸收峰的波长（　　）。

A. 向长波长方向移动　　　　　　　　B. 向短波长方向移动

C. 不变，但吸光度增大　　　　　　　D. 向长波长方向移动，且吸光度增大

7. 如果显色剂或其他试剂在测定波长有吸收，此时的参比溶液应采用（　　）。

A. 溶剂参比　　　B. 试剂参比　　　C. 试液参比　　　D. 褪色参比

8. 控制适当的吸光度范围的途径不可以是（　　）。

A. 调整称样量　　B. 控制溶液的浓度　　C. 改变测量波长　　D. 改变定容体积

9. 在分光光度法分析中，使用（　　）可以消除试剂的影响。

A. 蒸馏水　　　　B. 待测标准溶液　　　C. 试剂空白溶液　　　D. 任何溶液

10. 吸光度为（　　）时，相对误差较小。

A. 吸光度越大　　B. 吸光度越小　　　　C. 0.2～0.8　　　　D. 任意

三、填空题

1. 在以波长为横坐标，吸光度为纵坐标的不同浓度 $KMnO_4$ 溶液吸收曲线上可以看出（　　　　）未变，只是（　　　　　　）改变了。

2. 各种物质都有特征的吸收曲线和最大吸收波长，这种特性可作为物质（　　　　　　　）的依据；同种物质的不同浓度的溶液，任一波长处的吸光度随物质的浓度的增加而增大，这是物质（　　　　　　）的依据。

3. 在分光光度分析中，一般选择（　　　　　　）作为测定波长，该波长是通过实验绘制（　　　　　　）来得到。

任务三 测定方法灵敏度

老师，紫外-可见分光光度法的灵敏度比较高，那么什么是灵敏度？如何衡量灵敏度的高低？

 任务目标

1. 会测定摩尔吸光系数。
2. 能说出光吸收定律的内容及表达式。
3. 能说出摩尔吸光系数的含义及单位。

![icon] 工作页

（一）任务分析

1. 明晰任务流程

准备溶液 → 开机预热 → 选择测量波长范围 → 测3号溶液吸光度 → 确定最大吸收波长

计算摩尔吸光系数 ← 关机 ← 测4号溶液吸光度 ← 测2号溶液吸光度

2. 任务难点分析

计算摩尔吸光系数。

3. 条件需求与准备

同任务二。

（二）任务实施

✏ 活动1 准备溶液

取4个50mL干净的容量瓶，用吸量管分别吸取铁标准溶液（10.00μg/mL）2.00mL、4.00mL、6.00mL，放入3个容量瓶中，然后在4个容量瓶中各加入1mL 10％盐酸羟胺溶液，摇匀。放置2min后，各加入2mL邻二氮杂菲溶液，混匀后再加10.0mL乙酸铵缓冲溶

液，各加纯水至 50mL，混匀，放置 10～15min。

 活动2　测吸光度

用 2cm 吸收池，以试剂空白为参比，在最大吸收波长处，测定各显色溶液的吸光度，分别计算 ε，求出 ε 的平均值。

知识链接

1. 朗伯-波格定律

一束光通量为 Φ_0 的平行单色光垂直入射通过吸收介质，若该吸收介质的表面是互相平行的平面，且它内部是各向同性的、均匀的、不发光的、不散射的，则透射光通量 Φ_{tr} 随吸收介质的光路长度 b 的增加而按指数减少，如图 2-18 所示。并有下列方程表示：

$$\Phi_{tr} = \Phi_0 e^{-kb}$$

式中　Φ_{tr}——透射光通量；

Φ_0——入射光通量；

b——光路长度；

e——自然对数；

k——线性吸收系数。

光路长度是指光通过吸收池内物质的入射面和出射面之间的路程。当辐射以垂直入射时，厚度与光路长度两术语同义。

2. 比耳定律

一束平行单色光垂直入射通过一定光路长度的均匀吸收介质，它的透射光通量随介质中吸收物质浓度的增加而按指数减少，如图 2-19 所示。并由下列方程式表示：

$$\Phi_{tr} = \Phi_0 \times e^{-k_m \rho} \quad 或 \quad \Phi_{tr} = \Phi_0 \times e^{-k_\varepsilon c}$$

式中　k_m、k_ε——质量线性吸收系数或摩尔线性吸收系数，在给定条件下是常数；

ρ——质量浓度；

c——物质的量浓度。

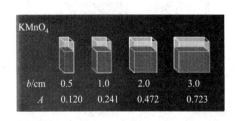
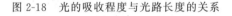

图 2-18　光的吸收程度与光路长度的关系

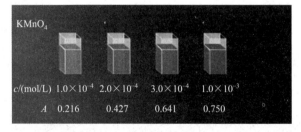

图 2-19　光的吸收程度与浓度的关系

3. 朗伯-比耳定律（通用吸收定律）

将朗伯-波格和比耳两定律合并为通用吸收定律，以如下单一方程式表示：

$$\Phi_{tr} = \Phi_0 \times 10^{-ab\rho} \quad 或 \quad \Phi_{tr} = \Phi_0 \times 10^{-\varepsilon bc}$$

$$A = \alpha b\rho \quad 或 \quad A = \varepsilon bc$$

式中 α——质量吸光系数,在给定试验条件下是常数;

ε——摩尔吸光系数,在给定试验条件下是常数。

A、τ、c 三者关系如图 2-20 所示。

4. 吸光系数

待测物质在单位浓度、单位厚度时的特征吸光度。按照使用浓度单位的不同,可有质量吸光系数和摩尔吸光系数之分。

（1）质量吸光系数 α

厚度以厘米表示、浓度以 g/L 表示的吸光系数,其单位为 L/(cm·g)。

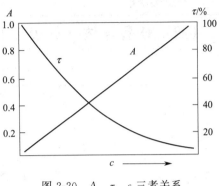

图 2-20 A、τ、c 三者关系

$$\alpha = \frac{A}{b\rho}$$

式中 ρ——质量浓度,单位为 g/L;

b——厚度,单位为 cm。

（2）摩尔吸光系数 ε

厚度以 cm 表示、浓度以 mol/L 表示的吸光系数,其单位为 L/(cm·mol)。

$$\varepsilon = \frac{A}{bc}$$

式中 c——物质的量浓度,单位为 mol/L。

摩尔吸光系数越大,在分光光度法中测定的灵敏度也越大,ε 作为衡量方法灵敏度的指标。

（三）任务数据记录（见表 2-9）

表 2-9 测定 UV-Vis 方法灵敏度原始记录

记录编号			
样品名称		样品编号	
检验项目		检验日期	
检验依据		判定依据	
温度		相对湿度	
检验设备(标准物质)及编号			
2号测试溶液组成			
3号测试溶液组成			
4号测试溶液组成			
测量波长 λ_{max}：_____ nm 参比溶液 _____	吸收池规格 _____ cm		
	2号测试溶液	3号测试溶液	4号测试溶液
A			

$\varepsilon/[\mathrm{L/(cm\cdot mol)}]$			
$\bar{\varepsilon}/[\mathrm{L/(cm\cdot mol)}]$			
检验人		复核人	

（四）任务评估（见表 2-10）

表 2-10　任务评价表　　日期：

评价指标	评 价 要 素	等级评定	
		自评	教师评
溶液准备	吸取储备液体积定容		
吸光度测定	波长选择 使用吸收池 调试参比零点		
灵敏度计算	应用公式		
结束工作	吸收池清洗 电源关闭 仪器试剂放回原位 填写仪器实验记录卡		
学习方法	预习报告书写规范		
工作过程	遵守管理规程 操作过程符合现场管理要求 出勤情况		
思维状态	能发现问题、提出问题、分析问题、解决问题		
自评反馈	按时按质完成工作任务 掌握了专业知识点		
经验和建议			
总成绩			

拓展知识　朗伯-比耳定律的偏离

朗伯-比耳定律的应用条件：必须使用单色光；吸收发生在均匀的介质中；吸光物质互相不发生作用。根据朗伯-比耳定律，理论上，吸光度 A 与吸光物质的浓度 c 成正比，但在实际工作中，常常遇到偏离线性关系的现象，即曲线向下（负偏离）或向上（正偏离）发生弯曲，产生负偏离或正偏离，或者不通过零点。这种现象称为偏离光吸收定律。

偏离光吸收定律的主要因素如下。

（1）物理性因素　即仪器的非理想引起偏离。

朗伯-比耳定律的前提条件之一是入射光为单色光。分光光度计只能获得近乎单色的狭窄光带。复合光可导致对朗伯-比耳定律的正或负偏离。非单色光、杂散光、非平行入射光都会引起对朗伯-比耳定律的偏离，最主要的是非单色光作为入射光引起的偏离。

（2）化学性因素　即溶液的化学因素引起偏离。

朗伯-比耳定律假定所有的吸光质点之间不发生相互作用，假定只有在稀溶液（$c<10^{-2}$ mol/L）时才基本符合。当溶液中吸光质点间发生缔合、离解、聚合、互变异构、配合物的形成等相互作用时，使吸光质点的浓度发生变化，影响吸光度。

例如：铬酸盐或重铬酸盐溶液中存在下列平衡

$$2CrO_4^{2-}+2H^+\longrightarrow Cr_2O_7^{2-}+H_2O$$

溶液中 CrO_4^{2-}、$Cr_2O_7^{2-}$ 的颜色不同，吸光性质也不相同。故此时溶液 pH 对测定有重要影响。

（3）比耳定律的局限性引起偏离　严格说，比耳定律是一个有限定律，它只适用于浓度小于 0.01mol/L 的稀溶液。因为浓度高时，吸光粒子间平均距离减小，以致每个粒子都会影响邻近粒子的电荷分布。这种相互作用使它们的摩尔吸光系数 ε 发生改变，因而导致偏离比耳定律。实际操作中，常控制待测溶液的浓度在 0.01mol/L 以下。

 **思考题**

一、判断题

1. 当透过光通量 $\Phi_{tr}=0$ 时，则吸光度 $A=100$。（　　　）

2. 朗伯-比耳定律适用于一切浓度的有色溶液。（　　　）

3. 比耳定律适用于稀溶液，即 $c<0.01mol/L$。（　　　）

4. 朗伯-比耳定律中，浓度（c）与吸光度（A）之间的关系是通过原点的一条直线。（　　　）

5. 分光光度法的理论依据是朗伯-比耳定律。（　　　）

6. 摩尔吸光系数越大，表示该物质对某波长光的吸收能力愈强，测定的灵敏度就愈高。（　　　）

7. 吸光物质的吸光系数与入射光波长无关。（　　　）

8. 对于均匀非散射的稀溶液，溶液的摩尔吸光系数与溶液的浓度成正比。（　　　）

二、选择题

1. 透射比是指（　　　）。

A. 透射光通量 Φ_{tr} 与入射光通量 Φ_0 之比　　　B. 入射光通量 Φ_0 与透射光通量 Φ_{tr} 之比

C. 吸收光通量 Φ_a 与入射光通量 Φ_0 之比　　　D. 入射光通量 Φ_0 与吸收光通量 Φ_a 之比

2. 某溶液的吸光度 $A=0.500$，其百分透射率为（　　　）。

A. 69.4　　　　B. 50.0　　　　C. 31.6　　　　D. 15.8

3. 透射比 τ 由 36.8% 变为 30.6% 时，吸光度 A 改变了（　　　）。

A. 增加了 0.080　　B. 增加了 0.062　　C. 减少了 0.080　　D. 减少了 0.062

4. 吸光度由 0.434 增加到 0.514 时，则透射比 τ 改变了（　　　）。

A. 增加了 6.2%　　　B. 减少了 6.2%　　　C. 减少了 0.080　　　D. 增加了 0.080

5. 某一有色溶液在某一波长下用 2cm 吸收池测得其吸光度为 0.750，若改用 0.5cm 和 3cm 吸收池，则吸光度各为（　　　）。

A. 0.188/1.125　　B. 0.108/1.105　　C. 0.088/1.025　　D. 0.180/1.120

6. 符合比耳定律的有色溶液稀释时，其最大吸收峰的波长位置（　　　）。

A. 向长波方向移动　　　　　　　　　　B. 向短波方向移动

C. 不移动，但峰高降低　　　　　　　　　　D. 无任何变化

7. 测定符合朗伯-比耳定律的某有色溶液的透射比时，若减小溶液的浓度，则测得的透射比将（　　）。

　　A. 减小　　　　　　　B. 增大　　　　　　　C. 不变　　　　　　　D. 无法确定

8. 一束（　　）通过有色溶液时，溶液的吸光度与溶液浓度和液层厚度的乘积成正比。

　　A. 平行可见光　　　　B. 平行单色光　　　　C. 白光　　　　　　　D. 紫外线

9. 有两种不同有色溶液均符合朗伯-比耳定律，测定时若吸收池厚度、入射光强度及溶液浓度皆相等，以下说法的是（　　）正确。

　　A. 透过光强度相等　　B. 吸光度相等　　　　C. 吸光系数相等　　　D. 以上说法都不对

10. 有甲、乙两个不同浓度的同一有色物质的溶液，用同一波长的光进行测定，当甲溶液用1cm 吸收池，乙溶液用2cm 吸收池时获得的吸光度值相等，则它们的浓度关系为（　　）。

　　A. 甲等于乙　　　　　　　　　　　　　　　B. 乙是甲的二分之一

　　C. 甲是乙的二分之一　　　　　　　　　　　D. 乙是甲的两倍

11. 摩尔吸光系数的单位是（　　）。

　　A. （mol/L）·cm　　B. mol·cm/L　　　C. mol·cm·L　　　　D. L/(mol·cm)

12. 质量吸光系数的单位为（　　）。

　　A. 克/升·厘米　　　B. 升/摩尔·厘米　　C. 升/克·厘米　　　D. 克/升·厘米

13. 有色溶液的摩尔吸光系数越大，则测定时（　　）越高。

　　A. 灵敏度　　　　　　B. 准确度　　　　　　C. 精密度　　　　　　D. 吸光度

14. 吸光物质的吸光系数与下面因素中有关的是（　　）。

　　A. 吸收池材料　　　　B. 吸收池厚度　　　　C. 吸光物质的浓度　　D. 入射光波长

15. 摩尔吸光系数很大，则说明（　　）。

　　A. 该物质的浓度很大　　　　　　　　　　　B. 光通过该物质溶液的光程长

　　C. 该物质对某波长光的吸收能力强　　　　　D. 测定该物质的方法的灵敏度低

16. 下列说法正确的是（　　）。

　　A. 透射比与浓度成直线关系

　　B. 摩尔吸光系数随被测溶液的浓度而改变

　　C. 摩尔吸光系数随波长而改变

　　D. 光学玻璃吸收池适用于紫外光区

三、计算题

1. 某试液显色后用 2.0cm 吸收池测量时，$\tau = 50.0\%$，若用 1.0cm 或 5.0cm 吸收池测量，τ 及 A 各为多少？

2. $KMnO_4$ 溶液在 525nm 处用 1.0cm 吸收池测得其透射比为 36.0%，若将其稀释一倍，则其吸光度和透射比将各为多少？

3. 用邻二氮杂菲分光光度法测定铁，已知测定试样中铁的含量为 $0.500\mu g/mL$，用 3.0cm 厚度吸收池，在波长 510nm 处测得吸光度为 0.297，请计算邻二氮杂菲亚铁的摩尔吸光系数 ε。（$M_{Fe} = 55.85g/mol$）

4. 安络血的摩尔质量为 236g/mol，将其配成 100mL 含安络血 0.4300mg 的溶液，盛于 1.0cm 的吸收池中，在 $\lambda_{max} = 550nm$ 处测得 A 值为 0.483，试求安络血的质量吸光系数（α）和摩尔吸光系数（ε）。

任务四 解读生活饮用水中总铁的检测国家标准

任务引入

测生活饮用水中的总铁，标准的检测方法是什么？让我们一起来仔细阅读《GB/T 5750.6—2006 生活饮用水标准检验方法 金属指标》。

任务目标

1. 会查找方法检测下限、精密度、准确度。
2. 会确认所需的仪器。
3. 会确认所需的试剂。

工作页

（一）任务分析

1. 明晰任务流程

阅读与查找标准 ➡ 仪器确认 ➡ 试剂确认 ➡ 安全防护

2. 任务难点分析

查找相关标准。

3. 条件需求与准备

（1）《GB/T 5750.6—2006 生活饮用水标准检验方法 金属指标》

（2）仪器

① 紫外-可见分光光度计。

② 比色管：50mL。

（3）试剂

① 六水合硫酸亚铁铵。

② 盐酸羟胺。

③ 邻二氮杂菲。

④ 冰乙酸。

⑤ 乙酸铵。

⑥ 盐酸。

（二）任务实施

 **活动1 阅读与查找标准**

仔细阅读《GB/T 5750.6—2006 生活饮用水标准检验方法 金属指标》，找出本方法的适用范围、检测下限、干扰、方法原理、精密度和准确度等内容，并列出所需的其他相关标准。将查找结果填入表 2-11。

 **活动2 仪器确认**

依据查阅的标准，确认所需的各种仪器是否齐全，是否满足标准的要求。将确认结果填入表 2-11。

知识链接

常见酸碱的浓度及稀释方法（见表 2-11）

表 2-11 几种常见酸碱的浓度及稀释配方

名　称		盐酸	硫酸	硝酸	冰乙酸	氨水
密度(20℃)/(g/mL)		1.19	1.84	1.42	1.05	0.88
物质的质量分数/%		36.8～38	95～98	65～68	99	25～28
物质的量浓度/(mol/L)		12	18	16	17	15
配制每升下列溶液所需浓酸或浓碱的体积/mL	6mol/L 溶液	500	334	375	353	400
	1mol/L 溶液	83	56	63	59	67

注：各种溶液的基本单元分别为：$c(HCl)$、$c(H_2SO_4)$、$c(HNO_3)$、$c(CH_3COOH)$、$c(NH_3 \cdot H_2O)$。

 **活动3 试剂确认**

按标准要求确认所需的试剂种类、纯度、数量上是否满足要求，并确认实验室提供的纯水等级是否满足需要。将确认结果填入表 2-12。

知识链接

溶液的组成标度表示方法

（1）物质 B 的浓度，又称物质 B 的物质的量浓度，是物质 B 的物质的量除以混合物的体积，常用单位：mol/L。

$$c(B) = \frac{n(B)}{V}$$

（2）物质 B 的质量浓度，是物质 B 的质量除以混合物的体积，常用单位为 g/L、mg/L、μg/L。

$$\rho(B) = \frac{m(B)}{V}$$

（3）物质 B 的质量分数，是物质 B 的质量与混合物的质量之比，其值可用％表示。

$$w(B)=\frac{m(B)}{m}$$

（4）物质 B 的体积分数，是物质 B 的体积除以混合物的体积，其值可用％表示。

$$\varphi(B)=\frac{V(B)}{V}$$

（5）溶质 B 的体积比，是溶质 B 的体积与溶剂 A 的体积之比。

$$\varphi(B)=\frac{V(B)}{V(A)}$$

体积比是两种液体分别以 $V(B)$ 与 $V(A)$ 体积相混。凡未注明溶剂时，均指纯水。两种以上特定液体与水相混合时，应注明水。例如：$HCl(1+2)$，$H_2SO_4+H_3PO_4+H_2O=1.5+1.5+7$。

活动 4　安全防护

查找本项目实施过程中可能存在的安全隐患，并提出预防与防护措施。将查找结果填入表 2-11 。

（三）任务数据记录（见表 2-12）

表 2-12　解读检测方法的原始记录

记录编号				
一、阅读与查找标准				
方法原理				
相关标准				
检测限				
准确度		精密度		
二、标准内容				
适用范围		限值		
定量公式		性状		
样品处理				
操作步骤				
三、仪器确认				
所需仪器			检定有效日期	
四、试剂确认				
试剂名称	纯度	库存量	有效期	
五、安全防护				
确认人		复核人		

（四）任务评估（见表 2-13）

表 2-13　任务评价表　　　日期

评价指标	评价要素	等级评定	
		自评	教师评
阅读与查找标准	标准名称 相关标准的完整性 适用范围 检验方法 方法原理 试验条件 检测主要步骤 检测限 准确度 精密度		
仪器确认	仪器种类 仪器规格 仪器精度		
试剂确认	试剂种类 试剂纯度 试剂数量		
安全	设备安全 人身安全		
总成绩			

拓展知识　生活饮用水水质的常规检验

地壳中含铁量约为 5.6%，分布很广，但天然水体中含铁量并不高。水中铁的污染源主要是选矿、冶炼、工业电镀、酸洗废水、设备腐蚀等，因此在工业水处理、油田开发、环境监测等多个领域都在开展水中总铁含量的检测工作。水中总铁含量的测定主要有原子吸收法、等离子体发射光谱法、比色法，前两种方法具有操作简单快捷，测定结果精密度、准确度好的特点，但设备投资高，比色法具有灵敏、可靠、投资少的优点，被广泛应用于水中总铁的测定。比色法测定水中总铁含量的代表方法有：邻二氮杂菲法、磺基水杨酸法、硫氰酸盐法。生活饮用水水质常规检验项目及限值见表 2-14。

表 2-14　生活饮用水水质常规检验项目及限值

项　　目	限　　值	项　　目	限　　值
感官性状和一般化学指标		阴离子合成洗涤剂	0.3mg/L
色度	不超过 15 度,不得呈现其他异色	硫酸盐	250mg/L
浑浊度	不超过 1 度	氯化物	250mg/L
臭和味	不得有异臭异味	溶解性总固体	1000mg/L
肉眼可见物	不得含有	耗氧量（以 O_2 计）	3mg/L
pH	6.5～8.5	毒理学指标	
总硬度（$CaCO_3$）	450mg/L	砷	0.05mg/L
铝	0.2mg/L	镉	0.005mg/L
铁	0.3mg/L	铬（六价）	0.05mg/L
锰	0.1mg/L	氰化物	0.05mg/L
铜	1.0mg/L	氟化物	1.0mg/L
锌	1.0mg/L	铅	0.01mg/L
挥发酚（以苯酚计）	0.002mg/L	汞	0.001mg/L

项　目	限　值	项　目	限　值
硝酸盐（以 N 计）	20mg/L	总大肠菌群	每100mL 水样中不得检出
硒	0.01mg/L	粪大肠菌群	每100mL 水样中不得检出
四氯化碳	0.002mg/L	游离余氯	管网末梢水不应低于 0.05mg/L
氯仿	0.06mg/L	放射性指标	
细菌学指标		总 α 放射性	0.5Bq/L
细菌总数	100CFU/mL		

 思考题

一、填空题

1.《GB/T 5750.6—2006 生活饮用水标准检验方法 金属指标》中邻二氮杂菲法测总铁适用于（　　　　）的测定。

2.《GB/T 5750.6—2006 生活饮用水标准检验方法 金属指标》中邻二氮杂菲法测总铁的检测下限是（　　　　　　　　）。

3.《GB/T 5750.6—2006 生活饮用水标准检验方法 金属指标》中邻二氮杂菲法测总铁的精密度是（　　　　　　　　）。

二、简答题

1. 简述紫外-可见分光光度法测定饮用水中总铁的实验原理。

2. 试推导《GB/T 5750.6—2006 生活饮用水标准检验方法 金属指标》中测铁的计算公式。

任务五　样品检测与数据采集

老师，测饮用水中总铁的标准我们已经理解了，现在该具体实施了吧？如何实施？

任务目标

1. 会填写原始记录表格。
2. 会配制所需的溶液。
3. 会显色处理。
4. 会带质控样检测。

工作页

（一）任务分析

1. 明晰任务流程

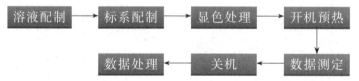

2. 任务难点分析

样品处理。

3. 条件需求与准备

（1）仪器

① 紫外-可见分光光度计。

② 比色管：50mL。

（2）试剂

① 铁标准使用溶液 [$\rho(Fe)=10.0\mu g/mL$]。

② 邻二氮杂菲溶液（1.0g/L）。

③ 盐酸羟胺溶液（100g/L）。

④ 乙酸铵缓冲溶液（pH4.2）。

⑤ 盐酸（1＋1）。

（二）任务实施

活动1　试剂准备

配制表 2-15 中的溶液。

表 2-15　溶液配制

溶液名称	浓度	体积/mL
铁标准使用液	10.0μg/mL	100
盐酸羟胺溶液	100g/L	100
乙酸铵缓冲溶液	pH4.2	900
邻二氮杂菲溶液	1.0g/L	100
盐酸	1＋1	50

@ 注意事项

1. 浓盐酸为酸性物质，注意不要溅到手上、身上，以免腐蚀，实验时最好戴上防护眼镜。

2. 配制溶液要注意计算的准确性。

3. 注意吸量管的使用。

4. 配好的溶液要及时装入试剂瓶中，盖好瓶塞并贴上标签（标签中应包括药品名称、溶液的浓度、配制人和配制日期），放到相应的试剂柜中。

活动2　配制标准系列溶液和质控样溶液

1. 取 150mL 锥形瓶 8 个，用吸量管分别加入铁标准溶液（10.0μg/mL）0mL、0.25mL、0.50mL、1.00mL、2.00mL、3.00mL、4.00mL、5.00mL，各加入纯水至 50mL。

2. 按质控样证书的要求，配制质控样，吸取 50.0mL 混匀的质控样于 150mL 锥形瓶中。

 知识链接

1. 校准曲线法

如果样品中的吸光组分是单组分，且遵守光吸收定律，那么在最大吸收波长处测得试样的吸光度，利用校准曲线可以得到结果。校准曲线是描述待测物质浓度或量与检测仪器响应值之间的定量关系曲线，分为"工作曲线"（标准溶液处理程序及分析步骤与样品完全相同）和"标准曲线"。

工作曲线法：按产品标准的规定配制 4 个以上浓度成适当比例的标准溶液，以空白溶液（或溶剂）为参比溶液，同时用空白溶液（或溶剂）的吸光度进行校正。在规定波长下，分别测定吸光度。以标准溶液的浓度 c 为横坐标，相应的吸光度 A 为纵坐标，绘制工作曲线，同时配制适当浓度的样品溶液，在上述条件下测定吸光度，并在工作曲线上查出待测物浓度（见图 2-21），待测物的浓度应在工作曲线范围内。该溶液浓度也可根据测定的吸光度用回归方程法计算。

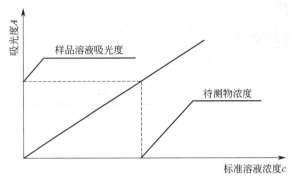

图 2-21　工作曲线

应用工作曲线法要注意以下几点：

① 在测量范围内，配制的标准溶液系列，已知浓度点不得小于 4 个（含空白浓度）；

② 制作工作曲线用的容器和量器，应经检定合格，如使用比色管必须配套，必要时应进行容积的校正；

③ 操作时试样与标样同时显色，再在相同测量条件下测量试样与标样溶液的吸光度；

④ 工作曲线可用最小二乘法对测试结果进行处理后绘制；

⑤ 工作曲线的相关系数绝对值一般应大于或等于 0.999，否则需从分析方法、仪器、量器、操作等因素查找原因，改进后重新绘制；

⑥ 试液的浓度应在工作曲线线性范围内，最好在工作曲线中部，曲线不得任意外延；

⑦ 工作曲线应定期校准，如果实验条件变动（如更换标准溶液、所用试剂重新配制、仪器经过修理、更换光源等情况），工作曲线应重新绘制；

⑧ 如果实验条件不变，那么每次测量只需带一个标样，校验一下实验条件是否符合，就可直接用此工作曲线测量试样的含量；

⑨ 测定时，为避免使用时出差错，所做工作曲线上必须标明工作曲线的名称、所用标准溶液（或标样）的名称和浓度、坐标分度和单位、测量条件（仪器型号、入射光波长、吸收池厚度、参比液名称）以及制作日期和制作者姓名。

2. 质控样

也叫质控样品。通常为和待测样品基质和分析物都一致的样品，但其中分析物含量为已知，并给出不确定度，作为评估方法或校准仪器，以及衡量样品测定准确与否的参照样品。通常用有证标准样品做质控样。

活动 3　显色处理

1. 吸取 50.0mL 混匀的水样（含铁量超过 50μg 时，可取适量水样加纯水稀释至50mL），于 150mL 锥形瓶中。

2. 向标准系列、质控样及水样的锥形瓶中各加 4mL 盐酸溶液和 1mL 盐酸羟胺溶液，小火煮沸浓缩至约 30mL，冷却至室温后移入 50mL 比色管中。

3. 向标准系列、质控样及水样的比色管中各加入 2mL 邻二氮杂菲溶液，混匀后再加

10.0mL 乙酸铵缓冲溶液，各加纯水至 50mL，混匀，放置 10～15min。

 注意事项

1. 总铁包括水中悬浮性铁和微生物体中的铁，取样时应剧烈振摇均匀，并立即吸取，以防止重复测定结果之间出现很大差别。

2. 乙酸铵试剂可能含有微量铁，故缓冲溶液的加入量要准确一致。

3. 若水样较清洁，含难溶亚铁盐少时，可将所加试剂量减半，但标准系列与样品量应一致。

知识链接

1. 样品处理

紫外-可见吸收光谱分析通常是在溶液中进行的，因此固体样品需要转变成溶液。对无机试样，首先考虑能否溶于水，应首选蒸馏水为溶剂来溶解样品，并配成合适的浓度范围。若样品不能溶于水，则考虑用稀酸、浓酸或混合酸抽提后，配成适合于测定的浓度范围。所用的溶剂应在测定波长下没有明显的吸收，挥发性小，不易燃，无毒性，价格便宜。

2. 二氮杂菲法中各种试剂的作用

盐酸羟胺的作用是将溶液中的 Fe^{3+} 还原成可与邻二氮杂菲反应的 Fe^{2+}，便于测定溶液中的总铁含量。乙酸铵缓冲溶液的作用是作为缓冲剂，调节溶液合适的 pH，以保持邻二氮杂菲显色剂的稳定性。

活动 4　数据测定

于 510nm 波长，用 2cm 吸收池，以纯水为参比，测量标准系列溶液、质控样及水样的吸光度，测定数据填至表 2-15 中。

 注意事项

通常情况下，浓度从低到高的测定顺序中间可以不用校零。若仪器稳定性不够时，则需要每测定一个溶液吸光度前均用纯水校零。

活动 5　关机和结束工作

1. 测量完毕，清洗吸收池，擦干，放入盒内；
2. 关闭仪器电源；
3. 清洗玻璃仪器；
4. 清理实验工作台，填写仪器使用记录。

知识链接

紫外-可见分光光度计的日常维护与保养

（1）仪器应安放在干燥的房间内，放置在坚固平稳的工作台上，室内照明不宜太强。热天时不能用电扇直接向仪器吹风，防止光源灯丝发光不稳定。

（2）为确保仪器稳定工作，在 220V 电源电压波动较大的地方要预先稳压，最好备一台

220V 磁饱和式或电子稳压式稳压器。

(3) 仪器要接地良好。

(4) 单色器是仪器的核心部分，装在密封盒内，不能拆开，为防止色散元件受潮发霉，必须经常更换单色器盒内干燥剂。

(5) 光电转换元件不能长时间曝光，仪器连续使用时间不宜过长，可考虑在中途间歇 30min 后再继续工作。

(6) 当仪器停止工作时，必须切断电源，开关放在"关"。

(7) 为了避免仪器积灰和沾污，在停止工作时用塑料套子罩住整个仪器。

(8) 仪器工作数月或搬运后，要检查波长精确性等方面的性能，以确保仪器的使用和测定的精确程度。

(9) 仪器若暂时不用，则要定期通电，每次不少于 20～30min，以保持整机呈干燥状态，并且维持电子元器件的性能。

（三）任务数据记录（见表 2-16 和表 2-17）

表 2-16　试剂准备

溶液名称	浓度	配制方法
铁标准使用液	10.0μg/mL	
盐酸羟胺溶液	100g/L	
乙酸铵缓冲溶液	pH4.2	
邻二氮杂菲溶液	1.0g/L	
盐酸	1+1	

表 2-17　生活饮用水中总铁的检测原始记录

记录编号								
样品名称				样品编号				
检验项目				检验日期				
检验依据				判定依据				
温度				相对湿度				
检验设备(标准物质)及编号								
仪器条件:测量波长 _____nm　吸收池规格_____nm								
一、标准系列溶液								
V/mL	0.00	0.25	0.50	1.00	2.00	3.00	4.00	5.00
$\rho(Fe)/(\mu g/mL)$								
A								
回归方程				相关系数				

二、样品		
序号	1	2
V/mL		
A		
$\rho_x(\text{Fe})/(\mu\text{g}/\text{mL})$		$\rho_{x\text{原}}(\text{Fe})/(\mu\text{g}/\text{mL})$
三、质控样		
$\rho_s/(\mu\text{g}/\text{mL})$		不确定度
A		
$\rho(\text{Fe})/(\mu\text{g}/\text{mL})$		$\rho_{\text{原}}(\text{Fe})/(\mu\text{g}/\text{mL})$
检验人		复核人

（四）任务评估（见表2-18）

表2-18　任务评价表　　　日期

评价指标	评价要素	等级评定	
		自评	教师评
溶液配制	配制方法 配制操作		
数据测量	波长选择 测量顺序 校零检查		
结束工作	吸收池清洗 电源关闭 玻璃仪器清洗 填写仪器实验记录卡		
学习方法	预习报告书写规范		
工作过程	遵守管理规程 操作过程符合现场管理要求 出勤情况		
思维状态	能发现问题、提出问题、分析问题、解决问题		
自评反馈	按时按质完成工作任务 掌握了专业知识点		
经验和建议			
总成绩			

拓展知识　分光光度法共存离子的干扰和消除方法

1. 干扰离子的影响

有些共存离子本身有颜色，如 Fe^{3+}、Cu^{2+} 等，这些离子会吸收光从而影响被测离子的测定；有些共存离子与显色剂或被测组分发生配位反应或者发生氧化还原反应，使显色剂或被测组分浓度降低，导致测量结果偏低；有些共存离子与显色剂反应生成有色化合物，导致测量结果偏高。

2. 消除干扰的方法

以下是几种常用的方法。

（1）控制溶液的酸度，使待测离子显色，而干扰离子不生成有色化合物。例如磺基水杨酸法测铁，控制酸度 $pH=2.5$，干扰离子 Cu^{2+} 无法与显色剂反应，从而可以消除干扰。

（2）加入掩蔽剂掩蔽干扰离子，所加掩蔽剂不得与被测离子反应，掩蔽剂和掩蔽产物不能干扰测定。

（3）利用氧化还原反应改变干扰离子的价态，使干扰离子不与显色剂反应以消除干扰。例如用铬天菁 S 显色 Al^{3+} 时，加入抗坏血酸或盐酸羟胺还原 Fe^{3+}，从而消除干扰。

（4）选择适当的入射光波长可以消除干扰，例如 4-氨基安替比林显色挥发酚时，选择 520nm 单色光作为入射光可以消除干扰，因为显色剂在 420nm 有强吸收，500nm 以后无吸收。

（5）选择合适的参比溶液可以消除显色剂和某些共存离子的干扰。

（6）若没有合适的方法消除干扰，可以用电解法、沉淀法、萃取法、离子交换法等方法分离干扰离子。

 **思考题**

一、判断题

1. 加入盐酸羟胺、乙酸铵等试剂的量不必很准确。（　　　）
2. 邻二氮杂菲法测总铁所用参比溶液是蒸馏水。（　　　）
3. 测标准系列吸光度时，测量顺序是从浓到稀。（　　　）
4. 加入显色剂邻二氮杂菲后，显色时间是 5min。（　　　）
5. 显色剂邻二氮杂菲与低铁显橙红色，与高铁不显色。（　　　）

二、选择题

1. 用邻二氮杂菲法测定锅炉水中的铁，pH 需控制在 4～6 之间，通常选择（　　　）缓冲溶液较合适。

A. 邻苯二甲酸氢钾　　　　　　　　　　　B. NH_3-NH_4Cl

C. $NaHCO_3$-Na_2CO_3　　　　　　　　　　D. HAc-NaAc

2. 邻二氮杂菲分光光度法测水中微量铁，盐酸羟胺的作用是（　　　）。

A. 氧化剂　　　　　B. 还原剂　　　　　C. 掩蔽剂　　　　　D. 释放剂

任务六　撰写检测报告

任务引入

当我们按照标准方法测出吸光度后，如何获知样品中的含铁量呢？这就涉及定量方法的问题。今天我们就学习一种定量方法——工作曲线法。

任务目标

1. 会使用一元线性回归处理数据。
2. 会判断检测数据的有效性。
3. 会撰写检测报告。
4. 说出紫外-可见分光光度法定量依据。

工作页

（一）任务分析

1. 明晰任务流程

线性回归　→　质控判断　→　样品计算　→　撰写报告

2. 任务难点分析

样品计算。

3. 条件需求与准备

计算机。

（二）任务实施

活动 1　一元线性回归

1. 以加入的铁的质量浓度对应吸光度值，计算一元线性回归方程。
2. 将结果填入任务五的表 2-15。

活动 2　质控判断

1. 计算质控样的浓度

根据质控样吸光度平均值，代入方程求出含量。

2. 将结果填入任务五的表 2-15。

3. 判定

将质控样检测结果与质控样证书比较，如果超出其不确定度范围，则本次检测无效，需要重新进行检测，若没超出其不确定度范围，则本次检测有效。

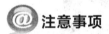 **活动 3　样品计算**

1. 若质控样检测结果符合要求，则根据试样的回归方程，代入试样的吸光度值，求出试样的质量浓度，然后计算原样品的质量分数。

2. 将结果填入任务五的表 2-15。

 **注意事项**

通过回归方程求出的质量浓度是定容后用于测定吸光度的容量瓶中的质量浓度。

知识链接

一元线性回归方程

（1）由实验数据求一元一次回归方程

在分析测试中，时常需要从一组测定的数据 $(X_i，Y_i，i=1,2,3,\cdots,n)$ 去求得自变量 X 和因变量 Y 之间的一个近似函数关系式 $Y=f(X)$ 来反映它们之间的客观规律。寻求这样的近似函数关系式的过程称为回归，在数学上也称为函数逼近，在几何学上又称其为曲线拟合。

在定量分析中的标准（工作）曲线都属于一元一次线性回归，自变量取某一值 X_i 时 $(i=1,2,3,\cdots,n)$，测得变量的对应值 Y_i 为 $(i=1,2,3,\cdots,n)$，若 X 与 Y 之间呈直线关系，则它们的关系式为：

$$Y=a+bX$$

式中　a——截距；

b——回归直线的斜率，也称为回归系数，

$$b=\frac{\sum\limits_{i=1}^{n}(X_i-\overline{X})(Y_i-\overline{Y})}{\sum\limits_{i=1}^{n}(X_i-\overline{X})^2}=\frac{\sum\limits_{i=1}^{n}X_iY_i-n\overline{X}\,\overline{Y}}{\sum\limits_{i=1}^{n}X_i^2-n\overline{X}^2}=\frac{\sum\limits_{i=1}^{n}X_iY_i-\frac{1}{n}(\sum\limits_{i=1}^{n}X_i)(\sum\limits_{i=1}^{n}Y_i)}{\sum\limits_{i=1}^{n}X_i^2-\frac{1}{n}(\sum\limits_{i=1}^{n}X_i)^2}$$

$$a=\overline{Y}-b\overline{X}=\frac{1}{n}\sum\limits_{i=1}^{n}Y_i-b\sum\limits_{i=1}^{n}X_i$$

其中　　　　$$\overline{X}=\frac{1}{n}\sum\limits_{i=1}^{n}X_i \qquad \overline{Y}=\frac{1}{n}\sum\limits_{i=1}^{n}Y_i$$

（2）相关系数 r

用于检验因变量与自变量之间是否具有线性相关关系。

$$r=\frac{\sum\limits_{i=1}^{n}(X_i-\overline{X})(Y_i-\overline{Y})}{\sqrt{\sum\limits_{i=1}^{n}(X_i-\overline{X})^2\sum\limits_{i=1}^{n}(Y_i-\overline{Y})^2}}=\frac{\sum\limits_{i=1}^{n}X_iY_i-n\overline{X}\,\overline{Y}}{\sqrt{\sum\limits_{i=1}^{n}(X_i^2-n\overline{X}^2)\sum\limits_{i=1}^{n}(Y_i^2-n\overline{Y}^2)}}$$

$$= \frac{\sum\limits_{i=1}^{n} X_i Y_i - \frac{1}{n} (\sum\limits_{i=1}^{n} X_i)(\sum\limits_{i=1}^{n} Y_i)}{\sqrt{\sum\limits_{i=1}^{n} X_i^2 - \frac{1}{n} (\sum\limits_{i=1}^{n} X_i)^2} \sqrt{\sum\limits_{i=1}^{n} Y_i^2 - \frac{1}{n} (\sum\limits_{i=1}^{n} Y_i)^2}}$$

若计算值 $|r|$ 大于表 2-19 的 $r_{0.05}$ 值，则因变量与自变量之间具有线性相关关系；反之则不具有线性相关关系。

表 2-19　相关系数的临界值

$f = n - 2$	显著性水平 α			
	0.10	0.05	0.01	0.001
1	0.98769	0.99692	0.99987	0.9999988
2	0.90000	0.95000	0.99000	0.99900
3	0.8054	0.8783	0.9587	0.9912
4	0.7293	0.8114	0.9172	0.9741
5	0.6694	0.7545	0.8745	0.9507
6	0.6215	0.7067	0.8343	0.9249
7	0.5822	0.6664	0.7977	0.8982
8	0.5494	0.6319	0.7646	0.8721
9	0.5214	0.6021	0.7348	0.8471
10	0.4973	0.5760	0.7097	0.8233

活动 4　撰写报告（见表 2-20）

表 2-20　检验报告内页

抽样地点			样品编号	
检测项目	检测结果	限值	本项结论	备注
以下空白				

@ **注意事项**

当测试或计算精度允许时，应先将获得的数值按指定的修约数位多一位或几位报出，并且标明它是经舍、进或未进未舍而得，以便于客户比较判定产品等级。

（三）任务评估（见表 2-21）

表 2-21　任务评价表　　　日期

评价指标	评 价 要 素	等级评定	
		自评	教师评
回归方程	自变量、因变量的选择 分辨斜率、截距		
质控判断	质控浓度计算 检测有效性判断		
样品计算	从回归方程计算浓度 样品质量分数 计算过程 有效数字		

评价指标	评 价 要 素	等级评定	
		自评	教师评
撰写报告	无空项 有效数字符合标准规定		
学习方法	预习报告书写规范		
工作过程	遵守管理规程 操作过程符合现场管理要求 出勤情况		
思维状态	能发现问题、提出问题、分析问题、解决问题		
自评反馈	按时按质完成工作任务 掌握了专业知识点		
经验和建议			
	总成绩		

拓展知识　分光光度法的其他应用

1. 高组分含量的测定

分光光度法主要用于微量组分的测定，也可用于高含量组分的测定。当待测组分含量较高时，测得的吸光度常常偏离比耳定律。即使不发生偏离，也因为通常采用纯溶剂作参比溶液，使测得的吸光度太高，超出适宜的读数范围而引入较大误差。随着仪器技术的发展，在一般分光光度法的基础上，发展了示差分光光度法，可以克服这一缺点。在高吸光度示差光度法中，用一个浓度比试样溶液浓度 c_x 稍低的标准溶液 c_s 为参比液。根据光的吸收定律，有 $A_x = Kbc_x$ $\qquad$ $A_s = Kbc_s$

两式相减得：
$$A_x - A_s = Kb(c_x - c_s)$$
$$\Delta A = Kb\Delta c$$

由式可知，当液层厚度 b 一定时，试样溶液和参比溶液的吸光度之差与其浓度之差成正比，这是示差光度法的定量依据。

应用示差法时，要求仪器光源有足够的发射强度，或能增大光电流的放大倍数，以便能调节参比溶液透射比为 100%，这就要求仪器单色器质量高，电子学系统稳定性好。

2. 多组分分析

吸光度具有加和性，即在多组分的体系中，在某一波长下，如果各种对光有吸收的物质之间没有相互作用，则体系在该波长的总吸光度等于各组分吸光度的和，即吸光度具有加和性，称为吸光度加和性原理。可表示如下：$A_总 = A_1 + A_2 + \cdots + A_n = \sum A_n$（式中各吸光度下标表示组分 $1, 2, \cdots, n$）。

根据吸光度具有加和性的特点，在同一试样中可以同时测定两个或两个以上组分。假设要测定试样中的两个组分 x、y，如果分别绘制 x、y 两纯物质的吸收光谱，一般有下面两种情况。

① 吸收光谱曲线不重叠或部分重叠，表明两组分互不干扰，可以用测定单组分的方法分别在 λ_1、λ_2 测定 x、y 两组分。

② 吸收光谱曲线重叠，表明两组分彼此干扰，此时，在 λ_1、λ_2 处分别测定溶液的吸光度 A_1 及 A_2，而且同时测定 x、y 纯物质的 ε_{x1}、ε_{x2} 及 ε_{y1}、ε_{y2}，然后列出联立方程：

$$A_1 = \varepsilon_{x1}bc_x + \varepsilon_{x2}bc_y$$
$$A_2 = \varepsilon_{x2}bc_x + \varepsilon_{y2}bc_y$$

解得 c_x、c_y。

3. 光度滴定法

根据被滴定溶液在滴定过程中吸光度的变化以确定滴定终点的方法称为光度滴定法。光度滴定法通常都是用经过改装的在光路中可插入滴定容器的分光光度计来进行的。测定滴定过程中溶液的吸光度，并绘制滴定剂体积和对应吸光度的曲线，根据滴定曲线就可确定滴定终点。

4. 双波长分光光度法

当吸收光谱相互重叠的两组分共存时，利用双波长分光光度法可对单个组分进行测定，也可对两个组分同时进行测定。当 a 与 b 两组分共存时，如要测定组分 b 的含量，组分 a 的干扰可通过选择对 a 具有等吸收的两个波长 λ_1 和 λ_2 加以消除。在双波长分光光度计上，以 λ_1 为参比波长，λ_2 为测量波长，对混合液进行测定，测得两波长光的吸光度差 ΔA。

$$\Delta A = (k_2 - k_1)bc$$

可见，ΔA 与组分 b 的浓度 c_b 成正比，而与组分 a 的浓度 c_a 无关，这种方法称为双波长等吸收点法。此外，还有双波长 K 系数法。

思考题

一、判断题

1. 工作曲线法是常用的一种定量方法，绘制工作曲线时需要在相同操作条件下测出 3 个以上标准点的吸光度后，在坐标纸上绘制工作曲线。（   ）

2. 工作曲线应定期校准，如果实验条件变动，工作曲线应重新绘制。（   ）

3. 试样与标样应同时显色，在相同测量条件下测量吸光度。（   ）

4. 如果试液的浓度超过工作曲线的线性范围，则可以将曲线顺势外延。（   ）

5. 一元线性回归得出方程后，可以由测得的值计算出被测的浓度，避免了制作曲线与检查曲线的误差。（   ）

二、选择题

1. 用标准曲线法测定某药物含量时，用参比溶液调节 $A = 0$ 或 $\tau = 100\%$，其目的是（   ）。

A. 使测量中 c-τ 成线性关系

B. 使标准曲线通过坐标原点

C. 使测量符合比耳定律，不发生偏离

D. 使所测吸光度 A 值真正反映的是待测物的 A 值

2. 工作曲线的相关系数绝对值一般应大于或等于（   ）。

A. 0.9   B. 0.99   C. 0.999   D. 0.9999

项目三

分光光度法测黄杨宁片中环维黄杨星D

项目导航

　　黄杨木作为药用，在《本草纲目》中已有记载，民间用其治疗心血管病。黄杨木中主要活性成分环维黄杨星D（商品名为黄杨宁），目前已从黄杨木中提取分离，并与其制剂黄杨宁片一起收载于中国药典。黄杨宁片的成分主要是中药成分黄杨星D，这是一种存在于黄杨科植物小叶黄杨及其同属植物中提取的一种生物碱，亦称环维黄杨星D、环常绿黄杨碱D、黄杨碱等。环维黄杨星D英文名是Cyclovirobuxinum D，本品由黄杨科植物小叶黄杨及其同属植物中提取精制所得。本品为无色针状结晶；无臭，味苦，在氯仿中易溶，在甲醇或乙醇中溶解，在丙酮中略溶，在水中微溶。本品的熔点为219～222℃，熔融时同时分解。

　　本项目为比较法测定黄杨宁片中环维黄杨星D的含量，共包括三个工作任务。

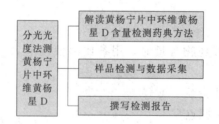

资源链接

《中国药典》（2010年版）

任务一 解读黄杨宁片中环维黄杨星 D 含量检测药典方法

关于环维黄杨星 D 的检测，药典中收藏的含量测定方法为非水滴定法（针对原料）和酸性染料比色法（针对片剂）。有文献报道采用衍生化 HPLC 法可准确测定原料中环维黄杨星 D 的含量。

 任务目标

1. 会查找方法原理。
2. 会确认所需的仪器。
3. 会确认所需的试剂。

 工作页

（一）任务分析

1. 明晰任务流程

阅读药典 → 仪器确认 → 试剂确认 → 安全防护

2. 任务难点分析

理解方法原理。

3. 条件需求与准备

（1）《中国药典》（2010 年版）一部。

（2）仪器

① 紫外-可见分光光度计。

② 容量瓶：250mL、100mL。

③ 水浴锅。

④ 离心机。

（3）试剂

① 甲醇。

② 磷酸二氢钠。

③ 溴麝香草酚蓝。

④ 氯仿。

⑤ 无水硫酸钠。

（二）任务实施

 活动1　阅读药典

仔细阅读《中国药典》（2010 年版）一部——"黄杨宁片"，理解方法原理，填至表 3-1。

知识链接

黄杨宁片的成分主要是中药成分黄杨星 D，这是一种从黄杨科植物小叶黄杨及其同属植物中提取的一种生物碱，亦称环维黄杨星 D、环常绿黄杨碱 D、黄杨碱等。其疗效作用和硝酸甘油等西药成分相似，主要功效是行气活血，通络止痛。

环维黄杨星 D 含量的测定可采用分光光度法（也称为酸性染料比色法，见《中国药典》2005 年版一部），原理是使其与溴麝香草酚蓝形成溶解于氯仿的有色离子对，在 410nm 附近产生最大吸收，从而进行测定。

$$BH^+ + In^- \xrightarrow{\text{缓冲溶液（pH6.8）}} BH^+ In^-$$

生物碱　溴麝香草酚蓝　　　　　有色配合物
阳离子　阴离子

 活动2　仪器确认

依据查阅的标准，确认所需的各种仪器是否齐全，是否满足标准的要求。将确认结果填入表 3-1。

 活动3　试剂确认

按标准要求确认所需的试剂种类、纯度、数量上是否满足要求，并确认实验室提供的纯水等级是否满足需要，填至表 3-1。

 知识链接

比较法也叫标准对照法、对照品比较法，是用一个已知浓度的标准溶液（c_s），在一定条件下，测得其吸光度 A_s，然后在相同条件下测得试液 c_x 的吸光度 A_x。如果试液和标准溶液完全符合朗伯-比耳定律，则

$$c_x = \frac{A_x}{A_s} c_s$$

使用比较法的条件是：c_x 与 c_s 浓度应接近，且都符合吸收定律。比较法适合于个别样品的测定。

 活动4　安全防护

查找本项目实施过程中可能存在的安全隐患，并提出预防与防护措施。将查找结果填入表 3-1 。

(三) 任务数据记录（见表 3-1）

表 3-1　解读检测方法的原始记录

记录编号				
一、阅读与查找标准				
方法原理				
相关标准				
检测限				
准确度		精密度		
二、标准内容				
适用范围		限值		
定量公式		性状		
样品处理				
操作步骤				
三、仪器确认				
所需仪器			检定有效日期	
四、试剂确认				
试剂名称	纯度	库存量		有效期
五、安全防护				
确认人		复核人		

(四) 任务评估（见表 3-2）

表 3-2　任务评价表　　　日期

评价指标	评 价 要 素	等级评定	
		自评	教师评
阅读与查找标准	标准名称		
	相关标准的完整性		
	适用范围		
	检验方法		
	方法原理		
	试验条件		
	检测主要步骤		
	检测限		
	准确度		
	精密度		
仪器确认	仪器种类		
	仪器规格		
	仪器精度		

评价指标	评价要素	等级评定	
		自评	教师评
试剂确认	试剂种类 试剂纯度 试剂数量		
安全	设备安全 人身安全		
总成绩			

简答题

1. 环维黄杨星 D 的检测方法有哪些？

2. 酸性染料比色法测黄杨宁片中环维黄杨星 D 的原理是什么？

3. 分光光度法中用比较法定量的条件是什么？

任务二　样品检测与数据采集

任务引入

紫外-可见分光光度法测黄杨宁片，需要进行显色处理吗？操作复杂吗？

任务目标

1. 会填写原始记录表格。
2. 会配制所需的标准溶液。
3. 会样品处理。

工作页

（一）任务分析

1. 明晰任务流程

对照品配制 → 供试品配制 → 显色处理 → 萃取操作 → 数据测定 → 结束工作

2. 任务难点分析

萃取操作。

3. 条件需求与准备

（1）仪器

① 紫外-可见分光光度计。

② 容量瓶：250mL、100mL。

③ 水浴锅。

④ 离心机。

（2）试剂

① 甲醇。

② 0.05mol/L 磷酸二氢钠缓冲液。

③ 溴麝香草酚蓝溶液（72mg/L）。

④ 氯仿。

⑤ 无水硫酸钠。

⑥ 环维黄杨星 D 对照品。

（二）任务实施

 活动 1　试剂配制

试剂名称	浓度	配 制 方 法
溴麝香草酚蓝溶液	72mg/L	取溴麝香草酚蓝 18mg，置 250mL 容量瓶中，加甲醇 5mL 使溶解，加 0.05mol/L 磷酸二氢钠缓冲液至刻度，摇匀
磷酸二氢钠缓冲液	0.05mol/L	称取 6.00g 无水磷酸二氢钠，置于烧杯中，加少量蒸馏水溶解。固体全部溶解后，将溶液转移到 1000mL 容量瓶中。定容，摇匀

活动 2　对照品溶液的制备

精密称取环维黄杨星 D 对照品约 25mg，置 250mL 容量瓶中，加甲醇 70mL 使溶解，用 0.05mol/L 磷酸二氢钠缓冲液稀释至刻度，摇匀，精密量取 10mL 至 100mL 容量瓶中，用 0.05mol/L 磷酸二氢钠缓冲液稀释至刻度，摇匀，即得（每 1mL 含环维黄杨星 D 10μg）。

知识链接

对照品系指用于鉴别、检查、含量测定的标准物质，对照品由国务院药品监督管理部门指定的单位制备、标定和供应，除了另有规定外，对照品应置于五氧化二磷减压干燥器中干燥 12h 以上使用。对照品的建立或变更其原有活性成分的含量，应与原对照品进行对比，并经过协作标定和一定的工作程序进行技术审定。对照品应附有使用说明书，标明质量要求、使用期限和装量等。

活动 3　供试品溶液的制备

取供试品 20 片，精密称定，研细，精密称取适量（约相当环维黄杨星 D 0.5mg），置 50mL 容量瓶中，加 0.05mol/L 磷酸二氢钠缓冲液至近刻度，80℃水浴恒温 1.5h 后取出，冷却至室温，加 0.05mol/L 磷酸二氢钠缓冲液至刻度，摇匀，离心 6min（转速为 3000 r/min），取上清液，即得。

活动 4　显色及萃取

精密量取上述供试品溶液与对照品溶液各 5mL，分别置分液漏斗中，各精密加入溴麝香草酚蓝溶液 5mL，摇匀，立即分别精密加入氯仿 10mL，振摇 2min，静置 1.5h，分取氯仿层，置于含 0.5g 无水硫酸钠的具塞试管中，振摇，静置，取上层清液进行测定。

 知识链接

供试品本身在紫外-可见区没有强吸收，或在紫外区虽有吸收但为了避免干扰或提高灵敏度，可加入适当的显色剂显色后测定。用比色法测定时，由于显色时影响显色深浅的因素较多，应取供试品与对照品或标准品同时操作。除另有规定外，比色法所用的空白指用同体积的溶剂代替对照品或供试品溶液，然后依次加入等量的相应试剂，并用同样方法处理。在规定的波长处测定对照品和供试品溶液的吸光度后，按比较法公式计算供试品的浓度。

 活动5　数据测定

　　使用紫外-可见分光光度计，分别在410nm波长处，以氯仿为参比，测定对照品和供试品的吸光度，填入表3-3。

知识链接

　　测定时，除另有规定外，应以配制供试品溶液的同批溶剂为空白对照，采用1cm的石英吸收池，在规定的吸收峰波长±2nm以内测试几个点的吸光度，或由仪器在规定波长附近自动扫描测定，以核对供试品的吸收峰波长位置是否正确。除另有规定外，吸收峰波长应在规定的波长±2nm以内，并以吸光度最大的波长作为测定波长。一般供试品溶液的吸光度读数，以在0.3～0.7之间为宜。

　　仪器的光谱带宽应小于供试品吸收带半宽度的1/10，否则测得的吸光度会偏低；狭缝宽度的选择，应以减小狭缝宽度时供试品的吸光度不再增大为准。

　　由于吸收池和溶剂本身可能有空白吸收，因此测定供试品的吸光度后应减去空白读数，或由仪器自动扣除空白读数后再计算含量。

　　采用对照品比较法时，分别配制供试品溶液和对照品溶液，对照品溶液中所含被测成分的量应为供试品溶液中被测成分规定量的$100\%\pm10\%$，所用溶剂也应完全一致。

　　含有杂原子的有机溶剂，通常均具有很强的末端吸收。因此，当作溶剂使用时，它们的使用范围均不能小于截止使用波长。例如甲醇、乙醇的截止使用波长为205nm。另外，当溶剂不纯时，也可能增加干扰吸收。因此，在测定供试品前，应先检查所用的溶剂在供试品所用的波长附近是否符合要求，即将溶剂置1cm石英吸收池中，以空气为空白（即空白光路中不置任何物质）测定其吸光度。溶剂和吸收池的吸光度，在220～240nm范围内不得超过0.40，在241～250nm范围内不得超过0.20，在251～300nm范围内不得超过0.10，在300nm以上时不得超过0.05。

（三）任务实施记录（见表3-3）

表3-3　黄杨宁片中环维黄杨星D含量检测原始记录

记录编号			
样品名称		样品编号	
检验项目		检验日期	
检验依据		判定依据	
温度		相对湿度	
检验设备(标准物质)及编号			
仪器条件:测定波长 _____ nm　　参比溶液 _____			
对照品			
对照品质量/mg		对照品定容体积 /mL	

对照品			
对照品质量浓度/(μg/mL)		对照品吸光度	
供试品			
20 片供试品的质量/g		平均每片供试品的质量/g	
称取约相当环维黄杨星 D 0.5mg 的供试品质量/g		供试品定容体积/mL	
供试品吸光度		对照比较法计算所得供试品质量浓度/(μg/mL)	
计算所得供试品每片含环维黄杨星 D 的质量/mg		供试品每片含环维黄杨星 D 的标示质量/mg	
本品每片含环维黄杨星 D 的质量与标示质量之比/%			
检验人		复核人	

（四）任务评估（见表 3-4）

表 3-4　任务评价表　　　　日期

评价指标	评价要素	等级评定	
		自评	教师评
对照品配制	计算思路 计算结果 精确称量		
供试品配制	精确称量 量器选择 水浴恒温 离心分离		
显色及萃取	精密移液 静置 分液		
测定数据	参比溶液 测量波长 吸收池的使用 数据记录		
结束工作	关闭电源 清洗吸收池 清洗其他玻璃仪器 填写仪器实验记录卡		
学习方法	预习报告书写规范		
工作过程	遵守管理规程 操作过程符合现场管理要求 出勤情况		
思维状态	能发现问题、提出问题、分析问题、解决问题		

评价指标	评 价 要 素	等级评定	
		自评	教师评
自评反馈	按时按质完成工作任务 掌握了专业知识点		
经验和建议			
	总成绩		

简答题

1. 何谓对照品？

2. 分光光度法测定环维黄杨星 D 的显色剂是什么？萃取剂是什么？空白溶液是什么？测定波长是多少？

任务三　撰写检测报告

　　药物分析检验报告应该包含哪些内容呢？应该包括检验目的、检验项目、检验依据和检验结果等。

 任务目标

1. 会用比较法处理数据。
2. 会判断检测数据有效性。
3. 会撰写检测报告。
4. 说出比较法定量依据。

 工作页

（一）任务分析

1. 明晰任务流程

比较法计算 ⟶ 撰写报告

2. 任务难点分析
样品计算。

3. 条件需求与准备
计算机。

（二）任务实施

 活动1　比较法计算

1. 采用比较法求出供试品的质量浓度，然后计算本品每片供试品含环维黄杨星 D 的质量与标示质量之比。

$$c_x = \frac{A_x}{A_s} c_s$$

式中　c_x——供试品溶液的浓度；
　　　　A_x——供试品溶液的吸光度；
　　　　c_s——对照品溶液的浓度；
　　　　A_s——对照品溶液的吸光度。

2. 将结果填入任务二的表 3-3。

 活动 2　撰写报告（见表 3-5）

表 3-5　检验报告内页

抽样地点			样品编号	
检测项目	检测结果	标准规定	本项结论	备注
以下空白				

(三) 任务评估（见表 3-6）

表 3-6　任务评价表　　　日期

评价指标	评 价 要 素	等级评定	
		自评	教师评
样品计算	从比较法公式计算浓度 样品质量分数 计算过程 有效数字		
撰写报告	无空项 有效数字符合标准规定		
学习方法	预习报告书写规范		
工作过程	遵守管理规程 操作过程符合现场管理要求 出勤情况		
思维状态	能发现问题、提出问题、分析问题、解决问题		
自评反馈	按时按质完成工作任务 掌握了专业知识点		
经验和建议			
总成绩			

 **思考题**

简答题

1. 药物分析检验报告应该包含哪些内容呢？

2. 试写出比较法的计算公式，并指出各项的含义。

项目四

目视比色法测定工业废水中氟化物

 项目导航

　　氟是人体必需的微量元素之一，饮用水适宜的氟质量浓度为 0.5～1.0mg/L。当饮用水中氟含量不足时，易患龋齿病；但若长期饮用氟质量浓度高于 1.0mg/L 的水，则会导致不同程度的氟中毒。而工业上，含氟矿石开采、金属冶炼、铝加工、焦炭、玻璃、电子、电镀、化肥、农药等行业排放的废水中常含有高浓度的氟化物，是对我们生活环境造成污染的主要因素。因此，工业废水中氟化物含量的测定就显得尤为重要。

　　水中氟化物的测定方法主要有：氟离子选择电极法、氟试剂比色法、茜素磺酸锆比色法、硝酸钍滴定法和离子色谱法。本项目通过目视比色分析法测定工业废水中的氟化物，包括三个工作任务。

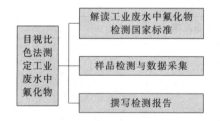

 资源链接

> 1. HJ 487—2009 水质 氟化物的测定
> 2. GB 8978—1996 污水综合排放标准

任务一 解读工业废水中氟化物检测国家标准

**任务引入**

随着人们环境保护意识的增强，大家对于工业废水的排放要求越来越严格，那么今天我们的检测任务有没有相应标准呢？

任务目标

1. 会查找方法检测限、精密度。
2. 会确认所需的仪器。
3. 会确认所需的试剂。

**工作页**

（一）任务分析

1. 明晰任务流程

阅读与查找标准 ➞ 仪器确认 ➞ 试剂确认 ➞ 安全防护

2. 任务难点分析

查找相关标准。

3. 条件需求与准备

（1）《HJ 487—2009 水质 氟化物的测定》

（2）仪器

比色管：50mL。

（3）试剂

① 亚砷酸钠。

② 盐酸。

③ 硫酸。

④ 高氯酸。

⑤ 氯氧化锆。

⑥ 茜素磺酸钠。

（二）任务实施

 活动1　阅读与查找标准

仔细阅读《HJ 487—2009 水质 氟化物的测定》，找出本方法的适用范围、检测下限、干扰、方法原理、精密度和准确度等内容，并列出所需的其他相关标准。将查找结果填入表 4-1。

知识链接

1. 目视比色法测定方法

用眼睛观察和比较试样溶液与标准溶液的颜色深浅，确定被测物质含量的方法称目视比色法。

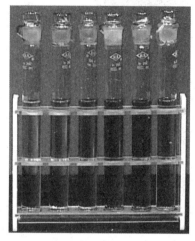

图 4-1　标准系列比色管

目视比色法采用具塞比色管，它是一套由同一种玻璃制成的、大小形状完全相同的平底玻璃管，管中有容积标线，通常分 10mL、20mL、50mL、100mL 数种。

目视比色法最常用的定量方法是标准系列法：取一系列具塞比色管，准确加入不同体积的标准溶液，加入相同的辅助试剂显色后定容至相同体积，即可得到一系列颜色由浅到深的标准色阶，如图 4-1 所示。取相同的比色管加入试液在相同条件下显色、定容，待颜色稳定后，比较试液与标准色阶的颜色深浅。若试液与某标准溶液颜色相同，表示浓度相等。若试液的颜色深浅介于相邻两个标准溶液之间，其浓度为两者的平均值。

如果需要进行的是"限界分析"，即要求某组分含量应在某浓度以下，那么只需要配制浓度为该限界浓度的标准溶液，并与试液在相同条件下显色后进行比较。若试样颜色比标准溶液浓度深，则说明试样中待测组分含量已经超出允许的限界。

2. 目视比色法测定原理

设入射光通量为 Φ_0，透过标准溶液和被测溶液后的光通量分别为 Φ_s 和 Φ_x，根据朗伯-比耳定律，则

$$\Phi_s = \Phi_0 \times 10^{-\varepsilon_s b_s c_s} \qquad \Phi_x = \Phi_0 \times 10^{-\varepsilon_x b_x c_x}$$

当溶液颜色深度相同时，$\Phi_s = \Phi_x$，则 $\varepsilon_s b_s c_s = \varepsilon_x b_x c_x$。因有色物质相同和入射光相同，则 $\varepsilon_s = \varepsilon_x$；另外所用比色管也相同，则 $b_s = b_x$，所以 $c_s = c_x$。

3. 目视比色法特点

优点：仪器简单、操作方便，适宜于大批样品的分析；由于比色管较长，自上而下观察，即使溶液颜色很浅也容易比较出深浅，灵敏度较高。另外，它不需要单色光，可直接在白光下进行，对浑浊溶液也可以进行分析。

缺点：主观误差大、准确度差，而且标准色阶不易保存，需要定期重新配制，比较费时。

活动 2　仪器确认

依据查阅的标准，确认所需的各种仪器是否齐全，是否满足标准的要求。将确认结果填入表 4-1。

活动 3　试剂确认

按标准要求确认所需的试剂种类、纯度、数量上是否满足要求，并确认实验室提供的纯水等级是否满足需要并填入表 4-1。

活动 4　安全防护

查找本项目实施过程中可能存在的安全隐患，并提出预防与防护措施。将查找结果填入表 4-1 。

（三）任务数据记录（见表 4-1）

表 4-1　解读检测方法的原始记录

记录编号			
一、阅读与查找标准			
方法原理			
相关标准			
检测限			
准确度		精密度	
二、标准内容			
适用范围		限值	
定量公式		性状	
样品处理			
操作步骤			
三、仪器确认			
所需仪器			检定有效日期
四、试剂确认			
试剂名称	纯度	库存量	有效期
五、安全防护			
确认人		复核人	

（四）任务评估（见表 4-2）

表 4-2 任务评价表   日期

评价指标	评 价 要 素	等级评定	
		自评	教师评
阅读与查找标准	标准名称 相关标准的完整性 适用范围 检验方法 方法原理 试验条件 检测主要步骤 检测限 准确度 精密度		
仪器确认	仪器种类 仪器规格 仪器精度		
试剂确认	试剂种类 试剂纯度 试剂数量		
安全	设备安全 人身安全		
总成绩			

 思考题

一、填空题

1. 目视比色法测定水质氟化物标准方法的标准号为（   ）。

2. 取 50mL 试样，用本方法直接测定废水中氟化物时，检测限为（   ），测定下限为（   ），测定上限为（   ）。

3. 目视比色法要求实验室用水应符合 GB/T 6682 中（   ）级水规格。

二、选择题

1. 本方法测定氟化物时，样品中有硫酸盐存在，能使测定结果（   ）。

A. 偏低   B. 偏高   C. 无变化   D. 变化不确定

2. 本方法测定氟化物，采集和贮存样品均应使用（   ）。

A. 聚乙烯瓶   B. 玻璃瓶   C. 棕色玻璃瓶   D. 任何容器

3. 本方法测定氟化物时，应调节温度，使试样与标准比色系列之间的温差不超过（   ）。

A. 1℃   B. 2℃   C. 3℃   D. 4℃

三、简答题

1. 简述目视比色法测定工业废水中氟化物的实验原理。

2. 试推导《HJ 487—2009 水质氟化物的测定》中目视比色法的计算公式。

任务二　样品检测与数据采集

 任务引入

2012年3月20日，有报道称湖南某氟化学有限公司的工业废水沿着厂区内的废渣堆，源源不断地循着湘乡城郊附近的村庄的渠道流入涟水河，严重威胁到市民的饮水安全，湘潭市、湘乡市两级环保部门成立联合调查组介入调查。环保部门将通过怎样的具体方案测定该公司的工业废水中氟化物的含量呢？

 任务目标

1. 会填写原始记录表格。
2. 会配制所需的溶液。
3. 会处理样品。
4. 会配制标准色阶及正确比色。
5. 说出目视比色技巧。

 工作页

（一）任务分析

1. 明晰任务流程

溶液配制 → 样品处理 → 标系配制 → 试样比色 → 结束工作 → 数据处理

2. 任务难点分析

样品处理。

3. 条件需求与准备

（1）仪器：

比色管：50mL。

（2）试剂

① 亚砷酸钠（5g/L）。

② 氟化物标准储备溶液 $[\rho(F^-)=100.0\mu g/mL]$：取氟化钠于 105℃烘 2h，于干燥器中冷却后，精确称取 0.2210g，用水溶解，转入 1000mL 容量瓶中，以纯水稀释至刻度。

③ 氟化物标准使用溶液 $[\rho(F^-)=10.00\mu g/mL]$。

④ 盐酸。

⑤ 硫酸。

⑥ 高氯酸。

⑦ 茜素磺酸锆酸性溶液。

Ⅰ 茜素磺酸锆溶液：称取 0.3g 氯氧化锆（$ZrOCl_2 \cdot 8H_2O$）于 100mL 烧杯中，用 50mL 水溶解后移入 1000mL 容量瓶中。另称取 0.7g 茜素磺酸钠（$C_{14}H_7O_7SNa \cdot H_2O$）溶于 50mL 水中，在不断摇动下，缓慢注入氯氧化锆溶液中。充分摇动后，放置澄清。

Ⅱ 混合酸溶液：量取 101mL 盐酸用水稀释到 400mL，另量取 33.3mL 硫酸，在不断搅拌下，缓慢加入到 400mL 水中，冷却后将两酸合并。

Ⅲ 茜素磺酸锆酸性溶液：将混合酸倾入盛有茜素磺酸锆溶液的容量瓶中，用水稀释到刻度，摇匀，此溶液在约 2h 后由红变黄即可使用。此溶液避光保存，可稳定 6 个月。

（二）任务实施

活动1　溶液配制

配制如表 4-3 所列溶液。

表 4-3　溶液配制

溶液名称	浓度	体积/mL
氟化物标准储备溶液	100.0μg/mL	1000
氟化物标准使用溶液	10.00μg/mL	1000
茜素磺酸锆酸性溶液	—	1000
亚砷酸钠溶液	5g/L	100

@ 注意事项

1. 茜素磺酸钠配制后与锆盐最好分别保存，使用时再按比例混合，以保持试剂的灵敏度。

2. 人身防护

（1）佩戴防酸型防毒口罩。

（2）戴化学防溅眼镜。

（3）戴橡胶手套，穿防酸工作服和胶鞋。

（4）在通风橱中进行操作。

3. 亚砷酸钠剧毒，防止进入口中。

活动2 样品和质控样处理

1. 样品处理

依据样品不同，采用不同的处理方法。

① 如果水样中含有残留的氯，可按每0.1mg氯加一滴（0.05mL）亚砷酸钠溶液，搅匀即可除去。

② 水中干扰物质较多，不能直接用比色法测定时，可进行预蒸馏处理。

2. 质控样处理

配制类似样品含量的质控样，与样品处理方法同样处理。

@ 注意事项

1. 如果水样中有机物含量高时，为避免与高氯酸发生爆炸，用硫酸代替高氯酸（硫酸与水样的体积比为1∶1）进行蒸馏，控制温度在（145±5）℃。蒸馏水样时，勿使温度超过180℃，以防硫酸过多的蒸出。

2. 连续蒸馏几个水样时，可待瓶内硫酸溶液温度降低至120℃以下，再加入另一个水样，蒸馏过一个含氟高的水样后，应在蒸馏另一个水样前加入250mL纯水。用同法蒸馏，以清除可能存留在蒸馏器中的氟化物。

3. 蒸馏瓶中的硫酸可以多次使用，直至变黑为止。

知识链接

水蒸气蒸馏法处理试样

取50mL水样（氟浓度高于2.5mg/L时，可分取少量样品，用水稀释到50mL）于蒸馏瓶（3）中，加10mL高氯酸，摇匀，按图4-2连接好，开启冷凝管中的回流水。加热平底烧瓶（4），关闭三通阀当中的阀B，开启通往空气的阀A，使其沸腾产生水蒸气。同时加热蒸馏瓶（3），待蒸馏瓶（3）内溶液温度升到约130℃时，开启三通阀当中的阀B，关闭

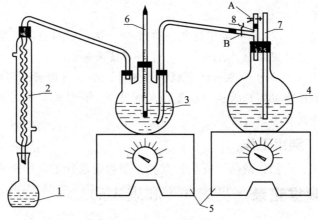

图4-2 水蒸气蒸馏法装置

1—接收瓶（200mL容量瓶）；2—冷凝管（蛇形或球形）；

3—蒸馏瓶（250mL直口三口烧瓶）；4—2000mL平底烧瓶（制水蒸气用）；

5—可调电炉；6—温度计；7—安全管；8—三通管（排气用）

通往空气的阀A，开始通入蒸汽，并维持蒸馏瓶（3）温度在130～140℃，蒸馏速度为5～6mL/min。待接收瓶（1）中馏出液体积约为200mL时停止蒸馏，并用水稀释至200mL，留测定用。

活动3　配制标准系列溶液

吸取0.00mL、0.50mL、1.00mL、2.00mL、2.50mL、4.00mL、5.00mL和7.50mL氟化物标准使用溶液，分别放入50mL比色管中，并用纯水定容。分别加1.0mL茜素磺酸锆酸性溶液于上述标准溶液中混匀，放置1h或在50℃水中显色20min，冷却至室温即可目视比色。将标准系列氟化物含量分别填入表4-5中。

@ 注意事项

1. 比色管的几何尺寸和材料（玻璃颜色）要相同，否则将影响比色结果。

2. 洗涤比色管时，不能使用重铬酸钾洗液洗涤，若必须使用，应依次使用硫酸-硝酸混合酸、自来水、蒸馏水洗涤为宜。

活动4　比色

1. 取50mL试样或馏出液置于比色管中，氟含量高于2.5mg/L时，可量取少量试样或馏出液，用水稀释到50mL。加1.0mL茜素磺酸锆酸性溶液于比色管中混匀，放置1h或在50℃水中显色20min，冷却至室温即可与标准系列进行目视比色，将比色测定的结果填入表4-5中。

2. 采用相同的方法测定质控样。

3. 空白试验：用50mL经预处理后的水样代替样品，采用相同的方法进行空白测定。

@ 注意事项

1. 为了提高测定准确度，在与样品颜色相近的标准溶液浓度变化间隔要小一些。

2. 不能在有色灯光下观察溶液颜色，否则会产生误差。

3. 观察溶液颜色应自上而下垂直观察。

4. 共存离子的影响：样品中有硫酸盐、磷酸盐、铁、锰的存在，能使测定结果偏高，铝可与氟离子形成稳定的配合物 $[AlF_6]^{3-}$，使测定结果偏低。

5. 茜素磺酸锆与氟离子在作用过程中颜色的形成，受各种因素的影响，因此在分析时，要控制样品、空白和标准系列加入试剂的量，反应温度、放置时间等条件必须一致，试样与标准比色系列之间的温差不超过2℃。

活动5　结束工作

按照整理、整顿、清扫、清洁、安全、素养、节约要求分工合作开展"7S"活动。

（三）任务数据记录（见表4-4和表4-5）

表4-4　试剂准备

溶 液 名 称	浓度	配 制 方 法
氟化物标准储备溶液	100.0μg/mL	

溶 液 名 称	浓 度	配 制 方 法
氟化物标准使用溶液	10.00μg/mL	
茜素磺酸锆酸性溶液	—	
亚砷酸钠溶液	5g/L	

表 4-5 工业废水中氟化物的检测原始记录

记录编号								
样品名称				样品编号				
检验项目				检验日期				
检验依据				判定依据				
温度				相对湿度				
检验设备(标准物质)及编号								
一、标准系列溶液								
V/mL	0.00	0.50	1.00	2.00	3.00	4.00	5.00	7.50
$m(F^-)/\mu g$								
二、空白								
$m(F^-)/\mu g$				$\rho(F^-)/(mg/L)$				
三、质控样								
$m(F^-)/\mu g$				$\rho(F^-)/(mg/L)$				
扣除空白后/(mg/L)								
四、样品								
$m(F^-)/\mu g$				$\rho(F^-)/(mg/L)$				
扣除空白后/(mg/L)								
检验人				复核人				

(四) 任务评估 (见表 4-6)

表 4-6 任务评价表　　日期

评价指标	评 价 要 素	等级评定	
		自评	教师评
溶液配制	配制方法 配制操作		
样品比色	比色方法 比色结果		
结果计算	公式应用 数据代入		

评价指标	评 价 要 素	等级评定	
		自评	教师评
结束工作	比色管清洗 整理试验台		
学习方法	预习报告书写规范		
工作过程	遵守管理规程 操作过程符合现场管理要求 出勤情况		
思维状态	能发现问题、提出问题、分析问题、解决问题		
自评反馈	按时按质完成工作任务 掌握了专业知识点		
经验和建议			
总成绩			

思考题

一、填空题

1. HJ 487—2009 水质氟化物测定中，如果有铝存在，铝可与氟离子形成（　　　　），导致测定结果（　　　　）。

2. 空白和标准系列（　　　　）、（　　　　）、（　　　　）等条件必须一致。

3. 如果试样中含有余氯，按每毫克余氯加入（　　　　），混匀，将余氯除去。

二、简答题

什么叫标准色阶？如何将试样显色液与标准色阶进行比色？

任务三　撰写检测报告

　　湖南某氟化学有限公司工业废水中氟含量的测定项目已经完成，测定结果也已经出来。但如何准确、规范地表达测定结果并判断其是否超标将是我们下一步的具体任务。

 任务目标

1. 会用目视比色法处理数据。
2. 会判断检测数据有效性。
3. 会撰写检测报告。
4. 说出目视比色法定量依据。
5. 说出目视比色法定量方法。

 工作页

（一）任务分析

1. 明晰任务流程

$$\boxed{\text{样品计算}} \longrightarrow \boxed{\text{撰写报告}}$$

2. 任务难点分析

样品计算。

3. 条件需求与准备

计算机。

（二）任务实施

活动1　样品计算

1. 根据目视比色结果，计算水样中氟化物的质量浓度

水样中氟化物（F^-）质量浓度按式（4-1）进行计算：

$$\rho = \frac{m}{V_2} \times \frac{200}{V_1} \tag{4-1}$$

式中 ρ——水样中氟化物（F^-）的质量浓度，mg/L；

m——由标准系列给出的氟化物质量，μg；

V_2——试份的体积（比色时取样体积），mL；

V_1——试样体积（取原水样蒸馏体积），mL。

2. 将结果填入任务二的表 4-5。

3. 将质控样实际浊度与质控样证书比较，如果超出其不确定度范围，则本次检测无效，需要重新进行检测，若没超出其不确定度范围，则本次检测有效。

活动 2　撰写报告（见表 4-7）

表 4-7　检验报告内页

抽样地点			样品编号	
检测项目	检测结果	限值	本项结论	备注
以下空白				

（三）任务评估（见表 4-8）

表 4-8　任务评价表　　　日期

评价指标	评 价 要 素	等级评定	
		自评	教师评
样品计算	样品浓度计算 计算过程 有效数字		
撰写报告	无空项 有效数字符合标准规定		
学习方法	预习报告书写规范		
工作过程	遵守管理规程 操作过程符合现场管理要求 出勤情况		
思维状态	能发现问题、提出问题、分析问题、解决问题		
自评反馈	按时按质完成工作任务 掌握了专业知识点		
经验和建议			
总成绩			

 **思考题**

一、选择题

在目视比色法中，通常的标准系列法是比较（　　）。

A. 入射光的强度

B. 透过溶液的强度

C. 透过溶液后吸收光的强度

D. 一定厚度溶液的颜色深浅

二、简答题

1. 如何进行目视比色法操作？

2. 目视比色法的特点及适用范围？

*项目五

目视比色法测定液体无机化工产品的色度

 **项目导航**

化工生产分析一般包括原材料分析、中间产品分析、产品和副产品分析。其主要检测项目有纯度、密度、沸点、沸程、折射率、水分、色度等，而色度的检测主要是检测产品颜色的深浅。

液体无机化工产品的色度的检测方法主要有铂-钴色度标准法和加德纳色度标准法，本项目主要学习铂-钴色度标准法。

本项目的整个检测过程共划分为三个工作任务。

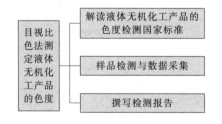

 资源链接

GB/T 23770—2009 液体无机化工产品色度测定通用方法

任务一 解读液体无机化工产品的色度检测国家标准

色度既然是液体无机化工产品主要的测定项目之一，那么液体无机化工产品色度测定是否有通用方法或标准呢？

 任务目标

1. 会查找方法检测限、精密度。
2. 会确认所需的仪器。
3. 会确认所需的试剂。

 工作页

（一）任务分析

1. 明晰任务流程

$$阅读与查找标准 \rightarrow 仪器确认 \rightarrow 试剂确认 \rightarrow 安全防护$$

2. 任务难点分析

查找相关标准。

3. 条件需求与准备

（1）《GB/T 23770—2009 液体无机化工产品色度测定通用方法》

（2）仪器

比色管。

（3）试剂

① 盐酸。

② 六水合氯化钴。

③ 氯铂酸钾。

（二）任务实施

活动1 阅读与查找标准

仔细阅读《GB/T 23770—2009 液体无机化工产品色度测定通用方法》，找出本方法的适用范围、检测下限、干扰、方法原理、精密度和准确度等内容，并列出所需的其他相关标准。将查找结果填入表5-1。

 知识链接

1. 色度

颜色是由亮度和色度共同表示的，而色度则是不包括亮度在内的颜色的性质，它反映的是颜色的色调和饱和度。

2. 黑曾单位

每升含有 1mg 以氯铂酸（H_2PtCl_6）形式存在的铂和 2mg 六水合氯化钴（$CoCl_2 \cdot 6H_2O$）的铂-钴溶液的色度。

活动2 仪器确认

依据查阅的标准，确认所需的各种仪器是否齐全，是否满足标准的要求。将确认结果填入表5-1。

活动3 试剂确认

按标准确认所需的试剂种类、纯度、数量是否满足要求，并确认实验室提供的纯水等级是否满足需要，填至表5-1。

活动4 安全防护

查找本项目实施过程中可能存在的安全隐患，并提出预防与防护措施。将查找结果填入表5-1。

（三）任务数据记录（见表5-1）

表5-1 解读检测方法的原始记录

记录编号			
一、阅读与查找标准			
方法原理			
相关标准			
检测限			
准确度		精密度	
二、标准内容			
适用范围		限值	
定量公式		性状	

二、标准内容		
样品处理		
操作步骤		
三、仪器确认		
所需仪器		检定有效日期
四、试剂确认			
试剂名称	纯度	库存量	有效期
五、安全防护			
确认人		复核人	

（四）任务评估（见表5-2）

表5-2　任务评价表　　　日期

评价指标	评价要素	等级评定	
		自评	教师评
阅读与查找标准	标准名称		
	相关标准的完整性		
	适用范围		
	检验方法		
	方法原理		
	试验条件		
	检测主要步骤		
	检测限		
	准确度		
	精密度		
仪器确认	仪器种类		
	仪器规格		
	仪器精度		
试剂确认	试剂种类		
	试剂纯度		
	试剂数量		
安全	设备安全		
	人身安全		
总成绩			

思考题

填空题

1.《GB/T 23770—2009 液体无机化工产品色度测定通用方法》适用于（　　　　　）的测定。

2.《GB/T 23770—2009 液体无机化工产品色度测定通用方法》目视比色法的检测限是（　　　　　）。

3. 黑曾单位是指每升含有（　　　）以氯铂酸形式存在的铂和（　　　）六水合氯化钴的铂-钴溶液的色度。

4. 该标准要求实验室用水应符合 GB/T 6682 中（　　　　　）级水规格。

任务二 样品检测与数据采集

 **任务引入**

根据测定液体无机化工产品色度的标准后，我们将如何具体实施检测液体无机化工产品色度这个项目呢？

 **任务目标**

1. 会填写原始记录表格。
2. 会配制所需的标准溶液。
3. 会样品处理。
4. 会进行色度比对。

 **工作页**

（一）任务分析

1. 明晰任务流程

标液配制 ⟶ 标系配制 ⟶ 色度比较 ⟶ 结束工作 ⟶ 数据处理

2. 任务难点分析
标准色阶的配制。

3. 条件需求与准备

（1）仪器
比色管。

（2）试剂
① 盐酸。

② 六水合氯化钴。

③ 氯铂酸钾。

（二）任务实施

 **活动1　标液配制**

配制 500 黑曾单位铂-钴标准溶液：准确称取 1.000g 六水合氯化钴、1.245g 氯铂酸钾，置于 250mL 烧杯中，用 100mL 盐酸和适量水溶解，全部转移至 1000mL 容量瓶中，用水稀释至刻度，摇匀。

 注意事项

500 黑曾单位铂-钴标准溶液置于具塞棕色瓶中，避光密封保存，有效期为 1 年。如超过有效期，溶液的吸光度仍在表 5-3 所列的范围之内可继续使用。

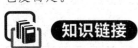 **知识链接**

500 黑曾单位铂-钴标准溶液的要求

所配制的 500 黑曾单位铂-钴标准溶液，用 1cm 的吸收池，以水为参比用紫外-可见分光光度计按表 5-3 中规定的波长测定其吸光度，其值应在表中所列范围。

表 5-3　500 黑曾单位铂-钴标准溶液吸光度允许范围

波长/nm	吸光度
430	0.110~0.120
455	0.130~0.145
480	0.105~0.120
510	0.055~0.065

 **活动2　配制铂-钴标准工作溶液**

准确移取不同体积的 500 黑曾单位铂-钴标准溶液于 100mL 容量瓶中，用蒸馏水稀释至刻度，摇匀，可得不同黑曾单位铂-钴标准工作溶液——标准系列。将数据填入表 5-4。

 注意事项

标准系列通常间隔 5 黑曾单位，配制 4 只以上。标准系列的色度范围应根据被测试样的色度而定。

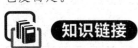 **知识链接**

配制 100mL 所需黑曾单位铂-钴标准工作溶液，所移取 500 黑曾单位铂-钴标准溶液的体积（V）计算公式为：

$$V = \frac{N \times 100}{500} \tag{5-1}$$

式中　N——欲配制的铂-钴标准工作溶液的色度，黑曾单位。

活动3 色度比较

1. 向比色管中注入试样，注满至刻线处。
2. 配制类似颜色的质控样。
3. 同样向另一支规格相同的比色管中注入具有类似颜色的铂-钴标准工作溶液，注满至刻线处。
4. 在日光或日光灯下正对白色背景，从上往下观察比较试样与铂-钴标准工作溶液的颜色。
5. 将测定结果填入表5-5。

@ 注意事项

试样的颜色以最接近于铂-钴标准工作溶液的黑曾单位铂-钴颜色号表示，如果试样颜色与任何标准铂-钴对比溶液不相符合，则根据估计配制一个可能接近的铂-钴色号，再比对并描述观察到的颜色。

活动4 结束工作

1. 将溶液倒入指定的废液处理容器中，清洗比色管，控干后保存。
2. 整理实验台。

（三）任务数据记录（见表5-4和表5-5）

表5-4 试剂准备

溶液名称	色度/黑曾	配制方法
铂-钴标准溶液	500	

表5-5 液体无机化工产品色度的测定原始记录

记录编号				
样品名称		样品编号		
检验项目		检验日期		
检验依据		判定依据		
温度		相对湿度		
检验设备(标准物质)及编号				
一、标准系列溶液配制				
铂-钴标准溶液/mL				
色度/黑曾单位				
二、试样溶液				
测定结果/黑曾单位				
三、质控样				
质控样色度/黑曾单位				
测定结果/黑曾单位				
检验人		复核人		

（四）任务评估（见表5-6）

表5-6　任务评价表　　日期

评价指标	评价要素	等级评定	
		自评	教师评
标液配制	计算思路 计算结果 容量瓶的使用		
样品称量	天平使用 称量范围		
标准系列配制	标液移取 色阶配制		
色度比对	试液移取 比对方法 比对结果		
结束工作	比色管清洗 试验台整理		
学习方法	预习报告书写规范		
工作过程	遵守管理规程 操作过程符合现场管理要求 出勤情况		
思维状态	能发现问题、提出问题、分析问题、解决问题		
自评反馈	按时按质完成工作任务 掌握了专业知识点		
经验和建议			
	总成绩		

思考题

填空题

1. 500黑曾单位铂-钴标准溶液在配制前需要对（　　　　）和（　　　　）进行含量测定。

2. 标准滴定溶液需要按照（　　　）规定进行制备。

3. 铂-钴标准工作溶液应在（　　　）配制。

4. 500黑曾单位铂-钴标准溶液在430nm波长下其吸光度允许范围是（　　　　）。

任务三　撰写检测报告

液体无机化工产品的色度已经测定完成，但如何准确、规范地表达我们的测定结果呢？

任务目标

1. 会处理数据。
2. 会撰写检测报告。

工作页

（一）任务分析

1. 明晰任务流程

确定样品色度　→　撰写报告

2. 任务难点分析

样品颜色确定。

3. 条件需求与准备

计算机。

（二）任务实施

✏ **活动1　确定样品溶液色度**

1. 根据比对结果确定样品溶液和质控样的色度。
2. 将结果填入任务二的表5-5。
3. 将质控样实际色度与质控样证书比较，如果超出其不确定度范围，则本次检测无效，需要重新进行检测，若没超出其不确定度范围，则本次检测有效。

活动 2　撰写报告（见表 5-7）

表 5-7　检验报告内页

抽样地点			样品编号	
检测项目	检测结果	限值	本项结论	备注
以下空白				

（三）任务评估（见表 5-8）

表 5-8　任务评价表　　　　日期

评价指标	评价要素	等级评定	
		自评	教师评
样品比色	通过颜色比对确定样品色度		
撰写报告	无空项 有效数字符合标准规定		
学习方法	预习报告书写规范		
工作过程	遵守管理规程 操作过程符合现场管理要求 出勤情况		
思维状态	能发现问题、提出问题、分析问题、解决问题		
自评反馈	按时按质完成工作任务 掌握了专业知识点		
经验和建议			
总成绩			

散射法测定生活饮用水的浑浊度

 项目导航

　　浑浊度（简称浊度）作为水质监测中最重要的测量参数已经将近100年了，其数值大小显示出水中存在的泥土、砂粒、微细的有机物和无机物、浮游生物、微生物、胶体物质或是某些颗粒物的多少，这些颗粒物可能保护有害微生物在消毒工艺中不被去除。因此，需要对水质浊度水平进行连续监测，以保证水质满足安全标准。同时，随着国家对饮用水水质安全愈发严格的法规建立，准确测量低浊度水样的系统技术也逐渐得到改善。

　　浊度测定方法有：目视比浊法、分光光度法和浊度仪法。本项目主要通过学习浊度仪法测定生活饮用水的浑浊度，了解测定国家标准，掌握测定过程及方法，熟悉检测报告的撰写。共包括三个工作任务。

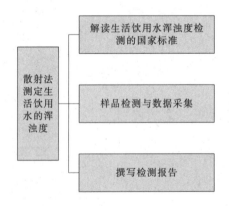

 资源链接

　　1. GB/T 5750.4—2006 生活饮用水 标准检验方法 感官性状和物理指标
　　2. GB 5749—2006 生活饮用水卫生标准

任务一 解读生活饮用水浑浊度检测的国家标准

任务引入

2009年5月28日，湖北南漳市区自来水水源——水镜湖大量流入含有泥沙的山洪，库区容量由下雨前的4200万立方米猛增到9000万立方米，远远超过了库区容纳山洪的限度，同时，根据县卫生监督局抽样检测，水质浊度高达5200散射浊度单位（NTU），严重超出国家规定生活饮用水浊度的标准。这就是当时有名的水质污染事件之一——湖北南漳"泥水门"事件。

任务目标

1. 会查找方法检测限、精密度。
2. 会确认所需的仪器。
3. 会确认所需的试剂。

工作页

（一）任务分析

1. 明晰任务流程

阅读与查找标准	→	仪器确认	→	阅读仪器说明书	→	试剂确认	→	安全防护

2. 任务难点分析
查找相关标准。

3. 条件需求与准备
（1）《GB/T 5750.4—2006 生活饮用水标准检验方法》
（2）仪器
① 散射式浊度仪。
② 溶剂过滤器。
（3）试剂
① 硫酸肼。
② 六亚甲基四胺。

（二）任务实施

 **活动1 阅读与查找标准**

仔细阅读《GB/T 5750.4—2006 生活饮用水标准检验方法》，找出本方法的适用范围、检测下限、干扰、方法原理、精密度和准确度等内容，并列出所需的其他相关标准。将查找结果填入表 6-1。

知识链接

浊度的定义

浊度是指水中悬浮物对光线透过时所发生的阻碍程度。

浊度是反映水源水及饮用水的物理性状的一项指标。水源水的浊度是由于悬浮物或胶态物，或两者造成在光学方面的散射或吸收行为。它是水样的一种光学特性，能表征水中悬浮物或胶态物的浓度。

活动2 仪器确认

依据查阅的标准，确认所需的各种仪器是否齐全，是否满足标准的要求。将确认结果填入表 6-1。

活动3 阅读仪器说明书

根据自己所使用的浊度仪，认真、详细地阅读相应型号仪器的说明书，熟悉其使用方法、操作步骤及仪器的维护等内容。

活动4 试剂确认

按标准要求确认所需的试剂种类、纯度、数量上是否满足要求，并确认实验室提供的纯水等级是否满足需要。将确认结果填入表 6-1。

活动5 安全防护

查找本项目实施过程中可能存在的安全隐患，并提出预防与防护措施。将查找结果填入表 6-1。

（三）任务数据记录（见表 6-1）

表 6-1 解读检测方法的原始记录

记录编号			
一、阅读与查找标准			
方法原理			
相关标准			
检测限			
准确度		精密度	
二、标准内容			
适用范围		限值	
定量公式		性状	
样品处理			
操作步骤			

三、仪器确认		
所需仪器		检定有效日期
四、试剂确认			

试剂名称	纯度	库存量	有效期

五、安全防护		
确认人		复核人	

（四）任务评估（见表6-2）

表6-2　任务评价表　　　日期

评价指标	评价要素	等级评定	
		自评	教师评
阅读与查找标准	标准名称 相关标准的完整性 适用范围 检验方法 方法原理 试验条件 检测主要步骤 检测限 准确度 精密度		
仪器确认	仪器种类 仪器规格 仪器精度		
试剂确认	试剂种类 试剂纯度 试剂数量		
安全	设备安全 人身安全		
总成绩			

 思考题

填空题

1.《GB/T 5750.4—2006 生活饮用水标准检验方法》适用于（　　　　　　　）的测定。

2.《GB/T 5750.4—2006 生活饮用水标准检验方法》散射式浊度仪测定水质浑浊度的检测限是（　　　　　　　）。

3.《GB/T 5750.4—2006 生活饮用水标准检验方法》中，配制好的福尔马肼标准混悬液可使用（　　　　　　　）时间。

任务二　样品检测与数据采集

　　在湖北南漳"泥水门"事件中,水质浊度高达 5200 散射浊度单位(NTU),严重超出国家规定生活饮用水浊度的标准。那么这个结果是如何通过具体的方案测定出来的呢?

 任务目标

1. 会填写原始记录表格。
2. 会配制所需的标准溶液。
3. 能正确处理样品。
4. 会选择标准加入法测定。
5. 能说出常用的浊度单位。
6. 能描述出浊度仪的日常维护方法。

 工作页

(一) 任务分析

1. 明晰任务流程

标液配制 → 浊度测定 → 结束工作

2. 任务难点分析

福尔马肼标准混悬液的配制。

3. 条件需求与准备

(1) 仪器

① 散射式浊度仪。

② 溶剂过滤器。

(2) 试剂

① 零浊度水:选用孔径为 0.1μm(或 0.2μm)的微孔滤膜,过滤蒸馏水(或电渗析水、离子交换水),需要反复过滤两次以上,所获的滤液即为零浊度水,该水贮存于清洁的、并用该水冲洗过的玻璃瓶中。

② 硫酸肼溶液（10.0g/L）。

③ 六亚甲基四胺（100.0g/L）。

(二) 任务实施

 活动1　标液、质控样配制

1. 福尔马肼标准混悬液

分别吸取硫酸肼溶液 5.00mL、六亚甲基四胺 5.00mL，于 100mL 容量瓶中，混匀，在 (25±3)℃放置 24h，加入纯水至刻度，混匀。此标准混悬液浑浊度为 400NTU，可使用约一个月。

2. 福尔马肼浑浊度标准使用液

将 400NTU 福尔马肼标准混悬液用纯水稀释 4 倍。此混悬液浑浊度为 100NTU。

3. 质控样配制

按质控样证书的要求，配制质控样。

4. 将结果填至表 6-4。

知识链接

1. 浊度的单位

浊度的单位由测量方法不同，采用不同的单位。

目前浊度测量的一般方法是散射法，采用浊度仪进行测定（见图 6-1 和图 6-2）。

图 6-1　WGZ-2000 型浊度仪

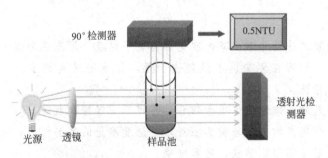

图 6-2　90°散射光浊度仪原理

光学系统设计为检测 90°散射光的浊度计称为悬液浊度计。测量结果显示为 NTU（散射浊度单位）。这也是美国 EPA 认可的测试方法。此外 ISO 标准所用的测量单位为 FTU（Formazine 浊度单位），1FTU＝1NTU。制酒行业用 EBC（欧洲啤酒浊度单位）单位，1FTU＝4EBC。

2. 影响光散射的因素

浊度与溶液中悬浮固体有关，但不是对其直接测量。浊度测量的是样品对光的散射强度。

影响光散射的因素有很多，包括水中颗粒物的尺寸、水中颗粒物的形状、颗粒物的折射率、颗粒物及流体的颜色、颗粒物浓度等，在一定范围内的不同颗粒尺寸的粒子，在90°的方向上光散射强度是相同的（该方向上光散射对粒径大小不敏感），因此浊度仪测量的是90°方向上的散射光强度，可以最大限度地减少颗粒物尺寸、形状、颜色对测量结果的干扰，保证测量结果的准确性。

活动2 浊度测定（以 WGZ-2000 型浊度仪单点校准为例）

1. 开启仪器的电源开关，预热 30min。

2. 校准

（1）设置仪器，进入单点校准程序。

（2）用零浊度水清洗样品瓶的内外表面，用不落毛软布擦净外表面水分。

（3）将零浊度水倒入样品瓶内至刻度线，然后旋紧瓶盖，并擦净瓶体的水迹及指印。

3. 将装好的零浊度水样品瓶，插入仪器试样室内，插入时瓶上白色三角标记对准试样室缺口标记。盖好黑色遮光罩。

4. 稍等读数稳定后按调零按钮，使显示为零。

5. 采用同样方法插入校准用的标准溶液（这里采用100NTU标准溶液），调节校正钮，使显示为标准值100。

6. 重复3、4、5步骤，保证零点及校正值正确可靠。

7. 在另外一只洁净样品瓶内倒入质控样到刻度线，然后旋紧瓶盖，并擦净瓶体的水迹及指印，插入仪器试样室内，插入时瓶上白色三角标记对准试样室缺口标记。盖好黑色遮光罩。等读数稳定后记下水样的浊度值。

8. 按7同样操作测定水样的浊度值。

9. 将结果填至表6-4。

@ 注意事项

1. 浊度测定

（1）样品瓶必须清洗得非常干净，避免擦伤留下划痕。用洗涤剂清洗样品瓶内外，然后用蒸馏水反复漂洗，然后在无尘的干燥箱内干燥，如使用时间长了，可用稀盐酸浸泡 2h，最后用蒸馏水反复漂洗。

（2）拿取样品瓶时只能拿瓶体上半部分，不可用手直接拿瓶体。

（3）正确配制标定点的福尔马肼标准液，是浊度测量的重要技术，注意配制标准液的每个步骤，确保原液摇晃均匀，移液、定容准确。

（4）选择校正用的标准液，应保证校正值的正确无误，定标前应充分摇匀。

（5）对于低浊度测定及较高精度的测量应考虑瓶间的测量差异，必须使用同一样品瓶进行定标及检测。校零时应选用零浊度水，要求不高时，可采用蒸馏水。

（6）被测溶液应沿样品瓶小心倒入，防止产生气泡，影响测量的准确性。

（7）水样在测量前必须充分混匀，避免水样沉降及较大颗粒的影响。

（8）测量温度较低的水样时，样品瓶瓶体会发生冷凝水滴。因此在测量前必须让其放置一段时间，使水样的温度结近室温，然后再擦干净瓶体的水迹。

（9）试样测量时由于水样中颗粒物质的漂动，显示数值会出现来回变化，此时可以稍等一段时间后，数值会逐渐稳定下来，即可读出水样浊度值。也有可能数据一直不稳，这是由于水样中的气泡过多或悬浮的杂质引起。读数时，应剔除突变数值，取平均值作为测定结果。

（10）不同仪器校准方法有所不同，需参照仪器说明书正确校准。

2. 仪器维护

（1）使用环境必须符合工作条件（环境温度 5～35℃，相对湿度不大于 80%）。

（2）测量池内必须长时间清洁干燥、无灰尘，不用时需盖上遮光盖。

（3）潮湿气候使用，必须相应延长开机时间。

（4）长时间停用的情况下，应定期开机预热一段时间，有利于驱除机内的潮气。

（5）定期清洗样品瓶及清除仪器试样室内的灰尘，可以有效地提高测量准确度，清洗时，不能划伤玻璃表面。

（6）机内的光学元件不能直接用手触摸，以免影响通光率。维护时，可用脱脂棉蘸酒精和乙醚混合液进行擦除表面的灰尘。

（7）更换样品瓶或经维修后需重新标定。

 知识链接

1. 浊度测定方法

（1）目视比浊法

测定方法类似于目视比色法测定溶液含量。

（2）浊度仪法

在适当的温度下，配制标准浊度溶液，在一定条件下通过浊度仪将试样与标准浊度溶液进行浊度比较的方法。

2. 仪器类型

（1）透射光测定法的浊度仪

在一定波长下，从光源发出的平行光束，一束射入样品槽，样品中的浊度物质使光强减弱；另一光束周期性被切成比较光束。这两束光交替被光电管接收，通过比较两束光强度之差，得出样品的浊度。

（2）散射光测定法的浊度仪

当光射入样品时，由于样品中悬浮颗粒的物质作用使光发生散射，散射光强度与样品浊度成正比，通过测定与入射光垂直方向的散射光强度来测定样品的浊度（见图 6-2）。

（3）透射光-散射光比较法浊度仪

交替同时测定经样品后透射或散射光的强度，再依其比值测定浊度。

几种浊度仪比较见表 6-3。

表 6-3　几种浊度仪比较

仪器类型	色度影响	线性
透射光	大	差
散射光	大	好
透射光-散射光	小	好

现在一般采用散射光测定法的浊度仪。

活动3　结束工作

（1）将溶液倒入指定的废液处理容器中，清洗使用瓶，在无尘的干燥箱内干燥后保存。

（2）整理实验台。

（三）任务数据记录（见表6-4）

表6-4　生活饮用水的浑浊度检测原始记录

记录编号					
样品名称			样品编号		
检验项目			检验日期		
检验依据			判定依据		
温度			相对湿度		
检验设备（标准物质）及编号					
1. 福尔马肼标准悬混液配制					
移取硫酸肼体积/mL		移取六亚甲基四胺体积/mL	定容体积/mL	标液浊度/NTU	
2. 测定					
质控样体积/mL		质控样测定浊度/NTU		质控样实际浊度/NTU	
水样体积/mL		水样测定浊度/NTU		水样实际浊度/NTU	
检验人			复核人		

（四）任务评估（见表6-5）

表6-5　任务评价表　　　日期

评价指标	评价要素	等级评定	
		自评	教师评
标液配制	计算思路 计算结果		
样品移取	吸量管使用		
标准系列配制	标液仪器 标准悬混液配制		
浑浊度比较	水样移取 比对方法 比对结果		
结束工作	比色管清洗 试验台整理		
学习方法	预习报告书写规范		
工作过程	遵守管理规程 操作过程符合现场管理要求 出勤情况		

评价指标	评价要素	等级评定	
		自评	教师评
思维状态	能发现问题、提出问题、分析问题、解决问题		
自评反馈	按时按质完成工作任务 掌握了专业知识点		
经验和建议			
总成绩			

 思考题

填空题

1. 浊度测量常采用的单位有（　　　）、（　　　）、（　　　）、（　　　）。

2. 浊度仪法常用的浊度仪的类型有（　　　　　）、（　　　　　）和（　　　　　）。

3. 浊度是指溶液中（　　　　　　　　）对光线透过时所发生的阻碍程度。

4. 浊度的大小与（　　　）、（　　　）、（　　　）、（　　　）有关。

<h1 align="center">任务三　撰写检测报告</h1>

 **任务引入**

湖北南漳"泥水门"事件中，通过具体实施方案测定出被污染的饮用水的浊度后，那么还需要我们进一步把测定结果准确、规范地表达出来。

 **任务目标**

1. 会处理数据。
2. 会撰写检测报告。

 **工作页**

（一）任务分析

1. 明晰任务流程

样品浊度计算 → 撰写报告

2. 任务难点分析

样品计算。

3. 条件需求与准备

计算机。

（二）任务实施

✏ **活动1　质控判断**

1. 质控样实际浊度

将质控样测定时仪器所显示的浑浊度读数乘以稀释倍数即得。

2. 将结果填入任务二的表6-4。

3. 判定

将质控样实际浊度与质控样证书比较，如果超出其不确定度范围，则本次检测无效，需要重新进行检测，若没超出其不确定度范围，则本次检测有效。

活动 2　样品浊度计算

1. 将样品测定时仪器所显示的浑浊度读数乘以稀释倍数即得。
2. 将结果填入任务二的表 6-4。

活动 3　撰写报告（见表 6-6）

表 6-6　检验报告内页

抽样地点			样品编号	
检测项目	检测结果	限值	本项结论	备注
以下空白				

（三）任务评估（见表 6-7）

表 6-7　任务评价表　　　日期

评价指标	评价要素	等级评定	
		自评	教师评
样品计算	计算过程 有效数字		
撰写报告	无空项 有效数字符合标准规定		
学习方法	预习报告书写规范		
工作过程	遵守管理规程 操作过程符合现场管理要求 出勤情况		
思维状态	能发现问题、提出问题、分析问题、解决问题		
自评反馈	按时按质完成工作任务 掌握了专业知识点		
经验和建议			
总成绩			

项目七

火焰原子吸收分光光度法测定食品中的锌

 **项目导航**

原子吸收分光光度法（AAS）是通过测量蒸气中原子对特征电磁辐射的吸收强度，测定化学元素的方法，也叫原子吸收光谱法。原子吸收光谱法是目前微量和痕量元素分析的灵敏且有效方法之一，广泛地应用于各个领域。

锌是维持人体生命必需的微量元素之一，对人体的贡献主要有：合成多种酶、促进生长发育、增强免疫功能、促进智力发育、增强食欲等。本项目为火焰原子吸收分光光度法测定食品中的锌，共包括五个工作任务。

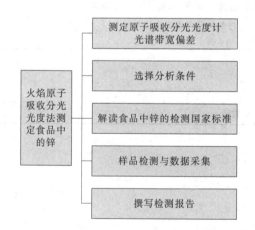

 资源链接

1. GB/T 5009.14 食品中锌的测定
2. GB/T 5009.1 食品卫生检验方法 理化部分 总则
3. GB/T 9723 化学试剂 火焰原子吸收光谱法通则

任务一　测定原子吸收分光光度计光谱带宽偏差

**任务引入**

光谱带宽是光谱仪器分辨率的真实体现。光谱带宽是定量分析误差的主要来源之一。也是原子吸收分光光度计仪器的主要技术指标之一，这台仪器的光谱带宽指标合格吗？

**任务目标**

1. 会开机前检查。
2. 会在开机前选择、安装所需的光源。
3. 会开机、关机。
4. 会进行空心阴极灯光谱带宽的测定。
5. 说出原子吸收光谱法的概念。

**工作页**

（一）任务分析

1. 明晰任务流程

环境检查 → 装灯 → 开机 → 光谱扫描 → 关机 → 数据处理

2. 任务难点分析

通过阅读仪器说明书，查找实训活动所需的仪器操作方法。

3. 条件需求与准备

（1）铜空心阴极灯。
（2）原子吸收分光光度计。
（3）原子吸收分光光度计使用说明书。

（二）任务实施

▶ **活动1　开机前检查**

1. 环境检查

阅读仪器说明书，检查实验室环境条件是否符合要求。

2. 连接检查

检查仪器部件和气路是否连接正确，确定主机和空压机电源处于关断位置。

3. 水封检查

检查仪器的水封是否正常。新仪器或长久不使用的仪器，水封装置中将由于无水而失去水封能力，故需要加水到水槽"2"。水将从小孔"1"流入，直到水从管子流出为止（见图7-1所示）。

4. 将结果填入表7-1。

 注意事项

配有专门的水封瓶和液位传感器的原子吸收分光光度计，不要把废液管打结，管子末端不能伸入液面以下，防止排废液不畅。

 知识链接

1. 水封

水封是原子吸收分光光度计的一个小部件，其作用是既能排废液，又可防止火焰回火。过去的仪器通常采用将预混合室的废液排出管的导管弯曲或将导管插入水中等水封方式（见图7-2）。现在通常采用专门的水封瓶和液位传感器（见图7-1），需要按照仪器说明书要求完成水封。

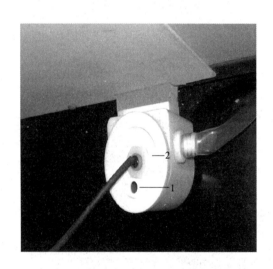

图 7-1　水封装置一
1—小孔；2—水槽

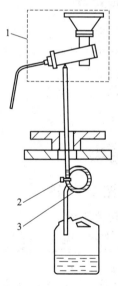

图 7-2　水封装置二
1—火焰原子化器；2—捆扎带；3—水封圈

2. 原子吸收分光光度计的基本结构

原子吸收分光光度计通常由光源、原子化器、单色器、检测系统四个部分组成，如图7-3所示。

（1）光源

光源的作用是发射待测元素的特征共振辐射。

为了保证峰值吸收的测量，要求光源发射的共振辐射的半宽度要明显小于吸收线的半宽

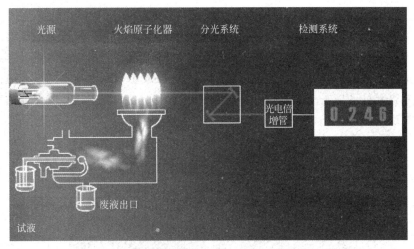

图 7-3　原子吸收分光光度计基本构造示意

度；辐射强度大；背景低，低于特征共振辐射强度的 1%；稳定性好，30min 之内漂移不超过 1%；噪声小于 0.1%；使用寿命长。

空心阴极灯、无极放电灯、蒸气放电灯和激光光源灯都能满足上述要求，其中应用最广泛的是空心阴极灯。

（2）原子化器

原子化器在原子吸收分光光度计中是一个关键装置，它的质量对原子吸收光谱分析法的灵敏度和准确度有很大影响，甚至起到决定性的作用，也是分析误差最大的一个来源。

将含有待测元素的化合物转变为原子蒸气称为原子化作用。发生原子化作用的装置称为原子化器或原子化系统。原子化器的功能是提供能量，使试样干燥、蒸发和原子化，它分为火焰原子化器和非火焰原子化器两种。

火焰原子化器常用的是预混合型原子化器，由雾化器、预混合室和燃烧器等部分组成，其结构如图 7-4 所示。

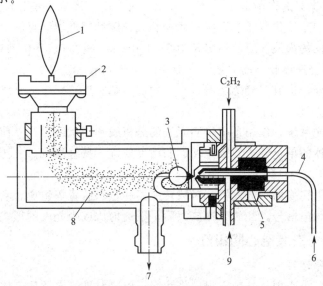

图 7-4　预混合型火焰原子化器示意

1—火焰；2—燃烧器；3—撞击球；4—毛细管；5—雾化器；6—试液；7—废液；8—雾化室；9—空气或 N_2O

① 雾化器　雾化器［见图7-5(a)］是关键部件，它的作用是将试液雾化成直径为微米级的气溶胶。目前商品原子化器多数使用气动型雾化器。当具有一定压力的压缩空气作为助燃气高速通过毛细管外壁与喷嘴口构成的环形间隙时，在毛细管出口的尖端处形成一个负压区，于是试液沿毛细管吸入并被快速通入的助燃气分散成小雾滴。喷出的雾滴撞击在距毛细管喷口前端几毫米处的撞击球上，进一步分散成更为细小的细雾。这类雾化器的雾化效率一般为10%～30%。

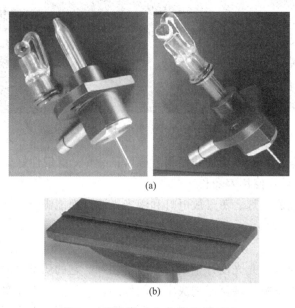

(a)

(b)

图7-5　雾化器（a）和燃烧器（b）

② 预混合室　预混合室的作用是进一步细化雾滴，并使之与燃料气均匀混合后进入火焰。部分未细化的雾滴在预混合室凝结下来成为残液。残液由预混合室排出口流出，为了避免回火爆炸的危险，预混合室的残液排出管必须水封。

③ 燃烧器　燃烧器的作用是使燃气在助燃气的作用下形成火焰，使进入火焰的试样微粒原子化。预混合型原子化器通常采用不锈钢制成长缝型燃烧器［见图7-5(b)］，对于乙炔-空气等燃烧速度较低的火焰一般使用缝长100～120mm，缝宽0.5～0.7mm的燃烧器，而对乙炔-氧化亚氮等燃烧速度较高的火焰，一般用缝长50mm、缝宽0.5mm的长缝燃烧器。

除单缝燃烧器外，也有多缝燃烧器，它可增加火焰宽度。

（3）单色器

单色器也叫分光系统，作用是将待测元素的分析线和干扰线分开，使检测系统只接收分析线。现在商品仪器的单色器主要由光栅、凹面反射镜、狭缝组成。

（4）检测系统

检测系统由光电转换器、放大器、对数转换器和显示装置等组成。它的作用是把单色器分出的光信号转换为电信号，经放大器放大后，以透射比或吸光度的形式显示出来。

活动2　安装空心阴极灯

灯与灯电源插座连接

将铜空心阴极灯小心地从盒中取出，将元素灯引脚对准灯电源插座适配插入，并记下灯电源插座的编号，填至表7-1中。

禁止接触元素灯石英窗口；元素灯引脚的凸起与灯电源插座的凹槽对齐（见图 7-6）。

1. 装灯入灯架

打开灯源室门，将标有编号 1～8 的灯电源插座，依次固定到灯架相同编号的安装孔内（见图 7-7），然后旋紧固定螺丝。

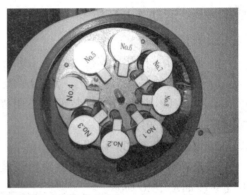

图 7-6　灯与灯电源插座连接示意
1—灯引脚的凸起；2—灯电源插座的凹槽

图 7-7　灯架示意

2. 将结果填入表 7-1。

 知识链接

1. 空心阴极灯结构

空心阴极灯（见图 7-8）是应用最广泛的光源：它是一个由待测元素的金属或合金制成的空心筒状阴极和一个由钨、钛、钽或其他材料制作（常用钨棒）的阳极组成。阳极和阴极封闭在带有石英光学窗口的硬质玻璃管内。管内充有几百帕低压惰性气体（氖或氩）。空心阴极灯发光强度与工作电流有关。

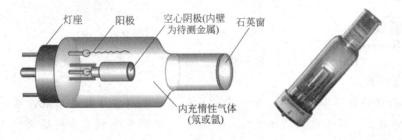

图 7-8　空心阴极灯结构示意

2. 空心阴极灯发光原理

空心阴极灯的发光是辉光放电。当在两电极施加 $300\sim500\text{V}$ 电压时，阴极灯开始辉光放电。阴极发射出的电子在电场的作用下，高速地飞向阳极，并与周围惰性气体碰撞使之电离。所产生的惰性气体的阳离子在电场作用下被加速飞向阴极，造成对阴极表面的猛烈轰击，使金属原子被溅射出来。除溅射作用外，阴极受热也要导致阴极表面元素的热蒸发。溅射和蒸发出的金属原子再与电子、正离子、气体原子碰撞而被激发，处于激发态的原子不稳定，很快就会返回基态，发射出相应元素的特征共振辐射。

活动3　开机

1. 开排气罩。

2. 通电源：打开计算机，接通主机电源。

3. 打开工作站：启动原子吸收分光光度计工作站（即控制软件"AAWin"）。

4. 设置工作灯：设置安装铜空心阴极灯的灯电源插座编号为"铜"，并设置工作灯为"铜灯"（见图7-9）。

5. 设置光谱带宽：设置为 0.2nm，其余采用默认值。

6. 选择分析线：选定铜灯的共振线波长 324.7nm，进行寻峰操作，让仪器自动进行波长定位。如图7-10所示。

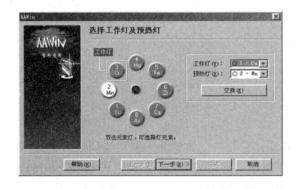

图 7-9　选择工作灯及预热灯　　　　　　图 7-10　选择测量波长

7. 预热：完成寻峰操作后，预热 30min。

注意事项

1. 检定规程《JJG 694—2009 原子吸收分光光度计》要求，在光谱带宽 0.2nm 下进行光谱带宽偏差检定。

2. 波长的理论值（即图7-7 选择的波长）和实际值（在寻峰结束后，系统自动标记的能量最大点的波长）偏差过大（如超过 $\pm0.3\text{nm}$），必须首先利用系统提供的波长校正功能对仪器的波长进行校正。

知识链接

1. 共振线

自由原子、离子或分子内能最低的能级状态称为基态。处于基态的原子称基态原子。基态原子受到外界能量（如热能、光能等）激发时，其外层电子吸收了一定能量可以跃迁到不同能态，称为激发态，因此原子可能有不同的激发态。

当原子从激发态跃迁至较低激发态或基态时，能以辐射能形式释放出特征波长的谱线。反之，处于基态或能量较低的激发态的原子，受到光致辐射时，仅吸收其特征波长的辐射而跃迁至较高能级。如图 7-11 所示。通过直接电磁跃迁能回到基态的受激原子、离子或分子的能级称为共振能级。

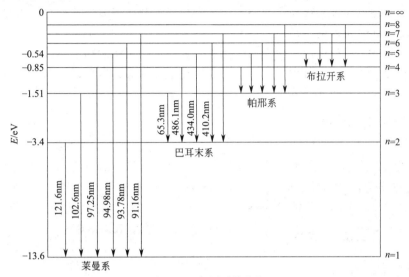

图 7-11　氢原子的能级

原子对辐射的吸收是有选择性的，只有光子能量等于原子两能级能量之差的辐射会被吸收：

$$\Delta E = E_2 - E_1 = h\nu = \frac{hc}{\lambda} \tag{7-1}$$

$$\lambda = \frac{hc}{\Delta E}$$

式中　h——普朗克常数；

　　　c——光速；

　　ΔE——两能级间能量差。

对应于共振能级和基态间跃迁的谱线叫做共振线。由能量最低的激发态（第一激发态）和基态间跃迁的谱线称为第一共振线（主共振线）。第一共振线的激发能最低，原子最容易激发到这一能级。因此，第一共振线辐射最强，最易激发。从狭义上讲，所谓共振线实际上仅指第一共振线。当电子吸收一定能量从基态跃迁到第一激发态时所产生的吸收谱线，称为共振吸收线。当电子从第一激发态跃回基态时，则发射出同样频率的光辐射，其对应的谱线称为共振发射线。共振吸收线和共振发射线合称共振线。

2. 分析线

由于不同元素的原子结构不同，其共振线也因此各有其特征。由于原子的能态从基态到第一激发态的跃迁最容易发生，因此对大多数元素来说，共振线也是元素的最灵敏线。原子吸收光谱法就是利用处于基态的待测原子蒸气对从光源发射的共振发射线的吸收来进行分析的，因此元素的共振线又称分析线。

3. 空心阴极灯的使用

(1) 空心阴极灯使用前应经过一段预热时间，一般在 20～30min 以上。

（2）灯在点燃后应观察发光的颜色，以判断灯的工作是否正常：充氖气的灯正常颜色是橙红色；充氩气的灯是淡紫色。

（3）元素灯长期不用，最好每隔 3～4 个月通电点亮 2～3h。

（4）对于低熔点、易挥发元素灯（如 As、Se 等），应避免大电流、长时间连续使用；使用过程中尽量避免较大的震动；使用完毕后必须待灯管冷却后再移动，移动时保持窗口朝上，以防止阴极灯内元素倒出。

（5）空心阴极灯石英窗口切勿损伤或沾污，如有沾污可用酒精棉擦净。

（6）灯标签上标注的灯电流为允许使用的最大工作电流，用户选用的工作电流一般应不超过该灯最大工作电流的 2/3。

活动 4　光谱扫描

1. 能量调试

待铜灯稳定后，依次选择主菜单的"应用"/"能量调试"进行操作，调整能量到 100%，通常单击"自动能量平衡"按钮（见图 7-12）即可。

必要时候需要"手动进行能量调节"：在"负高压"或"元素灯电流"输入框内输入负高压值（0～1000V）或电流值（0～20mA），也可以单击其右侧的"＋""－"按钮进行增减。

2. 谱线扫描

待铜灯稳定后，对铜灯 324.7nm 谱线进行扫描，扫描谱线如图 7-13 所示。

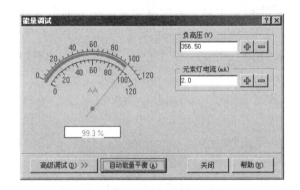

图 7-12　能量调试示意

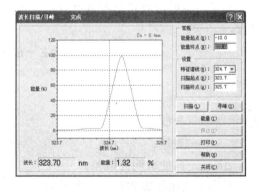

图 7-13　波长扫描

3. 图形保存

逐渐修改扫描起点、终点，放大图形，提高测量精度。测定完成后，对扫描图形截屏进行保存。

 知识链接

谱　线　轮　廓

从理论上讲，原子吸收光谱应该是线状光谱。但实际上任何原子发射或吸收的谱线都不是绝对单色的几何线，而是具有一定宽度的谱线。若在各种频率 ν 下，测定吸收系数 K_ν，以 K_ν 为纵坐标，ν 为横坐标，可得如图 7-14 所示曲线，称为吸收曲线。

吸收曲线极大值对应的频率 ν_0 称为中心频率。中心频率所对应的吸收系数称为峰值吸收系数，用 K_0 表示。在峰值吸收系数一半（$K_0/2$）处，吸收曲线呈现的宽度称为吸收曲线半宽度，以频率差 $\Delta\nu$ 表示。吸收曲线的半宽度 $\Delta\nu$ 的数量级为 $10^{-3}\sim10^{-2}$ nm（折合成波长）。

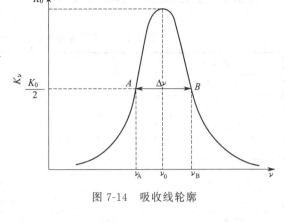

图 7-14 吸收线轮廓

描绘发射辐射强度随波长变化的曲线（发射线的）或描绘吸收率随波长变化的曲线（吸收线的）叫做谱线轮廓。吸收曲线的形状就是谱线轮廓。

活动 5　关机和结束工作

1. 任务完毕，关闭"AAWin"系统，依次关闭主机电源、计算机、排气罩。

2. 关闭电源总开关，清理实验工作台，填写仪器使用记录。

活动 6　数据处理

1. 测量半高宽：对扫描得到的铜灯 324.7nm 谱线的半高宽进行测量（见图 7-15）。

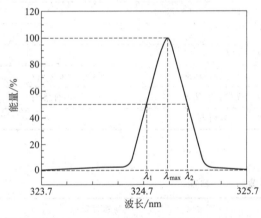

图 7-15　光谱带宽测量示意

2. 计算光谱带宽偏差

光谱带宽偏差＝$[(\lambda_2-\lambda_1)-0.2]$　nm

$$(7-2)$$

3. 将结果填入表 7-1。

 注意事项

测量半高宽的精度

《JJG 694—2009 原子吸收分光光度计》规定：仪器光谱带宽偏差的计量性能合格标准是不超过±0.02nm。故此半高宽的测量精度应不低于 0.01nm。

知识链接

光　谱　带　宽

通带是指辐射选择器从给定光源中分离出的在某标称波长或频率处的辐射范围。通带曲线一般是正态分布曲线。横坐标是波长，纵坐标是辐射强度。除非另有说明，光谱带宽用通带曲线上高度（光谱强度）的二分之一处的宽度表示。

光谱带宽（W）由光栅线色散率的倒数（D，又称倒线色散率）和出射狭缝宽度（L）所决定，其关系见下式：

$$W=DL \tag{7-3}$$

因为每台仪器光栅是固定的，故光谱带宽仅与仪器的狭缝宽度有关。狭缝宽度越小，则光谱带宽越小，单色光也就越纯，但强度就越小。

（三）任务实施记录（见表 7-1）

表 7-1 原子吸收分光光度计光谱带宽偏差检测原始记录

记录编号				
样品名称		样品编号		
检验项目		检验日期		
检验依据		判定依据		
温度		相对湿度		
检验设备（标准物质）及编号				
活动一　开机前检查				
仪器要求	温度	10～30℃	相对湿度	<70%
实验室目前环境	温度		相对湿度	
气路连接	正常□;不正常□	开关均在"关"		正常□;不正常□
旋钮均在"0"	正常□;不正常□	电路连接		正常□;不正常□
水封		正常□;不正常□		
活动二　安装空心阴极灯				
装铜灯灯源插座编号				
活动六　数据处理				
光谱带宽偏差	_____ nm	性能合格标准		不超过±0.02nm
结论		光谱带宽偏差		合格□;不合格□
检验人		复核人		

（四）任务评估（见表 7-2）

表 7-2　任务评价表　　　　日期

评价指标	评价要素	等级评定	
		自评	教师评
水封	水封完好		
装灯	石英窗光洁 灯引脚与插座适配插入		
开机	设置灯位置元素 寻峰 预热		
测试	截图图形峰底宽大于波长坐标轴的一半宽度		
结束工作	电源关闭、工作台整洁、填写仪器实验记录卡		
数据处理	测量正确 计算正确 两位小数位数		
学习方法	预习报告书写规范		
工作过程	遵守管理规程 操作过程符合现场管理要求 出勤情况		

评价指标	评价要素	等级评定	
		自评	教师评
思维状态	能发现问题、提出问题、分析问题、解决问题		
自评反馈	按时按质完成工作任务 掌握了专业知识点		
经验和建议			
	总成绩		

拓展知识　原子吸收分光光度计与谱线变宽

1. 辉光放电

在置有板状电极的玻璃管内充入低压（约几毫米汞柱）气体或蒸汽，气体在外界射线、电场等的作用下，会产生少量电离，当在两电极间施加较高的电压时，气体中的正离子被电场加速，获得足够大的动能去撞击阴极，产生二次电子，经簇射过程形成大量带电粒子，使气体导电，此时放电管的大部分区域都呈现弥漫的光辉，其颜色因管内的气体不同而不同，故称辉光放电。辉光放电的发光效应可用于制造霓虹灯、荧光灯等光源。

2. 谱线变宽

原子吸收谱线变宽原因较为复杂，一般由两方面的因素决定：一方面是由原子本身的性质决定谱线的自然宽度；另一方面是由于外界因素的影响引起的谱线变宽。谱线变宽效应可用 $\Delta \nu$ 和 K_0 的变化来描述。

（1）自然变宽 $\Delta \nu_N$

在没有外界因素影响的情况下，谱线本身固有的宽度称为自然宽度，不同谱线的自然宽度不同，它与原子发生能级跃迁时激发态原子平均寿命有关，寿命长则谱线宽度窄。谱线自然宽度造成的影响与其他变宽因素相比要小得多，其大小一般在 $10^{-5}\,\text{nm}$ 量级。

（2）多普勒（Doppler）变宽 $\Delta \nu_D$

多普勒变宽是由于原子在空间作无规则热运动而引起的。所以又称热变宽，其变宽程度可用式(7-4) 表示：

$$\Delta \nu_D = 0.716 \times 10^{-6} \nu_0 \sqrt{\frac{T}{A_r}} \tag{7-4}$$

式中，ν_0 为中心频率；T 为热力学温度；A_r 为相对原子质量。

式(7-4) 表明，多普勒变宽与元素的相对原子质量、温度和谱线的频率有关，由于 $\Delta \nu_D$ 与 $T^{\frac{1}{2}}$ 成正比，所以在一定的温度范围内，温度微小变化对谱线宽度影响较小。若被测元素的相对原子质量 A_r 越小，温度越高，则 $\Delta \nu_D$ 越大。

（3）压力变宽

压力变宽是由产生吸收的原子与蒸气中原子或分子相互碰撞而引起谱线的变宽，所以又称为碰撞变宽。根据碰撞种类，压力变宽又可以分为两类：一是劳伦兹（Lorentz）变宽，它是产生吸收的原子与其他粒子（如外来气体的原子、离子或分子）碰撞而引起的谱线变宽。劳伦兹变宽随外界气体压力的升高而加剧，随温度的升高谱线变宽呈下降的趋势。劳伦兹变宽使中心频率位移，谱线轮廓不对称，影响分析的灵敏度。二是赫鲁兹马克（Holtzmork）变宽，又称共振变宽，它是由同种原子之间发生碰撞而引起的谱线变宽，共振变宽只在被测元素浓度较高时才有影响。

除上面所述的变宽原因之外，还有其他一些影响因素。但在通常的原子吸收实验条件下，吸收线轮廓主要受多普勒和劳伦兹变宽影响。当采用火焰原子化器时，劳伦兹变宽为主要因素。当采用无火焰原子化器时，多普勒变宽占主要地位。

3. 原子吸收分光光度计的类型和主要性能

原子吸收分光光度计按光束形式可分为单光束和双光束两类，按通道数目又有单道、双道和多道之分。目前使用比较广泛的是单道单光束和单道双光束原子吸收分光光度计。

（1）单道单光束型

"单道"是指仪器只有一个光源，一个单色器，一个显示系统，每次只能测一种元素。"单光束"是指从光源中发出的光仅以单一光束的形式通过原子化器、单色器和检测系统，单道单光束原子吸收分光光度计光学系统，如图7-16所示。

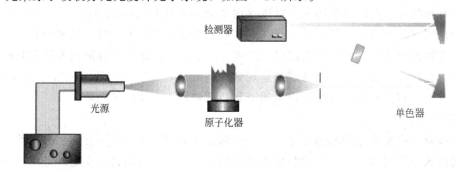

图 7-16　单道单光束原子吸收分光光度计光学系统示意

这类仪器光辐射能量损失较小，分析灵敏度较高。其缺点是不能克服光源强度变化的影响而导致基线漂移。

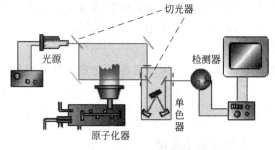

图 7-17　单道双光束仪器光学示意

（2）单道双光束型

双光束型是指从光源发出的光被切光器分成两束强度相等的光，一束为样品光束通过原子化器；另一束为参比光束不通过原子化器。两束光交替地进入同一单色器和检测器，由于两光束来源于同一个光源，光源的漂移通过参比光束的作用而得到补偿，如图7-17所示。

4. 石墨炉原子化器

在商品仪器中应用最广泛的非火焰原子化器是管式石墨炉原子化器，其结构如图7-18所示。它使用低压（10～25V）大电流（400～600A）来加热石墨管，可升温至3000℃，使管中少量液体或固体样品蒸发和原子化。石墨管长（30～60mm），外径（8～9mm），内径（4～6mm）。管上有直径（1～2mm）的小孔，用于注入试样和通惰性气体。管两端有可使光束通过的石英窗和连接石墨管的金属电极。

通电后，石墨管迅速发热，使注入的试样蒸发和原子化。石墨炉要不断通入惰性气体，以保护原子化基态原子不再被氧化，并用于清洗和保护石墨管。为使石墨管在每次分析之间

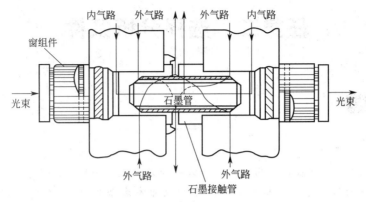

图 7-18　管式石墨炉原子化器示意

能迅速降到室温，从上面冷却水入口通入 20℃的水，以冷却石墨炉原子化器。

测定时，一般采取程序升温的方式，先通小电流，在 380K 左右进行试样的干燥，主要目的是除去溶剂和水分；再升温到 400～1800K 进行灰化，以除去基体；然后再升温到 2300～3300K 进行试样原子化，并记录吸光度；最后升温到 3300K 以上，空烧一段时间将前一实验残留的待测元素挥发掉，以减小对下次实验产生的记忆效应，这一过程称为高温除残。石墨炉原子化器的优点是原子化效率高，在可调的高温下试样利用率达 100%，气相中基态原子浓度比火焰原子化器高数百倍，因而灵敏度高，特别适用于低含量样品的分析，试样用量少，能直接分析液体和固体样品，也适用于难熔元素的测定。不足之处是：试样组成不均匀性的影响较大，测定精密度、准确度均不如火焰原子化器；共存化合物的干扰比火焰原子化器大，背景干扰比较严重，一般都需要校正背景；设备复杂，费用较高。

 思考题

一、填空题

1. 原子吸收分光光度计以前通常采用 （　　　　　　　　　　　　　　　　　　　）水封方式；现代仪器一般采用 （　　　　　　　　　　　　）。

2. 原子吸收分光光度计应用最广泛的光源是 （　　　　　　　　　　　　　　）。它的阳极和阴极封闭在带有 （　　　　　　　　　） 的硬质玻璃管内。管内充有几百帕的 （　　　　　　　　）。

3. 原子吸收分光光度计通常要求预热 （　　　）min，使空心阴极灯的发射强度达到稳定。

4. 空心阴极灯的工作电流一般应不超过该灯最大工作电流的 （　　　）。

5. （　　　　　　　　　　　　　　　） 合称共振线。

6. 吸收曲线的半宽度 $\Delta\nu$ 的数量级约为 （　　　　　　　） nm（折合成波长）。

7. 原子吸收分光光度计的主要部件有 （　　　　　　）、（　　　　　　　　　　）、（　　　　　　）、（　　　　　　）。

二、简答题

1. 查阅资料，简述原子吸收分光光度法发展历程。

2. 原子吸收分光光度计为什么要有水封装置？

任务二　选择分析条件

任务引入

侯博士，我在试着用火焰原子吸收分光光度法测定食品中的锌，可以直接采用标准中的仪器参考条件进行吗？

这个问题比较复杂，不同公司的仪器是有差异的，标准中写的参考条件未必能适用于你的仪器，你需要在参考条件基础上进行条件优化与选择，这样才能得到准确的测定结果。

任务目标

1. 会通空气和乙炔气点火。
2. 会选择分析条件。
3. 会测定进样量。
4. 说出乙炔钢瓶使用注意事项。
5. 说出原子吸收分光光度计的日常维护注意事项。

工作页

（一）任务分析

1. 明晰任务流程

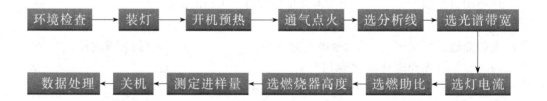

环境检查 → 装灯 → 开机预热 → 通气点火 → 选分析线 → 选光谱带宽

数据处理 ← 关机 ← 测定进样量 ← 选燃烧器高度 ← 选燃助比 ← 选灯电流

2. 任务难点分析

选择分析线。

3. 条件需求与准备

（1）原子吸收分光光度计使用说明书

（2）仪器

① 原子吸收分光光度计。

② 锌空心阴极灯。

（3）试剂

① 锌标准储备溶液[$\rho(Zn)=0.500mg/mL$]：称取 0.500g 金属锌（$w\geqslant99.99\%$）溶于 10mL 盐酸中，然后在水浴上蒸发至近干，用少量水溶解后移入 1000mL 容量瓶中，以纯水稀释至刻度，贮于聚乙烯瓶中。

② 锌标准使用溶液[$\rho(Zn)=0.100mg/mL$]：吸取 50.00mL 锌标准储备溶液[$\rho(Zn)=0.500mg/mL$]于 250mL 容量瓶中，以盐酸（0.1mol/L）稀释至刻度。

③ 空白溶液：盐酸（1+11）。

④ 锌标准使用液[$\rho(Zn)=1.00\mu g/mL$]：吸取 0.500mL 锌标准使用溶液[$\rho(Zn)=0.100\ mg/mL$]于 50mL 容量瓶中，以盐酸（1+11）稀释至刻度。

（二）任务实施

活动1　开机预热、点火、设置初始条件

1. 开机前检查

根据仪器说明书要求，按表 7-3 逐步检查，若有非正常情况，则需要排除后方可进入后续任务。

表 7-3　开机检查事项

仪器要求	温度		相对湿度	
实验室目前环境	温度		相对湿度	
已装铜空心阴极灯	正常□；不正常□	水封		正常□；不正常□
气路连接	正常□；不正常□	开关均在"关"		正常□；不正常□
旋钮均在"0"	正常□；不正常□	电路连接		正常□；不正常□

2. 开机

安装锌空心阴极灯，然后打开计算机，打开工作站，选择工作灯锌灯，设置初始测量条件如图 7-19 所示，波长选择 213.9nm，仪器进入初始化。等待预热稳定。

3. 燃烧器位置调节

（1）预热完成后，进行"能量调试"操作，调整能量到 100%。

（2）通过菜单"仪器"/"燃烧器参数"，调节光源发出的光线位于燃烧器狭缝的正上方，且与狭缝平行。

4. 通气点火

气密性检查：将乙炔钢瓶的总开关打开，稍等一会（视乙炔管路长短而定），然后关闭总开关，观察乙炔钢瓶的总压力表的表针 30min，30min 内总压力表的压降不得多于 0.1MPa。

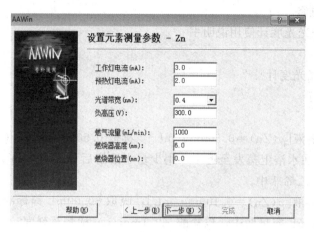

图 7-19　锌初始测量参数

表 7-4　气体输出要求

仪器要求	空气	＿＿＿ MPa	乙炔	＿＿＿ MPa
调节	空气压缩机输出	＿＿＿ MPa	乙炔钢瓶输出	＿＿＿ MPa
检漏	空气不漏	正常□;不正常□	乙炔不漏	正常□;不正常□

根据仪器说明书要求，按表 7-4 通气（先通空气后通乙炔）后，选择主菜单"仪器"/"点火"，即可将火焰点燃。

注意安全

@ 注意事项

1. 原子吸收分光光度计使用

（1）实验前应检查通风是否良好，确保实验中产生的废气能排出室外，排出废液的管道水封是否形成。

（2）仪器点火时，先开助燃气，后开燃气；关闭时先关燃气，后关助燃气。

（3）如果在实验过程中突然停电或漏气，应立即关闭燃气，然后将空气压缩机及主机上所有开关和旋钮都恢复至操作前状态。

（4）处理样品后要无颗粒物质，否则很容易把雾化器进样毛细管堵塞。如有颗粒，要过滤样品。

（5）每次分析工作后，都应用去离子水吸喷 5～10min 进行清洗。

2. 乙炔钢瓶（见图 7-20）的使用

（1）凡与乙炔接触的附件（如管路连接），严禁选用含铜量大于 70％的铜合金，以及银、锌、镉及其合金材料。

（2）移动作业时，应采用专用小车搬运，乙炔钢瓶严禁敲击、碰撞。

（3）瓶阀出口处必须配置专用的减压器和回火防止器；阀门旋开不超过 1.5 圈；乙炔瓶减压阀出口压力不得超过 0.15MPa；放气流量不得超过 0.05m³/（h·L）。如需较大流量时，应采用多只乙炔瓶汇流供气。

图 7-20　乙炔钢瓶

（4）乙炔瓶使用时，防止乙炔瓶受曝晒或受烘烤，与明火的距离不得小于 10m，严禁用 40℃以上的热水或其他热源对乙炔瓶进行加热。

（5）乙炔瓶使用时：必须直立，应采取措施防止倾倒；开闭乙炔瓶瓶阀的专用扳手，应始终装在阀上；暂时中断使用时，必须关闭乙炔瓶瓶阀。

（6）乙炔瓶内气体严禁用尽，必须留有不低于 0.05MPa 的剩余压力。

（7）每次点火前都应该进行气密性检查。

3. 原子吸收分光光度计维护

（1）环境要求：室温（10～35℃），相对湿度≤85%，室内保持清洁。

（2）要定期检查气路接头和封口是否存在漏气现象，以便及时解决。

（3）要用经过除油除水后的空气，要注意空压机排水及油水分离器的排油排水。夏天最好每天排水。

（4）必须把仪器的地线端子与大楼的单独地线相连。

（5）注意燃烧器缝隙的清洁、光滑。发现火焰不整齐，中间出现锯齿状分裂时，说明缝隙内已有杂质堵塞，此时应该仔细进行清理。清理方法是：采用薄木片刮燃烧器缝隙，清除沉积物或取下燃烧器，用洗衣粉溶液涮洗缝隙，然后用水冲洗干净。不能使用金属刮燃烧器缝隙，以免改变缝隙宽度，产生回火。

（6）预混合室要定期清洗积垢，喷过浓酸、浓碱液后，要仔细清洗。定期检查废液收集容器的液面，及时倒出过多的废液。

（7）吸液用的聚乙烯管应保持清洁，无油污，防止弯折，堵塞后，需要取下雾化器，用专用的钢丝疏通，疏通时注意不要伤害撞击球。

 知识链接

分析条件选择

在进行原子吸收光谱分析时，为了获得灵敏、重现性好和准确的结果，应对测定条件进行选择。

在条件优选时可以逐个进行单个因素的选择，即先将其他因素固定在参考水平上，逐一改变所研究因素的条件，测定某一标准溶液的吸光度，选取吸光度大、稳定性好的条件作该因素的最佳工作条件。

选出某个分析条件的最佳值后，则设置仪器的操作条件为该最佳值，然后进行下一个条件的选择。

活动2　选择分析线

用空白溶液调零，吸喷 $1.00\mu g/mL$ 锌标准溶液，通过菜单"仪器"/"光学系统"，改变分析线，分别在 213.9nm 和 307.6nm 下测定吸光度，填至表7-7。

注意事项

每次测定都应该用空白溶液调零。

每次改变分析线都需要进行"能量调试"操作，调整能量到 100%。

分析线的选择

每种元素的基态原子都有若干条吸收线，为了提高测定的灵敏度，一般情况下应选用其中最灵敏线（共振线）作分析线。但如果测定元素的浓度很高，或为了消除邻近光谱线的干扰等，也可以选用次灵敏线。例如，试液中铷的测定，其最灵敏的吸收线是 780.02nm，但为了避免钠、钾的干扰，可选用 794.76nm 次灵敏线作吸收线。若从稳定性考虑，由于空气-乙炔火焰在短波区域对光的透过性较差，噪声大，若灵敏线处于短波方向，则可以考虑选择波长较长的灵敏线。

适宜的分析线可由以下实验方法确定：首先通过查阅资料或扫描空心阴极灯的发射光谱，了解有几条可供选择的谱线，然后喷入相应的溶液，观察这些谱线的吸收情况，选择吸光度最大的谱线为分析线。表 7-5 列出了常用的各元素分析线，可供使用时参考。

表 7-5　原子吸收分光光度法中常用的分析线

元素	λ/nm	元素	λ/nm	元素	λ/nm
Ag	328.1,338.3	Gd	407.9,368.4	Pt	266.0,306.5
Al	309.3,396.2	Ge	265.1,259.3	Rb	780.0,794.8
As	193.7,197.2	Hg	253.7,546.1	Rh	343.5,369.2
Au	242.8,267.6	Ho	405.4,410.4	Ru	349.9,372.8
B	249.7,209.0	In	303.9,325.6	Sb	217.6,206.8
Ba	553.6,455.4	Ir	208.9,266.5	Se	196.0,204.0
Be	234.9	K	766.5,769.9	Si	251.6,250.7
Bi	223.1,222.8	La	550.1,418.7	Sm	429.7,520.1
Ca	422.7,239.9	Li	670.8,323.3	Sn	224.6,286.3
Cd	228.8,326.1	Lu	336.0,356.8	Sr	460.7,407.8
Ce	482.3,520.0	Mg	285.2,202.6	Te	214.3,225.9
Co	240.7,242.5	Mn	279.5,403.1	Ti	364.3,399.0
Cr	357.9,359.4	Mo	313.3,390.3	Tl	276.8,377.6
Cs	852.1,455.5	Na	589.0,330.3	Tm	371.8,410.6
Cu	324.8,327.4	Nd	492.5,463.4	U	358.5,351.5
Dy	404.6,421.2	Ni	232.0,341.5	V	318.4,370.4
Er	400.8,386.3	Os	290.9,305.9	Y	410.2,407.7
Eu	459.4,462.7	Pb	217.0,283.3	Yb	398.8,346.4
Fe	248.3,302.1	Pd	244.8,247.6	Zn	213.9,307.6
Ga	287.4,294.4	Pr	495.1,513.3		

 **活动3　选择光谱带宽**

用空白溶液调零，吸喷 $1.00\mu\mathrm{g/mL}$ 锌标准溶液，通过菜单"仪器"/"光学系统"，依次改变光谱带宽 0.1nm、0.2nm、0.4nm、1.0nm、2.0nm，逐一记录相应的光谱带宽和吸光度，填至表 7-7。

@ **注意事项**

每次改变光谱带宽都需要进行"能量调试"操作，调整能量到 100%。

 **知识链接**

光谱带宽的选择

因为 $W = DL$，对于一台原子吸收分光光度计来说，其单色器中的光栅是不会改变的，即 D 是一个常数，所以，选择光谱带宽，实际上就是选择狭缝的宽度。单色器的狭缝宽度主要是根据待测元素的谱线结构和所选的吸收线附近是否有非吸收干扰来选择。当吸收线附近无干扰线存在时，放宽狭缝，可以增加光谱带宽。若吸收线附近有干扰线存在，在保证有一定强度的情况下，应适当调窄一些，光谱带宽一般在 0.1～4nm 之间选择。表 7-6 列出了一些元素在测定时常用的光谱带宽。

表 7-6　不同元素所选用的光谱带宽

元素	共振线/nm	带宽/nm	元素	共振线/nm	带宽/nm
火焰原子吸收					
Ag	328.1	1.2	Mn	279.5	0.2
Al	309.3	1.2	Mo	313.3	0.8
As	193.7	0.5	Na	589.0	0.8
Au	242.8	1.2	Pb	283.3	1.2
Be	234.9	0.5	Pd	247.6	0.2
Bi	223.1	0.2	Pt	265.9	0.5
Ca	422.7	1.2	Rb	780.0	1.2
Cd	228.8	1.2	Rh	343.5	0.5
Co	240.7	0.2	Sb	217.6	0.2
Cr	357.9	0.2	Se	196.0	1.2
Cu	324.8	1.2	Si	251.6	0.2
Fe	248.3	0.2	Sn	224.6	0.5
Hg	253.7	0.5	Sr	460.7	0.5
In	303.9	0.5	Te	214.3	0.2
K	766.5	0.8	Ti	365.4	0.2
Li	670.8	0.8	Tl	276.8	0.8
Mg	285.2	1.2	Zn	213.9	0.5
石墨炉原子吸收					
Ag	328.1	0.8	Mn	279.5	0.2
Al	309.3	0.8	Mo	313.3	0.8
As	193.7	0.8	Na	589.0	0.5
Au	242.8	0.8	Pb	283.3	0.5
Be	234.9	1.2	Pd	247.6	0.2
Bi	223.1	0.2	Pt	265.9	0.2
Ca	422.7	1.2	Rb	780.0	1.2
Cd	228.8	0.8	Rh	343.5	0.5
Co	240.7	0.2	Sb	217.6	0.2
Cr	357.9	0.8	Se	196.0	1.2
Cu	324.8	0.8	Si	251.6	0.2
Fe	248.3	0.2	Sn	224.6	0.8
Hg	253.7	0.5	Sr	460.7	0.8
In	303.9	0.8	Te	214.3	0.2
K	766.5	1.2	Ti	365.4	0.5
Li	670.8	0.8	Tl	276.8	0.5
Mg	285.2	0.8	Zn	213.9	0.8

合适的光谱带宽可以通过实验的方法确定，具体方法是：逐渐改变单色器的光谱带宽，测定相应的吸光度。不引起吸光度减小的最大光谱带宽，即为应选取的光谱带宽。

 **活动4　选择空心阴极灯工作电流**

用空白溶液调零，吸喷 1.00μg/mL 锌标准溶液，通过菜单"仪器"/"灯电流"，改变灯电流，逐一记录灯电流和相应的吸光度，填至表 7-7。

 注意事项

每次改变灯电流都需要进行"能量调试"操作，调整能量到 100%。

知识链接

灯电流的选择

灯电流的选择原则是：在保证有足够强且稳定的光强输出的条件下，尽量选用较低的工作电流。空心阴极灯上都标明了最大工作电流，对大多数元素，日常分析的工作电流建议采用最大工作电流的 1/3～2/3。对高熔点的镍、钴、钛等空心阴极灯，工作电流可以调大些；对低熔点易溅射的铋、钾、钠、铯等空心阴极灯，使用时工作电流小些为宜。具体要采用多大电流，一般要通过实验方法绘出吸光度-灯电流关系曲线，然后选择有最大吸光度读数、重复性测定符合要求时的最小灯电流。

 **活动5　选择燃助比**

用空白溶液调零，吸喷 1.00μg/mL 锌标准溶液，通过菜单"仪器"/"燃烧器参数"，改变燃气流量，逐一记录相应的燃气流量和吸光度，填至表 7-7。

 注意事项

本仪器没有空气流量调节选项，在空压机输出压强 0.2MPa 下，空气流量约为 5.5 L/min。故选择燃助比实际上是选择燃气流量。由于空压机输出压力会影响空气流量，故此在燃气流量选择完成后，空压机输出压强不能随意变动。

 知识链接

燃助比的选择

在火焰原子化法中，火焰的温度是影响原子化效率的基本因素。火焰温度主要由火焰种类确定。原子吸收光谱分析中常用的火焰有：空气-乙炔火焰、空气-氢气火焰、氧化亚氮-乙炔火焰等。此外，燃助比（燃气和助燃气比例）对火焰温度也有影响。根据燃助比不同，可以将火焰分为如下三种类型。

（1）化学计量焰（又称中性焰）　助燃气与燃气按照它们的化学反应计量关系提供。这类火焰一般温度较高，适于多数元素的原子化。

（2）富燃火焰　燃助比小于化学计量的火焰。这类火焰的特点是燃烧不完全，火焰呈黄色，温度略低于化学计量焰，具有还原性，适用于某些易形成难解离氧化物的元素（如 Al、Cr、Mo 等）的原子化。但是它干扰较多，背景高。

（3）贫燃火焰　燃助比大于化学计量比的火焰。其特点是火焰呈蓝色，氧化性较强，温度较低，适于易解离、易电离元素，如碱金属。

在进行原子吸收光谱分析时，需要根据待测元素的性质，选择合适的燃助比。一般通过实验的方法来确定最佳燃助比。方法是：配制一标准溶液喷入火焰，在固定助燃气流量的条件下，改变燃气流量，测出吸光度值。吸光度值最大时的燃气流量，即为最佳燃气流量。

 活动 6　选择燃烧器高度

用空白溶液调零，吸喷 $1.00\mu g/mL$ 锌标准溶液，通过菜单"仪器"/"燃烧器参数"，改变燃烧器高度，逐一记录相应的燃烧器高度和吸光度，填至表 7-7。

知识链接

燃烧器高度的选择

不同元素在火焰中形成的基态原子的最佳浓度区域高度不同（见图 7-21），因而灵敏度也不同。因此，应选择合适的燃烧器高度，使光束从自由原子浓度最大的火焰区域通过。最佳的燃烧器高度应通过试验选择。其方法是：先固定燃气和助燃气流量，取一固定样品，逐步改变燃烧器高度，调节零点，测定吸光度，绘制吸光度-燃烧器高度曲线，选择有最大吸光度读数时的燃烧器高度。

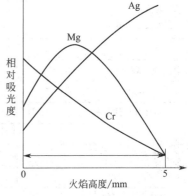

图 7-21　三种元素在火焰不同高度吸收轮廓示意

 活动 7　测定进样量

用 10mL 量筒装 10mL 去离子水，将毛细管插入量筒的同时开始计时，1min 后取出毛细管，从量筒上读取进样量，填至表 7-7。

注意事项

若需要拆开雾化器调整进样量时，动作必须缓慢、仔细，避免对雾化器造成损坏！！！

知识链接

进样量过大，对火焰产生冷却效应。同时，较大雾滴进入火焰，难以完全蒸发，原子化效率下降，灵敏度低。进样量过小，由于进入火焰的溶液太少，吸收信号弱，灵敏度低，不便测量。试样的进样量一般在 $3\sim6mL/min$ 较为适宜。

 活动 8　关机和结束工作

1. 任务完毕，先把进样管放到二次蒸馏水或去离子水中吸喷 5min，然后取出进样管，空烧 2min；

2. 关闭乙炔气瓶总阀，烧掉管内残留气，让火焰自动熄灭；

3. 选择主菜单"文件"/"退出"，关闭 AAWin 系统，关闭计算机；

4. 关闭主机电源及计算机电源；

5. 断开空气压缩机电源，放掉空压机中的气体；

6. 关闭排气罩；

7. 关闭电源总开关；

8. 清理实验工作台，填写仪器使用记录。

（三）任务数据记录（见表7-7）

表7-7 火焰原子吸收分析条件选择原始记录

记录编号			
样品名称		样品编号	
检验项目		检验日期	
检验依据		判定依据	
温度		相对湿度	
检验设备（标准物质）及编号			

仪器条件：光谱带宽 _____ nm	积分时间 _____ s
灯电流 _____ mA	燃烧器高度 _____ mm
乙炔流量 _____	空气流量 _____
背景校正方式 _____	

一、选择分析线			
λ/nm			
A			
最佳分析线/nm			

二、选择光谱带宽				
光谱带宽/nm				
A				
最佳光谱带宽/nm				

三、选择空心阴极灯工作电流				
灯电流/mA				
A				
最佳灯电流/mA				

四、选择燃助比				
燃气流量/(mL/min)				
A				
最佳燃气流量/(mL/min)				

五、选择燃烧器高度							
燃烧器高度/mm	5.4	5.6	5.8	6.0	6.2	6.4	6.6
A							
最佳燃烧器高度/mm							

六、测定进样量			
进样量/(mL/min)			
检验人		复核人	

表 7-8　检验报告内页

检验项目	选择结果
分析线	
空心阴极灯工作电流	
燃助比	
燃烧器高度	
进样量	

（四）任务评估（见表7-9）

表 7-9　任务评价表　　　　日期

评价指标	评价要素	等级评定	
		自评	教师评
溶液准备	吸取储备液体积 定容		
开机、点火	初始条件设置 检查水封 检查漏气 气体压力设定		
吸光度测定	改变条件后是否调零 吸喷溶液时溶液是否静止		
旋转雾化器	操作是否缓慢		
结果处理	各最佳条件选择正确		
结束工作	燃烧器清洗 关气顺序 电源关闭 填写仪器实验记录卡		
学习方法	预习报告书写规范		
工作过程	遵守管理规程 操作过程符合现场管理要求 出勤情况		
思维状态	能发现问题、提出问题、分析问题、解决问题		
自评反馈	按时按质完成工作任务 掌握了专业知识点		
经验和建议			
	总成绩		

拓展知识　石墨炉原子化器原子化条件的选择

1. 载气的选择

可使用稀有气体氩或氮气作载气，通常采用高纯度（≥99.99％）的惰性气体氩气而不采用氮气。因为氮气使大多数金属元素的吸收值降低并在高温下与石墨管的碳生成有毒的 CN 分子，产生严重的分子发射和背景吸收。同时石墨管的寿命也比使用氩气做保护气体时要短。采用氮气作载气时要考虑高温原子化时产生 CN 带来的干扰。载气流量会影响灵敏度和石墨管寿命。目前大多采用内外单独供气方式，外部供气是不间断的，流量一般是固定的（如福立 GF1700 是 400mL/min）。在原子化期间，内气流的大小与测定元素有关，可通过试验确定。（如普析 TAS-990 内气流量共分为 4 挡：无、小、中、大。"无"即关闭内气，一般用在原子化步骤。"小"即将内气设置为最小状态，流量约为 150mL/min。"中"即将内气设置为适中的状态，流量约为 300mL/min。"大"即将流量设置为最大状态，流量约为 450mL/min。）

2. 冷却水

为使石墨管迅速降至室温，通常使用水温为 20℃、流量为 1～2L/min 的冷却水（可在 20～30s 冷却）。水温不宜过低，流速亦不可过大，以免在石墨锥体或石英窗上产生冷凝水。

3. 温度的选择

温度选择一般分为干燥阶段、灰化阶段、原子化阶段和净化阶段。

（1）原子化过程中，干燥阶段的干燥条件直接影响分析结果的重现性。为了防止样品飞溅，又能保持较快的蒸干速度，干燥应在稍低于溶剂沸点的温度下进行。条件选择是否得当，可用蒸馏水或空白溶液进行检查。干燥时间可以调节，并和干燥温度相配合，一般取样 10～100μL 时，干燥时间为 15～60s，具体时间应通过实验确定。

（2）灰化温度和时间的选择原则是，在保证待测元素不挥发损失的条件下，尽量提高灰化温度，以去掉比待测元素化合物容易挥发的样品基体，减少背景吸收。灰化温度和灰化时间由实验确定，即在固定干燥条件，原子化程序不变的情况下，通过绘制吸光度-灰化温度或吸光度-灰化时间的灰化曲线找到最佳灰化温度和灰化时间。

（3）不同原子有不同的原子化温度，原子化阶段要关闭内气流量，太高的温度将极大地降低石墨管寿命，因此原子化温度的选择原则是，选用达到最大吸收信号的最低温度作为原子化温度。但是原子化温度过低，除了造成峰值灵敏度降低外，重现性也会受到影响。

原子化时间与原子化温度是相配合的。一般情况是在保证完全原子化的前提下，原子化时间尽可能短一些。对易形成碳化物的元素，原子化时间可以长些。

现在的石墨炉带有斜坡升温设施，它是一种连续升温设施，可用于干燥、灰化及原子化各阶段。近年来生产的石墨炉还配有最大功率附件，最大功率加热方式是以最快的速率 $[(1.5～2.0)\times10^3℃/s]$ 加热石墨管至预先确定的原子化温度。用最大功率方式加热可提高灵敏度，并在较宽的温度范围内有原子化平台区。因此可以在较低的原子化温度下，达到最佳原子化条件，延长了石墨管寿命。

（4）为了消除记忆效应，在原子化完成后，一般要求温度高于原子化阶段温度（50～100℃），采用空烧的方法来清洗石墨管，以除去残余的基体和待测元素，但时间宜短，否则使石墨管寿命大为缩短。

一、填空题

1. 点火时候需要调节空气压缩机出口压强为（　　　　　　　）MPa，乙炔出口压力（　　　）MPa。

2. 乙炔瓶减压阀出口压力不得超过（　　　　）MPa；乙炔瓶内气体严禁用尽，必须留有不低于（　　）MPa 的剩余压力。

3. 在条件优选时可以进行单个因素的选择，即先将其他因素固定在参考水平上，逐一改变（　　　　　）的条件，测定某一标准溶液的吸光度，选取（　　　　　）、（　　　）的条件作该因素的最佳工作条件。

4. 每种元素的基态原子都有若干条吸收线，一般情况下应选用其中（　　　　　　）作分析线。

5. 选择光谱带宽，实际上就是选择（　　　　　）的宽度。

6. 日常分析的工作电流建议采用最大工作电流的（　　　　　　）。

7. 富燃火焰是指燃助比（　　）于化学计量的火焰。

8. 试样的进样量一般在（　　　　）mL/min 较为适宜。

9. 原子吸收分光光度计在每次分析工作后，都应用去离子水吸喷（　　　　　）min 进行清洗。

10. 仪器点火时，先开（　　　　　），后开（　　　　　）；关闭时先关（　　　　　），后关（　　　　　）。

二、简答题

1. 简述原子吸收分光光度计开机前需要检查的项目。

2. 简述燃助比的选择方法。

任务三　解读食品中锌的检测国家标准

 任务引入

　　作为一名检测人员，在接到检测任务时，第一步需要仔细阅读检测方法，今天我们的检测任务是测定食品中的锌，请大家仔细阅读《GB/T 5009.14—2003 食品中锌的测定》，依循该标准线索，搜寻相关标准，并思考以下问题：

　　(1) 原子吸收分光光度法所用试剂、纯水的纯度有什么要求？

　　(2) 原子吸收分光光度法对玻璃量器、温控设备测量仪器有什么要求？

 任务目标

1. 会查找方法检测限、精密度。
2. 会确认所需的仪器。
3. 会确认所需的试剂。

 工作页

（一）任务分析

1. 明晰任务流程

阅读与查找标准 → 仪器确认 → 试剂确认 → 安全防护

2. 任务难点分析

查找相关标准。

3. 条件需求与准备

(1)《GB/T 5009.14—2003 食品中锌的测定》。

(2) 仪器

① 原子吸收分光光度计。

② 锌空心阴极灯。

③ 40 目筛。

(3) 试剂

① 金属锌：$w \geqslant 99.99\%$。

② 盐酸：优级纯。

③ 磷酸：优级纯。

④ 硝酸：优级纯。

⑤ 高氯酸：优级纯。

（二）任务实施

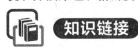 **活动 1　阅读与查找标准**

仔细阅读《GB/T 5009.14—2003 食品中锌的测定》，找出本方法的适用范围、检测下限、干扰、方法原理、精密度和准确度等内容，并列出所需的其他相关标准。将查找结果填入表 7-11。

 知识链接

规范性引用文件

在我国标准的结构中，通常有"规范性引用文件"这个要素。它列出标准中规范性引用其他文件的文件清单，这些文件经过标准条文引用后，成为标准应用时必不可少的文件。凡是注日期的引用文件，其随后所有的修改单（不包括勘误的内容）或修订版本均不适用于本标准。凡是不注日期的引用文件，其最新版本（包括所有的修改单）适用于本标准。

成系列的标准

在我国的标准中，有些成系列的标准如 GB（/T）5009.x、5750.x、30000.x 等，通常前面几个标准是对本系列标准的通用性要求（如仪器、试剂、采样、浓度表示方法等），在使用系列标准中某一个标准时，应满足该系列标准的通用性要求。

活动 2　仪器确认

依据查阅的标准，确认所需的各种仪器是否齐全，是否满足标准的要求。将确认结果填入表 7-11。

知识链接

测量仪器的检定

又叫计量器具的检定，简称计量检定：是指查明和确认测量仪器符合法定要求的活动，它包括检查、加标记和（或）出具检定证书。

《中华人民共和国计量法》第九条规定"县级以上人民政府计量行政部门对社会公用计量标准器具，部门和企业、事业单位使用的最高计量标准器具，以及用于贸易结算、安全防护、医疗卫生、环境监测方面的列入强制检定目录的工作计量器具，实行强制检定。未按照规定申请检定或者检定不合格的，不得使用。"

强制检定仪器见"中华人民共和国强制检定的工作计量器具明细目录"。

注意事项

未列在"中华人民共和国强制检定的工作计量器具明细目录"中的计量器具如玻璃量器，也应该定期检定。

活动 3　试剂确认

按标准要求确认所需的试剂种类、纯度、数量上是否满足要求，并确认实验室提供的纯水等级是否满足需要。将确认的结果填入表 7-11。

 **知识链接**

分析实验室用水规格（见表 7-10）

分析实验室用水共分三个级别：一级水、二级水和三级水。

（1）一级水

一级水用于有严格要求的分析试验，包括对颗粒有要求的试验。如高效液相色谱分析用水。一级水可用二级水经过石英设备蒸馏或离子交换混合床处理后，再经 $0.2\mu m$ 微孔滤膜过滤来制取。

（2）二级水

二级水用于无机痕量分析等试验，如原子吸收光谱分析用水。二级水可用多次蒸馏或离子交换等方法制取。

（3）三级水

三级水用于一般化学分析试验。三级水可用蒸馏或离子交换等方法制取。

表 7-10　分析实验室用水规格

名称	一级	二级	三级
pH 范围(25℃)	—	—	5.0～7.5
电导率(25℃)/(mS/m)	≤0.01	≤0.10	≤0.50
可氧化物含量(以 O 计)/(mg/L)	—	≤0.08	≤0.4
吸光度(254nm,1cm 光程)	≤0.001	≤0.01	—
蒸发残渣(105℃±2℃)含量/(mg/L)	—	≤1.0	≤2.0
可溶性硅(以 SiO_2 计)/(mg/L)	≤0.01	≤0.02	—

注：1. 由于在一级水、二级水的纯度下，难以测定其真实的 pH，因此，对一级水、二级水的 pH 范围不做规定。

2. 由于在一级水的纯度下，难以测定可氧化物质和蒸发残渣，对其限量不做规定。可用其他条件和制备方法来保证一级水的质量。

注意事项

确认试剂的数量是否满足要求要依据具体工作情况所需要的试剂量具体分析。

活动 4　安全防护

查找本项目实施过程中可能存在的安全隐患，并提出预防与防护措施。将查找结果填入表 7-11 。

（三）任务数据记录（见表 7-11）

表 7-11　解读检测方法的原始记录

记录编号			
一、阅读与查找标准			
方法原理			
相关标准			
检测限			
准确度		精密度	

二、标准内容			
适用范围		限值	
定量公式		性状	
样品处理			
操作步骤			
三、仪器确认			
所需仪器			检定有效日期
四、试剂确认			
试剂名称	纯度	库存量	有效期
五、安全防护			
确认人		复核人	

（四）任务评估（见表7-12）

表7-12 任务评价表　　　日期

评价指标	评价要素	等级评定	
		自评	教师评
阅读与查找标准	标准名称 相关标准的完整性 适用范围 检验方法 方法原理 试验条件 检测主要步骤 检测限 准确度 精密度		
仪器确认	仪器种类 仪器规格 仪器精度		
试剂确认	试剂种类 试剂纯度 试剂数量		
安全	设备安全 人身安全		
总成绩			

拓展知识　量值溯源体系

我国量值溯源体系主要由量值传递与量值溯源构成。

量值传递：是指通过对计量器具的检定、校准，将国家计量基准所复现的计量单位量值通过各等级计量标准传递到工作计量器具，以保证被测对象量值的准确和一致。即保证全国在不同地区、不同场合下测量同一量值的计量器具都能在允许的误差范围内工作。

量值溯源：是指为了保证测量结果的准确性，通过一条规定不确定度的不间断的比较链，使测量结果或测量标准的值能够与规定的参考标准（通常是国家计量基准或国际基准）联系起来。

两者的区别是：量值传递是自上而下逐级传递，量值溯源则是自下而上逐级或越级向上追溯。不论量值传递还是量值溯源，其目的都是一致的，即实现单位统一和量值的准确可靠。一切测量能够准确最终都基于具有最高准确度的测量系统——计量基准。例如在测量质量时，计量基准是一块保存在巴黎的铂铱合金，即国际千克原器；一些计量基准是基于自然不变的规律之上的，例如米的定义是"光在真空中 1/299 792 458s 时间间隔内所经路径的长度"。所以即使世界上所有计量实验室都不存在了，这些基准也可以重建。

 **思考题**

一、填空题

1.《GB/T 5009.14—2003 食品中锌的测定》适用于（　　　　　　）的测定。

2.《GB/T 5009.14—2003 食品中锌的测定》原子吸收分光光度法的检测限是（　　　）。

3.《GB/T 5009.14—2003 食品中锌的测定》原子吸收分光光度法的精密度是（　　　）。

4. 原子吸收分光光度计的检定周期一般不超过（　　　　）年。

5. 原子吸收分光光度法要求实验室用水应符合 GB/T 6682 中（　　　　　　）级水规格。

二、简答题

1. 简述原子吸收分光光度法测定食品中锌的实验原理。

2. 试推导《GB/T 5009.14—2003 食品中锌的测定》中原子吸收分光光度法的计算公式。

任务四　样品检测与数据采集

前面我们查阅了相关标准，确认了具备检测食品中锌的条件，但是大家在查阅标准时应该已经注意到，锌的检测还是比较复杂的，不过，只要我们认真思考、互相协作、循序渐进，我们每个人都可以圆满地掌握。

 任务目标

1. 会填写原始记录表格。
2. 会配制所需的溶液。
3. 会样品处理。
4. 会测定吸光度。
5. 会带质控样检测。

 工作页

（一）任务分析

1. 明晰任务流程

溶液配制 → 样品处理 → 标系配制 → 开机预热、点火 → 数据测定 → 关机 → 数据处理

2. 任务难点分析

样品处理。

3. 条件需求与准备

（1）仪器

① 原子吸收分光光度计。

② 锌空心阴极灯。

③ 40 目筛。

（2）试剂

① 锌标准溶液（0.5000mg/mL）：称取 0.5000g 金属锌（$w \geqslant 99.99\%$）溶于 10mL 盐酸中，然后在水浴上蒸发至近干，用少量水溶解后移入 1000mL 容量瓶中，以纯水稀释至刻

度，贮于聚乙烯瓶中。

② 盐酸：优级纯。

③ 磷酸：优级纯。

④ 硝酸：优级纯。

⑤ 高氯酸：优级纯。

（二）任务实施

✏ **活动1　溶液配制**

按表7-13配制溶液。

表7-13　溶液配制

溶液名称	浓度	溶剂	体积/mL
盐酸	1+11	纯水	480
磷酸	1+10	纯水	11
混合酸:硝酸＋高氯酸	3+1		20
锌标准使用液	100.0μg/mL	盐酸(0.1mol/L)	50

@ **注意事项**

人身防护

1. 佩戴防酸型防毒口罩。

2. 戴化学防溅眼镜。

3. 戴橡胶手套，穿防酸工作服和胶鞋。

4. 工作场所应设安全淋浴和眼睛冲洗器具。

5. 在通风橱中进行操作。

✏ **活动2　样品处理**

依据样品不同，采用不同的处理方法。

1. 前处理

（1）谷类　去除其中杂物及尘土，必要时除去外壳，磨碎，过40目筛，混匀。称取5.00～10.00g置于50mL瓷坩埚中（同时做平行样），小火炭化至无烟。

（2）蔬菜、瓜果及豆类　取可食部分洗净晾干，充分切碎或打碎混匀。称取10.0～20.00g置于瓷坩埚中，加1mL磷酸（1+10），小火炭化至无烟。

（3）禽、蛋、水产类　取可食部分充分混匀。称取5.00～10.00g置于瓷坩埚中，小火炭化至无烟。

（4）乳类　乳类经混匀后，量取50mL，加1mL磷酸（1+10），在水浴上蒸干，再小火炭化至无烟。

2. 后处理　| 注意安全 |

按以上不同的方法前处理后移入马弗炉中，500℃±25℃灰化约8h后，取出坩埚，放冷后再加入少量混合酸，小火加热，不使干涸，必要时加少许混合酸，如此反复处理，直至残渣中无炭粒，待坩埚稍冷，加10mL盐酸（1+11），溶解残渣并移入50mL容量瓶中，再用盐酸（1＋11）反复洗涤坩埚，洗液并入容量瓶中，并稀释至刻度，混匀备用。

3. 空白液的处理

取与试样处理相同量的混合酸和盐酸（1＋11），按同一操作方法做试剂空白试验。

4. 将样品称量数据填入表 7-15。

注意事项

马弗炉（见图 7-22）的使用

1. 马弗炉属于高温仪器，注意避免烫伤，仪器附近 0.5m 内不要放置任何易燃易爆物品。

2. 确保在接通电源前仪器电源开关和主机开关处于关闭位置。

3. 关闭马弗炉时要先关闭仪器电源开关，再拔掉电源。

4. 放入的样品量不能超过马弗炉内腔空间的 2/3。

5. 放入样品时，注意不要碰到温度传感器。

6. 放入比较多的样品时，将样品平铺后放入马弗炉内，以保证样品均匀受热。

图 7-22　马弗炉

活动 3　配制标准系列溶液和质控样

1. 吸取 0.00mL、0.10mL、0.20mL、0.40mL、0.80mL 锌标准使用溶液，分别置于 50mL 容量瓶中，以盐酸（1mol/L）稀释至刻度，混匀。

2. 按质控样证书的要求，配制质控样。

活动 4　开机预热、点火

1. 开机前检查

检查实验室环境条件、仪器各部件、气路连接和水封等。

2. 开机、通气点火

打开工作站，选择工作灯锌灯，设置优化后的测量条件，背景仪器进入初始化。等待预热稳定后，打开空气压缩机，调节其出口压力在 0.2～0.25MPa，打开乙炔钢瓶，调节其出口压力在 0.07MPa，即可点火。

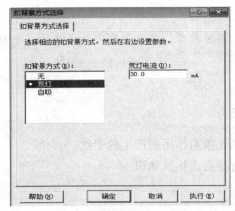

图 7-23　扣背景方式的选择

活动 5　数据测定

1. 背景校正

（1）打开氘灯背景校正

依次选择主菜单"仪器"/"扣背景方式"，即可打开扣背景方式选择对话框，选择"氘灯"（见图 7-23）。

（2）"氘灯光斑与元素灯光斑重合"调节

在燃烧头上垫白纸，可以查看氘灯光斑与元素灯光斑是否重合。若不重合，则在"能量调试"界面中单击"高级调试"按钮，会出现"氘灯电机"（见图 7-24），可以利用"正转"和"反转"

按钮对氘灯的光路进行调整，使氘灯光斑与元素灯光斑重合即可。在实际测量过程中，如果没有特殊的情况，请尽量不要使用"高级调试"功能，以免将仪器的参数调乱，从而影响测量。

图 7-24　高级调试项示意

（3）能量调试

当采用氘灯扣背景时，需要进行能量调试，可依次选择主菜单的"应用"／"能量调试"进行操作，通常单击"自动能量平衡"按钮（见图 7-25）即可。

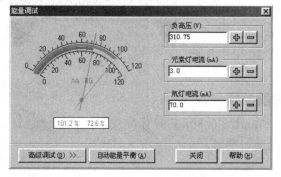

图 7-25　能量调试示意

2. 标准系列测定

用（1＋11）盐酸校零后，按浓度从低到高的顺序，依次将各容量瓶中锌标准溶液导入调至最佳条件的火焰原子化器进行测定，结果填至表 7-15。

3. 样品测定

再次用（1＋11）盐酸校零后，分别测定处理后的试剂空白、质控样、试样溶液，结果填至表 7-15。

@ **注意事项**

1. 氘灯电流

在使用氘灯扣背景时，设置氘灯电流时应该小于 120mA，在不使用时，尽量将其关闭，以减少对氘灯的损耗。

2. 校零

通常情况下，浓度从低到高的测定顺序中间可以不用校零。若仪器稳定性不够时，则需要每测定一个溶液吸光度前均进行校零。

 知识链接

氘灯背景校正

背景干扰是指在原子化过程中，由于分子吸收和光散射作用而产生的干扰。

氘灯背景校正是一种消除背景干扰的方法，详情请阅读拓展知识。

✏ **活动 6　关机和结束工作**

1. 任务完毕，先把进样管放到二次蒸馏水或去离子水中吸喷 5min，然后把进样管拿出，在空气中空烧 2min；

2. 关闭乙炔气瓶总阀，烧掉管内残留气，让火焰自动熄灭；

3. 选择主菜单"文件"/"退出"，关闭 AAWin 系统，关闭计算机；

4. 关闭主机电源及计算机电源；

5. 断开空气压缩机电源，放掉空压机中的气体；

6. 关闭排气罩；

7. 关闭电源总开关；

8. 清理实验工作台，填写仪器使用记录。

（三）任务数据记录（见表 7-14 和表 7-15）

表 7-14　试剂准备

溶液名称	浓度	配制方法
盐酸	1＋11	
磷酸	1＋10	
混合酸：硝酸＋高氯酸	3＋1	

表 7-15　食品中锌的检测原始记录

记录编号			
样品名称		样品编号	
检验项目		检验日期	
检验依据		判定依据	
温度		相对湿度	
检验设备(标准物质)及编号			

仪器条件：光谱带宽 _____ nm　　　积分时间 _____ s
灯电流 _____ mA　　　燃烧器高度 _____ mm
乙炔流量 _____　　　空气流量 _____
背景校正方式 _____

一、标液配制

溶液名称	浓度	配制方法
锌标准使用液	100.0μg/mL	

二、标准系列溶液

V/mL	0.00	0.10	0.20	0.40	0.80
$\rho(Zn)/(\mu g/mL)$					
A					
$A_{背景}$					
ΔA					
回归方程			相关系数		

三、样品			
序号		1	2
$m_{初}/g$			
$m_{终}/g$			
m/g			
A			
$A_{背景}$			
ΔA			
$\rho_x(Zn)/(\mu g/mL)$			
$w/\%$			
$\overline{w}/\%$			

四、质控样			
$\rho_s/(\mu g/mL)$		不确定度	
A	$A_{背景}$	ΔA	
$\rho_{s测}(Zn)/(\mu g/mL)$		$\rho_{s原}(Zn)/(\mu g/mL)$	
检验人		复核人	

（四）任务评估（见表 7-16）

表 7-16　任务评价表　　　日期

评价指标	评价要素	等级评定	
		自评	教师评
溶液配制	配制方法 配制操作		
样品称量	天平使用 称量范围		
通气、点火	检查水封 检查漏气 气体压力设定		
数据测量	条件设置 测量顺序 校零检查		
结束工作	燃烧器清洗 关气顺序 电源关闭 填写仪器实验记录卡		
学习方法	预习报告书写规范		
工作过程	遵守管理规程 操作过程符合现场管理要求 出勤情况		
思维状态	能发现问题、提出问题、分析问题、解决问题		
自评反馈	按时按质完成工作任务 掌握了专业知识点		
经验和建议			
总成绩			

拓展知识 干扰及其消除方法

原子吸收检测中的干扰可分为四种类型，它们分别是：物理干扰、化学干扰、电离干扰和光谱干扰。

1. 物理干扰及其消除

物理干扰是指试样在转移、蒸发和原子化过程中物理性质（如黏度、表面张力、密度和蒸气压等）的变化而引起原子吸收强度下降的效应。物理干扰是非选择性干扰，对试样各元素的影响基本相同。物理干扰主要发生在试液提升过程、雾化过程和蒸发过程中。

消除物理干扰的主要方法是配制与被测试样相似组成的标准溶液。在试样组成未知时，可以采用标准加入法或选用适当溶剂稀释试液来减少和消除物理干扰。此外，调整撞击小球位置以产生更多细雾；确定合适的提升量等，都能改善物理干扰对结果产生的负效应。

2. 化学干扰

化学干扰是原子吸收光谱分析中的主要干扰。它是由于在样品处理及原子化过程中，待测元素的原子与干扰物质组分发生化学反应，形成更稳定的化合物，从而影响待测元素化合物的解离及其原子化，致使火焰中基态原子数目减少而产生的干扰。化学干扰是一种选择性干扰。例如 PO_4^{3-} 在高温时，与 Ca、Mg 生成难解离的磷酸盐或焦磷酸盐；硅、钛形成难解离的氧化物；钨、硼、稀土元素生成难解离的碳化物，从而使有关元素不能有效地原子化。消除化学干扰的方法如下。

（1）使用高温火焰

高温火焰使在较低温度火焰中稳定的化合物解离。如在空气-乙炔火焰中 PO_4^{3-} 对 Ca 测定有干扰，Al 对 Mg 的测定有干扰，如果使用氧化亚氮-乙炔火焰，可以提高火焰温度，消除这种干扰。

（2）加入释放剂

释放剂与干扰元素形成更稳定、更难解离的化合物，而将待测元素从原来难解离化合物中释放出来，使之有利于原子化，从而消除干扰。例如上述 PO_4^{3-} 干扰 Ca 的测定，当加入 $LaCl_3$ 后，干扰就被消除。因为 PO_4^{3-} 与 La^{3+} 生成更稳定的 $LaPO_4$，从而抑制了磷酸根对钙的干扰。

（3）加入保护配合剂

保护剂是能与待测元素形成稳定的但在原子化条件下又易于解离的化合物的试剂。例如加入 EDTA 可以消除 PO_4^{3-} 对 Ca^{2+} 的干扰，这是由于 Ca^{2+} 与 EDTA 配位后不再与 PO_4^{3-} 反应的结果。又如加入 8-羟基喹啉可以抑制 Al 对 Mg 的干扰，这是由于 8-羟基喹啉与铝形成螯合物，减少了铝的干扰。表 7-17 列出了部分常用的抑制干扰的试剂。

表 7-17　用于抑制化学干扰的一些试剂

试剂	类型	干扰元素	测定元素
La	释放剂	$Al,Si,PO_4^{3-},SO_4^{2-}$	Mg
Sr	释放剂	$Al,Be,Fe,Se,NO_3^-,PO_4^{3-},SO_4^{2-}$	Mg,Ca,Ba
Mg	释放剂	$Al,Si,PO_4^{3-},SO_4^{2-}$	Ca
Ba	释放剂	Al,Fe	Mg,K,Na
Ca	释放剂	Al,F	Mg
Sr	释放剂	Al,F	Mg

试剂	类型	干扰元素	测定元素
$Mg+HClO_4$	释放剂	Al,Si,P,SO_4^{2-}	Ca
$Sr+HClO_4$	释放剂	Al,B,P	Ca,Mg,Ba
Nd,Pr	释放剂	Al,B,P	Sr
Nd,Sm,Y	释放剂	Al,B,P	Ca,Sr
Fe	释放剂	Si	Cu,Zn
La	释放剂	Al,P	Cr
Y	释放剂	Al,B	Cr
Ni	释放剂	Al,Si	Mg
甘油高氯酸	保护剂	$Al,Tb,Fe,稀土,Si,B,Cr,Ti,PO_4^{3-},SO_4^{2-}$	Mg,Ca,Sr,Ba
NH_4Cl	保护剂	Al	Na,Cr
NH_4Cl	保护剂	$Sr,Ca,Ba,PO_4^{3-},SO_4^{2-}$	Mo
NH_4Cl	保护剂	Fe,Mo,W,Mn	Cr
乙二醇	保护剂	PO_4^{3-}	Ca
甘露醇	保护剂	PO_4^{3-}	Ca
葡萄糖	保护剂	PO_4^{3-}	Ca,Sr
水杨酸	保护剂	Al	Ca
乙酰丙酮	保护剂	Al	Ca
蔗糖	保护剂	P,B	Ca,Sr
EDTA	配合剂	Al	Mg,Ca
8-羟基喹啉	配合剂	Al	Mg,Ca
$K_2S_2O_7$	配合剂	Al,Fe,Ti	Cr
Na_2SO_4	配合剂	可抑制16种元素的干扰	Cr

（4）加入基体改进剂

在待测试液中加入某种试剂，使基体成分转变为较易挥发的化合物，或将待测元素转变为更加稳定的化合物，以便提高灰化温度和更有效地除去干扰基体，这种试剂称为基体改进剂。表7-18列出了部分常见的基体改进剂。

加入基体改进剂是消除石墨炉原子化法基体效应影响的重要措施。例如，汞极易挥发，加入硫化物生成稳定性较高的硫化汞，灰化温度可提高到300℃；测定海水中Cu、Fe、Mn时，加入NH_4NO_3，则NaCl转化为NH_4Cl，使其在原子化前低于500℃的灰化阶段除去。

表 7-18　分析元素与基体改进剂

分析元素	基体改进剂	分析元素	基体改进剂
Ag	镍，铂，钯	Cr	磷酸二氢铵
Al	硝酸镁，Triton X-100，氢氧化铁，硫酸铵	Fe	硝酸铵
As	镍，镁，钯	Ga	抗坏血酸
Au	Triton X-100+Ni，硝酸铵	Mn	硝酸铵，EDTA，硫脲
Be	钙，硝酸镁	Pb	硝酸铵，磷酸二氢铵，EDTA，硫脲
Bi	镍，EDTA/O_2，钯，镍	Se	硝酸铵，镍，铜，钼，铑，高锰酸钾/重铬酸钾
Cd	硝酸铵，磷酸二氢铵，硫化铵，磷酸铵，氟化铵	Tl	钙，镁，硝酸铵，EDTA

（5）化学分离干扰物质

若以上方法都不能有效地消除化学干扰时，可采用离子交换、沉淀分离、有机溶剂萃取等方法将待测元素与干扰元素分离开来，但是操作比较麻烦，而且容易引起沾污和损失。

化学分离法中有机溶剂萃取法应用较多，因为在萃取分离干扰物质的过程中，不仅可以去掉大部分干扰物，而且可以起到浓缩被测元素的作用。在原子吸收分析中常用的萃取剂多为醇、酯和酮类化合物。

上述各种方法若配合使用，则效果会更好。

3. 电离干扰及其消除

电离干扰是待测元素在形成自由原子后进一步失去电子电离成离子，而使基态原子数目减少，导致测定结果偏低的现象。电离干扰主要发生在电离电位较低的碱金属和部分碱土金属中。

消除电离干扰最有效的方法是在试液中加入一定量的比待测元素更易电离的其他元素（即消电离剂，如 CsCl）。由于加入的元素在火焰中强烈电离，产生大量电子，而抑制了待测元素基态原子的电离。例如测定钙时，适量加入钾盐溶液（钾和钙的电离电位分别为 4.34eV 和 6.11eV），可以有效地抑制钙的电离干扰。

一般来说，加入元素的电离电位越低，所加入的量可以越少。适宜的加入量由实验确定，加入量太大会影响吸收信号。当基体本身有消电离作用时，可采用标准加入法而不必另加消电离剂。

4. 光谱干扰及其消除

光谱干扰是由于分析元素吸收线与其他谱线或辐射不能完全分开而产生的干扰。光谱干扰包括谱线干扰和背景干扰两种，主要来源于光源和原子化器，也与共存元素有关。

（1）谱线干扰

谱线干扰有以下三种。

① 吸收线重叠　当共存元素吸收线与待测元素分析线波长很接近时，两谱线重叠，使测定结果偏高。这时应另选其他无干扰的分析线进行测定或预先分离干扰元素。

② 光谱通带内存在的非共振线干扰　光源发射待测元素多条特征谱线，通常选用最灵敏的第一共振线作为分析线。若分析线附近有单色器不能分离掉的待测元素的其他特征谱线，它们将会对测量产生干扰。这类情况常出现于谱线多的过渡元素。如镍的分析线（232.00nm）附近还有 231.6nm 等多条镍的特征谱线，这些谱线均能被镍原子吸收。由于其他谱线的吸收系数均小于分析线，从而导致吸光度降低，标准曲线弯曲。改善和消除这种干扰的方法是减小狭缝，使光谱带宽小到可以分开这种干扰。

③ 原子化器内直流发射干扰　为了消除原子化器内的直流发射干扰，可以对光源采用交流调制技术。

当采用锐线光源和交流调制技术时，谱线干扰一般可以不予考虑，主要考虑背景干扰。

（2）背景干扰

背景干扰是指在原子化过程中，由于分子吸收和光散射作用而产生的干扰。背景干扰使吸光度增加，因而导致测定结果偏高。

分子吸收是指在原子化过程中，生成的气体分子、氧化物、盐类分子或自由基等对待测元素的分析线产生吸收而引起的干扰。例如碱金属卤化物（KBr、NaCl、KI 等）在紫外区有很强的分子吸收；硫酸、磷酸在紫外区也有很强的吸收（盐酸、硝酸及高氯酸吸收都很小，因此原子吸收光谱法中应尽量避免使用硫酸和磷酸）。乙炔-空气、丙烷-空气等火焰在波长小于 250nm 的紫外区也有明显吸收。

光散射是指原子化过程中形成高度分散的固体微粒，当入射光照射在这些固体微粒上时产生了散射，而不能被检测器检测，导致吸光度增大。通常入射光波长越短，光散射作用越强，试液基体浓度越大，光散射作用也越严重。

在石墨炉原子吸收中，由于原子化过程中形成固体微粒和产生难解离分子的可能性比火焰原子化大，所以背景干扰比火焰原子化法严重，有时不扣除背景就无法进行测量。

消除背景干扰的方法有以下几种。

① 用邻近非吸收线校正背景　此法是 1964 年由 W. Slavin 提出来的。先用分析线测量待测元素吸收和背景吸收的总吸光度，再在待测元素吸收线附近另选一条不被待测元素吸收的谱线（称为邻近非吸收线）测量试液的吸光度，此吸收即为背景吸收。从总吸光度中减去邻近非吸收线的吸光度，就可以达到扣除背景吸收的目的。

邻近非吸收线可用同种元素的非吸收线，也可以用其他不同元素的非吸收线，见表 7-19。选用其他不同元素的非吸收线时，样品中不得含有该种元素。邻近非吸收线波长与分析波长越相近，背景扣除越有效。例如，Mg 的分析线为 285.2nm，可选用 Mg 的 281.7nm 非吸收线进行背景扣除。

表 7-19　常用于校正背景的非共振吸收线

分析线/nm	被测元素本身的非共振线	分析线/nm	其他元素的非共振线
Cd 228.8	Cd 226.5	Zn 213.9	Cu 213.6
Co 240.7	Co 238.3	Zn 213.9	Tl 214.3
Cu 324.7	Cu 296.1	Zn 213.9	Sb 217.6
Fe 248.3	Fe 251.1	Pb 217.0	Sb 217.6
Mg 285.2	Mg 281.7	Pb 283.3	Cr 283.5
Mn 279.5	Mn 257.6	Pb 283.3	Cr 283.9
Ni 232.0	Ni 231.6	Pd 247.6	Fe 247.3
Pb 217.0	Pb 220.4	Mg 285.2	Sn 286.3
Pb 283.3	Pb 280.0	Cu 324.7	In 325.6
Sb 217.5	Sb 215.2	Cd 228.8	Bi 227.7
Se 196.0	Se 198.1	Cd 326.1	In 325.6
V 318.4	V 319.6		
Zn 213.9	Zn 210.4		

② 用连续光源校正背景　此法是 1965 年由 S. R. Koirtyohann 提出来的。先用锐线光源（空心阴极灯）测量待测元素和背景吸收的吸光度总和，再用氘灯（紫外区）或碘钨灯、氙灯（可见光区）发出的连续光通过原子化器，在同一波长处测出背景吸收。此时待测元素的基态原子对氘灯连续的光谱的吸收可以忽略。因此当空心阴极灯和氘灯的光束交替通过原子化器时，背景吸收的影响就可以扣除，从而进行校正。由于商品仪器多采用氘灯为连续光源扣除背景，故此法也称氘灯扣除背景法。使用氘灯校正时，要调节氘灯光斑与空心阴极灯光斑完全重叠，并调节两束入射光能量相等。如图 7-26 所示。

③ 用自吸收效应校正背景　此法是 1982 年由 S. B. Smith 和 Jr. C. C. Hieftje 提出来的。自吸收效应校正背景法是基于高电流脉冲供电时空心阴极灯发射线的自吸效应。如果空心阴极灯在高电流下工作时，如果空心阴极灯内积聚的原子浓度足够高，其阴极发射的锐线会被灯内处于基态的原子吸收，发射线产生自吸，使发射的锐线变宽，在极端情况下出现谱线自蚀，这时测定的吸光度是背景吸收的吸光度。

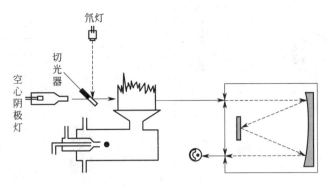

图 7-26　机械调制式氘灯背景校正原理示意

当以低电流脉冲供电时，空心阴极灯发射锐线光谱，测定的是待测元素原子吸收和背景吸收的总和，然后以高电流脉冲供电，使它在高电流下工作，再通过原子化器，测得背景吸收，将两次测得的吸光度数值相减，就可以扣除背景的影响。

此法的优点是使用同一光源，在相同波长下进行的校正，校正能力强，可用于全波段的背景校正。不足之处是长期使用此法会使空心阴极灯加速老化，降低测量灵敏度。此法特别适用于在高电流脉冲下共振线自吸严重的低温元素。

④ 塞曼效应校正背景　此法是 1969 年由 M. Prugger 和 R. Torge 提出来的。荷兰物理学家塞曼在 1896 年发现把产生光谱的光源置于足够强的磁场中，磁场作用于发光体使光谱发生变化，一条谱线即会分裂成几条偏振化的谱线，这种现象称为塞曼效应。塞曼效应校正背景是基于光的偏振特性，先利用磁场将吸收线分裂为具有不同偏振方向的组分，再用这些分裂的偏振组分来区别被测元素和背景吸收的一种背景校正法。

塞曼效应校正背景吸收分为光源调制法（也叫正向塞曼效应背景校正技术）和吸收线调制法（也叫反向塞曼效应背景校正技术）。光源调制法是将磁场加在光源上，吸收线调制法是将磁场加在原子化器上，目前主要应用的是吸收线调制法。调制吸收线的方式，有恒定磁场调制方式（见图 7-27）和可变磁场调制方式（见图 7-28），恒定磁场调制方式测定灵敏度比常规原子吸收法有所降低，可变磁场调制方式测定灵敏度已接近常规原子吸收法。

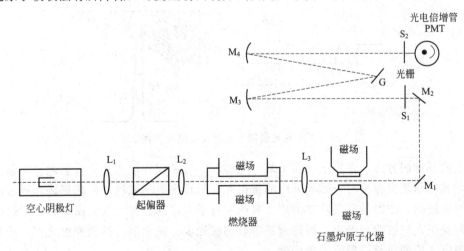

图 7-27　恒定磁场调制方式光路

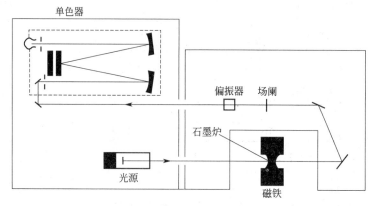

图 7-28　可变磁场调制方式光路

恒定磁场调制方式（见图 7-29）：在原子化器上施加一恒定磁场，磁场垂直于光束方向。在磁场作用下，吸收线分裂为 π 和 σ± 组分（实质是原子核外层电子能量简并能级在强磁场作用下产生分裂），前者平行于磁场方向，中心线与原来吸收线波长相同；后者垂直于磁场方向，波长偏离原来的吸收线波长。光源共振发射线通过起偏器后变为偏振光，随着起偏器的旋转，某一个时刻有平行于磁场方向的偏振光通过原子化器，吸收线 π 组分和背景产生吸收，测得原子吸收和背景吸收的总吸光度。在另一时刻有垂直于磁场的偏振光通过原子化器，不产生原子吸收，但仍有背景吸收，测得的是中心波长附近背景的吸光度（严格来说，如果 σ± 组分波长偏离原来的吸收线波长没有足够大，应该为背景吸光度叠加上一小部分 σ± 组分的原子吸收）。两次测得吸光度之差，便是校正了背景吸收之后的净原子吸收的吸光度。

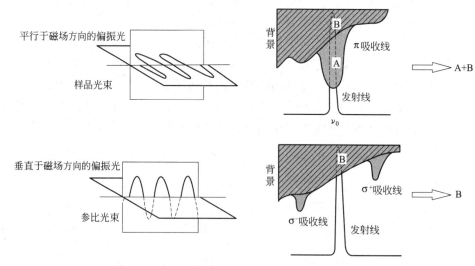

图 7-29　恒定磁场调制方式塞曼效应校正背景示意

可变磁场调制方式：在原子化器上加一电磁铁，后者仅在原子化阶段被激磁，偏振器是固定的，其作用是去掉平行于磁场方向的偏振光，只让垂直于磁场方向的偏振光通过原子蒸气。在零磁场时，测得的是吸收线的原子吸收和背景吸收的总吸光度。激磁时，通过的垂直于磁场的偏振光只被背景吸收，测得背景吸收的吸光度。两次测得的吸光度之差，便是校正了背景吸收之后的净原子吸收的吸光度。

塞曼效应校正背景的优点：仅用一个光源（氘灯扣除方式要两个光源），这样就可以保障样品光束和参比光束在同一个时间、同一个波长下观察到原子蒸气的同一个体积上，克服了背景校正的误差（氘灯扣除方式很难保证两个光束观察在同一个体积上，因为两束光很难完全拟合在一点）；可以在 190～900nm 的范围内的任何波长处实施背景扣除，而氘灯扣除范围仅在 190～350nm 的范围内有效，因为超出此范围氘灯便没有能量了；塞曼效应校正背景可以全波段进行，它可校正吸光度高达 1.5～2.0 的背景，而氘灯只能校正吸光度小于 1 的背景，因此塞曼效应背景校正的准确度比较高。塞曼效应校正背景是目前最为理想的背景校正法，许多较先进的原子吸收分光光度计都具有该自动校正功能。

但是塞曼效应校正背景也有不足之处，如：由于 $\sigma^{\pm}$ 组分的被舍弃使有效吸光度读值变小，当样品浓度过低时更加明显（但检测限并不变差）。而且随着永久磁场的逐渐衰减（注：这个衰减是个很长的时间过程）或样品浓度过高，$\sigma^{\pm}$ 组分逐渐向中心波长靠拢，$\sigma^{\pm}$ 组分的吸光度不等于 0，使得背景校正公式变为：$(A+B)-(B+\Delta A)=A'$，则 $A'<A$，灵敏度逐渐下降。

 **思考题**

一、填空题

1. GB/T 5009.14—2003 原子吸收法中规定谷类样品的处理是：称取 5.00～10.00g 置于 5mL 瓷坩埚中，小火炭化至（　　　　　　）后移入马弗炉中，（　　　　）℃±25℃灰化约（　　　）h 后，取出。

2. 通常用（　　　　　　）做质控样。

3. 原子吸收分光光度计测定标准系列的吸光度时，通常按浓度（　　　　　　　）的顺序，依次测定。

4. 关闭马弗炉时，要先（　　　　　　　　）再（　　　　　　　）。

5. 放入的样品量不能超过马弗炉内腔空间的（　　　　　　）。

6. 原子吸收检测中的干扰可分为四种类型，分别是（　　　　　　）、（　　　　　　）、（　　　　　　）和（　　　　　　）。

7. 背景干扰是指在原子化过程中，由于（　　　　　　）和（　　　　　　）而产生的干扰。

二、简答题

1. 在使用强腐蚀性酸、碱时，常用的人身防护措施有哪些？

2. 常用的背景干扰消除方法有哪几种？

任务五　撰写检测报告

任务引入

　　现在我们采集了相关数据，但是对于一个检测工作来说，客户需要的是检测结果，对我们这个检测来说，就是样品的含量，前面我们的工作如同在1后面加很多0，最后数据处理才是1，如果没有这个1，那么0再多也只是0。

任务目标

1. 会用标准曲线法处理数据。
2. 会判断检测数据的有效性。
3. 会撰写检测报告。
4. 说出原子吸收分光光度法的定量依据。

工作页

（一）任务分析

1. 明晰任务流程

线性回归 → 质控判断 → 样品计算 → 撰写报告

2. 任务难点分析
样品计算。

3. 条件需求与准备
计算机。

（二）任务实施

活动1　一元线性回归

1. 计算标准系列中锌的质量浓度，单位采用 $\mu g/mL$。

2. 以锌的质量浓度（作为自变量）对应吸光度值（作为因变量），计算一元线性回归方程。

3. 将结果填入任务五的表7-16。

 知识链接

1. 原子吸收与原子浓度的关系

当锐线光源强度及其他实验条件一定时，基态原子蒸气的吸光度与试液中待测元素的浓度及光程长度（火焰法中，指燃烧器的缝长）的乘积成正比。

即
$$A = Kbc \tag{7-5}$$

原子吸收光谱法中 b 通常不变，因此式(7-5) 可写为：

$$A = K'c \tag{7-6}$$

式中，K' 为与实验条件有关的常数，式(7-5) 和式(7-6) 即为原子吸收光谱法的定量依据。

2. 标准曲线法

标准曲线法简便，快速，适用于组成简单、无基体干扰下的样品分析。

其方法是：按有关标准的规定，在仪器可能的条件下，配制 5 个以上不同质量浓度的标准溶液，在规定仪器条件下，用试剂空白溶液调零，依次测定其吸光度值。以标准溶液质量浓度为横坐标，相应吸光度为纵坐标，绘制标准曲线。同时配制适当浓度的试样溶液，在上述条件下，测定吸光度值，根据测得的吸光度值，在标准曲线上查出试样溶液中待测元素的质量浓度（见图 7-30）。待测元素的质量浓度也可根据测定的吸光度用回归方程法计算。

确定试样溶液中待测元素的质量浓度之后，按照分析方法的规定，计算出样品中该元素的含量。

为了保证测定的准确度，测定时应注意以下几点。

（1）尽量消除试样溶液中的干扰。

（2）标准溶液与试样溶液的基体（指溶液中除待测组分之外的其他成分的总体）尽可能保持一致，以消除基体效应（基体效应是指试样中与待测元素共存的一种或多种组分所引起的干扰）。

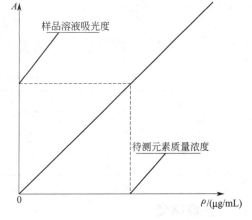

图 7-30　标准曲线法工作曲线

（3）在测量过程中要吸喷去离子水或空白溶液来校正零点漂移。

（4）由于燃气和助燃气流量变化会引起标准曲线斜率变化，因此每次分析都应重新绘制标准曲线。

（5）为了减少吸光度测定的误差，吸光度读数一般选在 0.1～0.6 之间。

（6）待测元素的质量浓度应在标准曲线线性范围内，并尽量位于标准曲线的中部。

活动 2　质控判断

1. 计算质控样浓度

根据质控样吸光度的平均值，代入回归方程求出含量。

2. 将结果填入任务四的表 7-15。

3. 判定

将质控样检测结果与质控样证书比较，如果超出其不确定度范围，则本次检测无效，需要重新进行检测，若没超出其不确定度范围，则本次检测有效。

 **知识链接**

检测结果质量控制

为确保检测结果数据的质量及可信度，使用有效的检测结果质量控制方法对检测结果进行质量控制，通过对检测结果进行监控、验证和评价，以确保检测活动的有效性和检测结果的准确性。使用有证标准物质（参考物质）是一种常用的质量控制方法。

 **活动3　样品计算**

1. 若质控样检测结果符合要求，则将试剂空白、试样溶液吸光度平均值代入回归方程求出质量浓度，然后计算原样品的质量分数。

2. 将结果填入任务四的表7-15。

@ 注意事项

通过回归方程求出的质量浓度是定容后用于测定吸光度的容量瓶中的质量浓度。

活动4　撰写报告（见表7-20）

表7-20　检验报告内页

抽样地点			样品编号	
检测项目	检测结果	限值	本项结论	备注
以下空白				

@ 注意事项

有效数字书写要符合检测标准的规定！

 **知识链接**

检测报告编写

1. 检测报告的内容

检测报告应包含客户要求的说明检测结果所必需的和所用方法要求的全部信息。一般应包括：

（1）报告标题（例如"检测报告"）；

（2）检测单位全称、地址、电话、邮政编码；进行检测的地点；

（3）检测报告的唯一性标识（如编号）、总页数及页数编号，必要时表明报告结束标识（以下空白）；

（4）委托单位、受检单位、生产单位名称和地址；

（5）采样地点（适用时）；

（6）采样基数、样品数量、检验样品的采样（到样）日期及生产日期（适用时）；

（7）检测样品唯一性标识；

（8）检测样品的特性及状态的描述（需要时）；

（9）检验类别；

（10）检验依据；

（11）检验日期；

（12）采用的检测方法的标识，或应用的任何非标准方法的明确描述以及涉及的采样程序、检测方法的偏离以及其他特定的检测有关的信息（用备注说明）；

（13）检验结论（适当时，使用法定计量单位）；

（14）编制人员签名、审核人员签名、批准人签名；

（15）当检测报告包含了由分包方所出具的检测结果时，这些结果应清晰标明，分包方应以书面或电子方式报告结果；

（16）适用时，作检测结果仅对检测样品有效的声明；在适当处注明本报告只对来样负责；

（17）未经本检测单位批准，不得部分复制报告的声明，声明内容包含检测报告复制的权限及复制报告的有效性；

（18）检测结果不确定度的估算和测量可溯源的证据（需要时）；

（19）检测环境条件（需要时）等；

（20）必要时，有关采样位置、采样计划和程序、采样过程中可能影响检测结果解释的环境条件的信息、与采样方法或程序有关的标准或规范，以及对这些规范的偏离、增添或删节；

（21）特定方法、客户或客户群体要求的附加信息等。

2. 检测报告内容的编写要求

（1）检测依据、检测项目、实测值、单项结论等，根据原始记录填写。

（2）检测报告的各栏目应全部填写，无内容的栏目一般用"/"表示，不适用的栏目一般用"—"表示，不得空缺。

（3）检测报告可附以必要的图片、图表等，如使用计算机采集和计算的检测数据，可将计算机打印的结果数据复印件，附在检测报告后，作为检测报告内容的一部分。

（4）检测报告用计算机打印要求字迹清晰、内容完整、数据准确、结论正确，不允许有任何更改。

（5）检测报告上的数据，应为经有效数据修约后的最终形式，检测数据的有效位数和误差表达方式，应符合检测标准、规范的规定，计量单位均应采用法定计量单位（客户有特殊要求时应用"加注"的方式给出）。

（6）检测报告的签名应使用能长期清晰保存笔迹的记录笔（如水笔）或电子签名。

（三）任务评估（见表7-21）

表 7-21　任务评价表　　　　　日期

评价指标	评价要素	等级评定	
		自评	教师评
回归方程	自变量、因变量的选择 分辨斜率、截距		
质控判断	质控浓度计算 检测有效性判断		

评价指标	评价要素	等级评定	
		自评	教师评
样品计算	从回归方程计算浓度 样品质量分数 计算过程 有效数字		
撰写报告	无空项 有效数字符合标准规定		
学习方法	预习报告书写规范		
工作过程	遵守管理规程 操作过程符合现场管理要求 出勤情况		
思维状态	能发现问题、提出问题、分析问题、解决问题		
自评反馈	按时按质完成工作任务 掌握了专业知识点		
经验和建议			
	总成绩		

拓展知识　原子吸收测量的定量关系

（1）积分吸收

原子吸收光谱产生于基态原子对特征谱线的吸收。在一定条件下，基态原子数 N_0 正比于吸收曲线下面所包括的整个面积，即积分吸收，以数学式表示为 $\int_0^\infty K_\nu d\nu$。

积分吸收可由下式表示：

$$\int_0^\infty K_\nu d\nu = aN_0$$

对于一定的元素，a 为一常数。

当喷雾速度等实验条件恒定时，基态原子数 N_0 与试液浓度成正比，即 $N_0 \propto c$。因此，

$$\int_0^\infty K_\nu d\nu = kc \tag{7-7}$$

式(7-7)表明在一定实验条件下，基态原子蒸气的积分吸收与试液中待测元素的浓度成正比。因此，如果能准确测量出积分吸收，就可以求出试液的浓度。然而要测出宽度只有 $10^{-3} \sim 10^{-2}$ nm 吸收线的积分吸收，就要采用高分辨率的单色器，在目前技术条件下，还难以做到。所以原子吸收法无法通过测量积分吸收求出被测元素的浓度。

（2）峰值吸收

1955 年，澳大利亚物理学家 A.Walsh 以锐线光源为激发光源，用测量峰值吸收的方法来替代积分吸收。

所谓锐线光源是指光源发射线的半宽度（$\Delta\nu$ 为 $0.0005 \sim 0.002$ nm）明显小于吸收线的半宽度，且通过原子蒸气的发射线的中心频率恰好与吸收线的中心频率相重合（见图7-31）。

为了使通过原子蒸气的发射线中心频率恰好与吸收线的中心频率相同，通常用待测元素的纯物质作为锐线光源的阴极，这样发射与吸收为同一物质，产生的发射线与吸收线中心频

率完全相同，可以实现峰值吸收。

在通常的原子吸收分析条件下，若吸收线的轮廓主要取决于多普勒变宽，则峰值吸收系数 K_0 与基态原子数 N_0 存在如下关系：

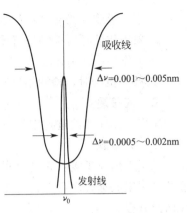

图 7-31　峰值吸收测量示意

$$K_0 = \frac{N_0}{\Delta \nu_D} \times \frac{2\sqrt{\pi \ln 2}\, e^2 f}{mc}$$

当温度等实验条件恒定时，对给定元素，$\dfrac{2\sqrt{\pi \ln 2}\, e^2 f}{\Delta \nu_D mc}$ 为常数，而且 $N_0 \propto c$，因此

$$K_0 = k'c \tag{7-8}$$

式(7-8)表明，在一定实验条件下，基态原子蒸气的峰值吸收系数与试液中待测元素的浓度成正比。因此可以通过峰值吸收的测量进行定量分析。

（3）原子吸收与原子浓度的关系

虽然峰值吸收 K_0 与试液浓度在一定条件下成正比关系，但在实际测量过程中并不是直接测量 K_0 值的大小，而是通过测量基态原子蒸气的吸光度并根据吸收定律进行定量的。

当频率为 ν、入射光通量为 Φ_0，平行光，垂直通过光程为 b 的均匀基态原子蒸气时，基态原子蒸气会对其产生吸收，光通量减小为 Φ_{tr}（见图 7-32）。

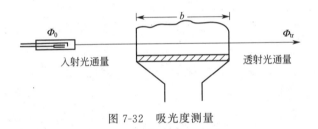

图 7-32　吸光度测量

根据光吸收定律，$\Phi_{tr} = \Phi_0 e^{-K_\nu b}$

则

$$A = \lg \frac{\Phi_0}{\Phi_{tr}} = K_\nu b \lg e$$

当发射线的半宽度远小于吸收线的半宽度时，在积分界限内可以认为 K_ν 为常数，并近似等于 K_0，此时

$$A = K_0 b \lg e$$

根据式(7-8)得　　　　　　　　　$A = k'cb \lg e$

当实验条件一定时，$k' \lg e$ 为一常数，令其为 K

则　　　　　　　　　　　　　　　$A = Kcb \tag{7-9}$

思考题

一、填空题

1. 在原子吸收光谱分析法中，要求标准溶液和试液的组成尽可能相似，且在整个分析过程中操作条件应保持不变的分析方法是（　　　　　）。

2. 原子吸收分光光度法的定量依据是（　　　　　）。

3. 采用质控样对检测进行质控的判断方法是（　　　　　　　　）。

4. 工作曲线法适用于（　　　　　　　　　　　）。

5. 撰写报告时，检测结果有效数字书写应该按照（　　　　　）。

二、简答题

应用工作曲线法进行定量时，需要注意哪些事项？

三、计算题

采用火焰原子吸收光谱法测定钢样中的铜时，吸取不同体积的 $50.0\mu g/mL$ 的铜工作标液经过一定处理程序后定容为 $100mL$，得到如下检测数据，求铜含量对应吸光度的一元线性回归方程。

V_s/mL	0.00	1.00	2.00	3.00	4.00
A	0.005	0.069	0.129	0.190	0.245

项目八

火焰原子吸收分光光度法测定化学试剂无水乙酸钠中的镁

 项目导航

　　无水乙酸钠是白色粉末。有吸湿性。易溶于水，溶于乙醇。可用作有机合成以及摄影药品、医药、印染媒染剂、缓冲剂、化学试剂、肉类防腐、颜料、鞣革等许多方面。

　　化学试剂无水乙酸钠有 10 余个检测指标，镁是其中之一。检测方法采用标准加入法。对深入掌握原子吸收分光光度法定量方法很有帮助。本项目共包括三个工作任务。

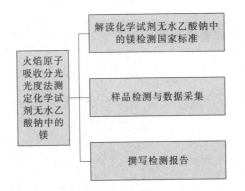

 资源链接

1. GB/T 694—1995 化学试剂 无水乙酸钠
2. GB/T 9723—2007 化学试剂 火焰原子吸收光谱法通则
3. GB 9723—88 化学试剂 火焰原子吸收光谱法通则
4. GB 11905—1989 水质 钙和镁的测定 原子吸收分光光度法
5. GB/T 8170—2008 数值修约规则与极限数值的表示和判定

任务一 解读化学试剂无水乙酸钠中的镁检测国家标准

 **任务引入**

　　作为检测机构，我们应该严格按照国家标准的要求进行检测，但是由于国家标准有修订或更新，在查阅检测标准时要注意查找符合要求的有效版本，今天我们的任务是检测化学试剂"无水乙酸钠"中镁的含量，请大家仔细阅读《GB/T 694—1995 化学试剂 无水乙酸钠》，查找标准中规定的镁的检测方法，并确认所需的仪器和试剂。

 **任务目标**

1. 会查找方法检测限和精密度。
2. 会确认所需的仪器。
3. 会确认所需的试剂。

 **工作页**

（一）任务分析

1. 明晰任务流程

阅读与查找标准 → 仪器确认 → 试剂确认 → 安全防护

2. 任务难点分析

查找相关标准。

3. 条件需求与准备

（1）《GB/T 694—1995 化学试剂 无水乙酸钠》

（2）仪器

① 原子吸收分光光度计。

② 镁空心阴极灯。

（3）试剂

① 盐酸：优级纯。

② 氧化镁：光谱纯。

（二）任务实施

活动1 阅读与查找标准

仔细阅读《GB/T 694—1995 化学试剂 无水乙酸钠》，找出本方法的适用范围、检测下限、干扰、方法原理、精密度和准确度等内容，并列出所需的其他相关标准。将查找结果填入表8-1。

@ 注意事项

1.《GB/T 694—1995 化学试剂 无水乙酸钠》未列出详细的镁元素检测方法，需根据标准中的提示查找相关的标准找出检测方法。

2. 通常情况下，相关标准应该查阅当前有效版本。若当前有效版本不能符合检测方法要求，则需要查找该检测方法制定时的有效版本。如《GB/T 694—1995 化学试剂 无水乙酸钠》4.3.6.2规定镁的测定方法需要依据GB/T 9723中6.2.2条的规定，但《GB/T 9723—2007 化学试剂 火焰原子吸收光谱法通则》无此规定，而查找《GB 9723—88 化学试剂 火焰原子吸收光谱法通则》即可得到所需信息。

3. 有时需要查阅类似检测标准查阅部分本标准缺少的信息。如《GB/T 694—1995 化学试剂 无水乙酸钠》查不到火焰原子吸收光谱法测定镁的检测限、精密度等信息，可通过查阅《GB 11905—1989 水质 钙和镁的测定 原子吸收分光光度法》得到。

活动2 仪器确认

依据查阅的标准，确认所需的各种仪器是否齐全，是否满足标准的要求。将确认结果填入表8-1。

活动3 试剂确认

按标准要求确认所需的试剂种类、纯度、数量上是否满足要求，并确认实验室提供的纯水等级是否满足需要。将确认结果填入表8-1。

活动4 安全防护

查找本项目实施过程中可能存在的安全隐患，并提出预防与防护措施。将查找结果填入表8-1。

（三）任务数据记录（见表8-1）

表8-1 解读检测方法的原始记录

记录编号			
一、阅读与查找标准			
方法原理			
相关标准			
检测限			
准确度		精密度	

二、标准内容			
适用范围		限值	
定量公式		性状	
样品处理			
操作步骤			
三、仪器确认			
所需仪器			检定有效日期
四、试剂确认			
试剂名称	纯度	库存量	有效期
五、安全防护			
确认人		复核人	

（四）任务评估（见表 8-2）

表 8-2　任务评价表　　　　日期

评价指标	评价要素	等级评定	
		自评	教师评
阅读与查找标准	标准名称 相关标准的完整性 适用范围 检验方法 方法原理 试验条件 检测主要步骤 检测限 准确度 精密度		
仪器确认	仪器种类 仪器规格 仪器精度		
试剂确认	试剂种类 试剂纯度 试剂数量		
安全	设备安全 人身安全		
总成绩			

 思考题

一、填空题

1.《GB/T 602—2002 化学试剂 杂质测定用标准溶液的制备》规定，杂质测定用标准溶

液，在常温（15～25℃）下，保存期一般为（　　　　）个月，当出现（　　　）、（　　　　）或（　　　　　　）等现象时，应重新制备。

2. 杂质测定用标准溶液的量取体积应在（　　　　　）～（　　　　　）mL 之间。

3. 通过查阅《GB/T 694—1995 化学试剂 无水乙酸钠》及相关标准可以得出，该标准规定镁的检测采用的仪器分析方法名称是（　　　　　　　　　　　　　　），定量方法是（　　　　　　　　　　）。

4. 《GB/T 694—1995 化学试剂 无水乙酸钠》没有给出镁标准溶液的制备方法，检测时可通过查阅代号为（　　　　　　　）的国家标准得到。

5. 《化学试剂 火焰原子吸收光谱法通则》目前现行有效的版本代号为（　　　　　）。

6. 通过查阅代号为（　　　　　　　）的国家标准可知，火焰原子吸收分光光度法测定镁的水溶液检测限为（　　　　）mg/L，测定范围为（　　　　　　　　）mg/L。

7. 由《GB/T 694—1995 化学试剂 无水乙酸钠》可知，无水乙酸钠（分析纯）镁的质量分数不大于（　　　　）；检测时取样量为（　　　　）g，定容体积由《GB/T 9723》可知为（　　　）mL，则合格的无水乙酸钠（分析纯）镁的质量浓度应不超过（　　　）μg/mL。

二、简答题

1. 简述火焰原子吸收光谱法测定"化学试剂 无水乙酸钠"中镁元素的实验原理。

2. 试推导《GB/T 694—1995 化学试剂 无水乙酸钠》中火焰原子吸收光谱法测定镁的计算公式。

任务二　样品检测与数据采集

前面我们查阅了相关标准，得到了无水乙酸钠中镁的检测方法，但是却没有详细步骤，为检测工作带来了一定困难，不过大家认真按照本任务的步骤训练后，不仅可以完美地掌握此方法，而且会有很大的理论收获，为以后的检测工作打下扎实的基础。

 **任务目标**

1. 会填写原始记录表格。
2. 会配制所需的标准溶液。
3. 会样品处理。
4. 会选择标准加入法测定。
5. 会带质控样检测。

 **工作页**

（一）任务分析

1. 明晰任务流程

溶液配制 → 样品处理 → 标系配制 → 开机预热、点火 → 数据测定 → 关机 → 数据处理

2. 任务难点分析

镁工作标准溶液质量浓度的确定。

3. 条件需求与准备

（1）仪器

① 原子吸收分光光度计。

② 镁空心阴极灯。

（2）试剂

① 盐酸：优级纯。

② 镁标准溶液（0.1000 mg/mL）：称取 0.166g 于 800℃±50℃ 灼烧至恒重的光谱纯氧化镁，溶于 2.5mL 盐酸（$\rho_{20}=1.18g/mL$）及少量水中，移入 1000mL 容量瓶中，稀释至刻度，保存于聚乙烯瓶中。

（二）任务实施

活动1 标液配制

配制镁标准使用液

针对待检测样品乙酸钠的纯度，根据《GB/T 694—1995 化学试剂 无水乙酸钠》、《GB/T 9723 化学试剂 火焰原子吸收光谱法通则》、《GB 11905—1989 水质 钙和镁的测定 原子吸收分光光度法》和标准加入法的要求，通过严密计算，用纯水为溶剂，配制合适质量浓度的镁标准使用液。将结果填至表 8-3。

例：

检测优级纯无水乙酸钠，镁标准使用液浓度应该配制多少为宜？（以首次加入镁标准使用液的体积 10mL 计算）

检测优级纯无水乙酸钠，《GB/T 694—1995 化学试剂 无水乙酸钠》中合格标准是镁质量分数不大于 0.0005％。而标准中规定的检测方法主要稀释过程是：称取 10g 试样，处理后定容至 100mL，然后从中吸取 20.00mL，最后处理后定容为 100mL。则合格产品中，镁的质量浓度最高为：

$$\rho_x=\frac{0.0005\%\times10g}{100mL}\times\frac{20mL}{100mL}=1\times10^{-7}g/mL=0.1\mu g/mL$$

标准加入法要求首次加入的标准溶液应和试样溶液浓度大致相同，即 $\rho_0\approx\rho_x$，假设加入 10mL，则要求镁标准使用液的质量浓度为：

$$\rho_s=0.1\mu g/mL\times\frac{100mL}{10mL}=1\mu g/mL$$

而由《GB 11905—1989 水质 钙和镁的测定 原子吸收分光光度法》可知，镁的检测限为 $0.002\mu g/mL$。

因为 $20\times0.002\mu g/mL=0.04\mu g/mL<0.1\mu g/mL$

即加入的标准溶液浓度 ρ_0 大于镁元素检测限的 20 倍，符合标准加入法的要求。

知识链接 标准加入法

当试样中共存物不明或基体复杂而又无法配制与试样组成相匹配的标准溶液时，使用标准加入法进行分析是合适的。

其方法是：按有关标准的规定，在仪器可能的条件下，分别吸取等量的待测试样溶液 4

份以上于同规格容量瓶中，第一份不加标准溶液，其他几份分别加入成比例的标准溶液，加入其他辅助试剂后定容，通常质量浓度分别为 ρ_x、$\rho_x + \rho_0$、$\rho_x + 2\rho_0$、$\rho_x + 3\rho_0$······。在规定仪器条件下，用试剂空白溶液调零，依次测定其吸光度值。以加入标准溶液定容后的质量浓度为横坐标，相应吸光度为纵坐标，绘制曲线，将曲线反向延长与横轴相交，交点即为定容后待测元素的质量浓度（见图8-1）。待测元素的质量浓度也可根据测定的吸光度用回归方程法计算。

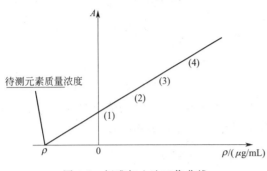

图 8-1　标准加入法工作曲线

确定试样溶液中待测元素的质量浓度之后，按照分析方法的规定，计算出样品中该元素的含量。

使用标准加入法的注意事项如下。

（1）加入标准溶液的量不能使待测元素的总量落入标准曲线的非线性范围内。

（2）至少应采用 4 点（包括试样溶液本身）来绘制外推曲线，同时首次加入的标准溶液应和试样溶液浓度大致相同，即 $\rho_0 \approx \rho_x$，但不得低于该元素检测限的 20 倍（在试样溶液浓度很低时尤其需要注意）。

（3）标准加入法可以消除部分基体效应带来的影响，并在一定程度上消除了化学干扰和电离干扰，但不能消除背景干扰。因此只有在扣除背景之后，才能得到待测元素的真实含量，否则将使测量结果偏高。

（4）标准加入法不能校正存在相对系统误差的基体，即试样的基体效应不得随被测元素与干扰组分含量比值的改变而改变。

活动 2　样品处理及空白溶液的配制

1. 样品处理

准确称取 10g 试样，溶于水，加 4mL 盐酸（$\rho_{20} = 1.18\text{g/mL}$），用纯水定容至 100mL。

2. 空白溶液的配制

量取与试样处理相同量的盐酸，按同一操作方法配制空白溶液。

3. 将数据填至表 8-3。

活动 3　配制标准系列溶液和质控样

1. 从活动 2 样品溶液中准确吸取 4 份 20.00mL 试样溶液于 4 只 100mL 容量瓶中，分别加入镁标准工作溶液 0.00mL、0.50mL、1.00mL、1.50mL，以水稀释至刻度，混匀。同时吸取 20.00mL 试剂空白于另一只 100mL 容量瓶中定容，作校零用空白溶液。

2. 按质控样证书的要求，配制质控样。然后吸取相当于 20mL 试样溶液中的镁质量（计算方法参考例一）的质控样，同试样溶液一样采用标准加入法测定。

3. 将数据填至表 8-3。

活动 4　开机预热、点火

1. 开机前检查

检查实验室环境条件、仪器各部件、气路连接和水封等。

2. 开机、通气点火

打开工作站，选择工作灯镁灯，设置优化后的测量条件，仪器进入初始化。等待预热稳定后，打开空气压缩机，调节其出口压力为 0.2～0.25MPa，打开乙炔钢瓶，调节其出口压力为 0.07MPa，即可点火。

✎ 活动 5　数据测定

1. 打开"氘灯"背景校正。

2. 标准系列测定

用空白溶液校零后，按浓度从低到高的顺序，依次将各容量瓶中溶液导入调至最佳条件的火焰原子化器进行测定。

3. 质控样测定

与标准系列测定方法相同。

4. 将数据填至表 8-3。

✎ 活动 6　关机和结束工作

1. 任务完毕，先把进样管放到二次蒸馏水或去离子水中吸喷 5min，然后把进样管拿出在空气中空烧 2min；

2. 关闭乙炔气瓶总阀烧掉管内残留气，让火自动熄灭；

3. 选择主菜单"文件"/"退出"，关闭 AAWin 系统，关闭计算机；

4. 关闭主机电源及计算机电源；

5. 断开空气压缩机电源，放掉空压机中的气体；

6. 关闭排气罩；

7. 关闭电源总开关；

8. 清理实验工作台，填写仪器使用记录。

（三）任务数据记录（见表 8-3）

表 8-3　化学试剂无水乙酸钠中镁的检测原始记录

记录编号			
样品名称		样品编号	
检验项目		检验日期	
检验依据		判定依据	
温度		相对湿度	
检验设备(标准物质)及编号			
仪器条件：光谱带宽 _____nm　　积分时间_____s 灯电流_____mA　　　　　燃烧器高度_____mm 乙炔流量_____　　　　　　空气流量_____ 背景校正方式_____			
一、标液配制			
溶液名称	浓度/(μg/mL)	配制方法	
镁标准使用液			

二、样品称量及标准系列溶液					
$m_{初}/g$		$m_{终}/g$		m/g	
$V_{定容}/mL$			$V_{吸取}/mL$		20.00
V_s/mL	0.00	0.50		1.00	1.50
$\rho_s(Mg)/(\mu g/mL)$					
A					
$A_{背景}$					
ΔA					
回归方程			相关系数		
$\rho_x(Mg)/(\mu g/mL)$			$w/\%$		
三、质控样系列溶液					
$\rho_s/(\mu g/mL)$		不确定度		$V_{吸取}/mL$	
V_s/mL	0.00	0.50		1.00	1.50
$\rho_s(Mg)/(\mu g/mL)$					
A					
$A_{背景}$					
ΔA					
回归方程			相关系数		
$\rho_{s测}(Mg)/(\mu g/mL)$			$\rho_{s原}(Mg)/(\mu g/mL)$		
检验人			复核人		

（四）任务评估（见表 8-4）

表 8-4　任务评价表　　　日期

评价指标	评价要素	等级评定	
		自评	教师评
标液配制	计算思路 计算结果		
样品称量	天平使用 称量范围		
通气、点火	检查水封 检查漏气 气体压力设定		
数据测量	条件设置 测量顺序 校零检查		
结束工作	燃烧器清洗 关气顺序 电源关闭 填写仪器实验记录卡		
学习方法	预习报告书写规范		

评价指标	评价要素	等级评定	
		自评	教师评
工作过程	遵守管理规程 操作过程符合现场管理要求 出勤情况		
思维状态	能发现问题、提出问题、分析问题、解决问题		
自评反馈	按时按质完成工作任务 掌握了专业知识点		
经验和建议			
总成绩			

拓展知识 高精密度比例法

原子吸收分光光度法定量方法除了标准曲线法、标准加入法外，还有高精密度比例法。高精密度比例法只用于用其他方法能引进较大的稀释误差的高浓度试样。

其方法是：配制质量浓度分别比试样溶液质量浓度高 5% 和低 5% 的两份标准溶液，按测定条件，吸喷较低浓度的标准溶液，调节读数系统使吸光度值为零或低读数值；吸喷较高浓度的标准溶液，将标尺扩展到读数较大。重新吸喷低浓度标准溶液，并重新调节到低读数，依次测定低浓度标准溶液、试样溶液和高浓度标准溶液，重复测定三次，得到三组读数，取每组读数值的平均值，按下式计算样品溶液的质量浓度：

$$\rho_x = \rho_1 + \frac{\rho_2 - \rho_1}{A_2 - A_1} \times (A_x - A_1)$$

式中 ρ_x、ρ_1、ρ_2——试样溶液、低质量浓度、高质量浓度标准溶液的浓度；

A_x、A_1、A_2——试样溶液、低质量浓度、高质量浓度标准溶液的吸光度。

 思考题

一、填空题

1. 当试样中（ ）时，使用标准加入法进行分析是合适的。

2. 标准加入法至少应采用（ ）点（包括试样溶液本身）来绘制外推关系曲线。

3. 标准加入法可以消除部分（ ）带来的影响，并在一定程度上消除了化学干扰和电离干扰，但不能消除（ ）干扰。

4. 标准加入法首次加入标准溶液应（ ），但不得低于该元素检测限的（ ）倍。

二、计算题

称取镁质量分数约为 0.001% 的未知样 10g，溶解后定容为 100mL，从中吸取 10.00mL 进行原子吸收分光光度法标准加入法定量，定容体积为 100mL。若镁的检测限为 0.002 mg/L，要求第一份加入标准使用溶液的体积为 0.50mL，求应配制的镁标准使用溶液的质量浓度。

任务三 撰写检测报告

任务引入

检测工作是客户的眼睛。对客户来说，一般不会关心你检测的过程，他们只需要结果，我们数据做得再好，要是把结果计算错误或者在给客户的检测报告上书写错误，那这次检测工作就是完全失败的，如果客户因为错误的检测报告造成了损失，我们是需要承担赔偿责任的。

任务目标

1. 会标准加入法处理数据。
2. 会判断检测数据有效性。
3. 会撰写检测报告。

工作页

（一）任务分析

1. 明晰任务流程

线性回归 → 质控判断 → 样品计算 → 撰写报告

2. 任务难点分析

样品计算。

3. 条件需求与准备

计算机。

（二）任务实施

活动 1　一元线性回归

1. 计算标准系列中加入的镁的质量浓度，单位采用 $\mu g/mL$。
2. 以加入的镁的质量浓度对应吸光度值，计算一元线性回归方程。
3. 将结果填入任务二的表 8-3。

注意事项

1. 标准加入法工作曲线横坐标是加入的待测元素标准溶液的质量浓度，而不是待测元素的总质量浓度。
2. 试样和质控样各有一个回归方程。

活动 2　质控判断

1. 计算质控样浓度

根据质控样的回归方程，代入 $A=0$，即可算出质控样质量浓度。

2. 将结果填入任务二的表 8-3。
3. 判定

将质控样检测结果与质控样证书比较，如果超出其不确定度范围，则本次检测无效，需要重新进行检测，若没超出其不确定度范围，则本次检测有效。

注意事项

标准加入法工作曲线外推得到的数值，需要取绝对值才是待测组分的质量浓度。

活动 3　样品计算

1. 若质控样检测结果符合要求，则根据试样的回归方程，代入 $A=0$，求出试样的质量浓度，然后计算原样品的质量分数。
2. 将结果填入任务二的表 8-3。

注意事项

通过回归方程求出的试样质量浓度是定容后用于测定吸光度的容量瓶中的质量浓度。

活动 4　撰写报告（见表 8-5）

表 8-5　检验报告内页

抽样地点			样品编号	
检测项目	检测结果	限值	本项结论	备注
以下空白				

注意事项

当测试或计算精度允许时，应先将获得的数值按指定的修约数位多一位或几位报出，并且标明它是经舍、进或未进未舍而得，以便于客户比较判定产品等级。

（三）任务评估（见表 8-6）

表 8-6　任务评价表　　　　　日期

评价指标	评价要素	等级评定	
		自评	教师评
回归方程	自变量、因变量的选择 分辨斜率、截距		
质控判断	质控浓度计算 检测有效性判断		
样品计算	从回归方程计算浓度 样品质量分数 计算过程 有效数字		
撰写报告	无空项 有效数字符合标准规定		
学习方法	预习报告书写规范		
工作过程	遵守管理规程 操作过程符合现场管理要求 出勤情况		
思维状态	能发现问题、提出问题、分析问题、解决问题		
自评反馈	按时按质完成工作任务 掌握了专业知识点		
经验和建议			
	总成绩		

拓展知识　极限数值的表示和判定

在分析检验工作中，分析检验者都要对原料、产品作出合格与否的判定，判定的依据是该产品所执行的标准中规定的指标数值，而这些指标数值往往是极限数值，也就是数值范围的界限。

1. 表示极限数值的用语

极限值是判定产品是否合格的依据，因此对于它的符号、表述的用语及其含义应有统一的规定，否则在执行标准时会引起误解或分歧。

（1）表达极限数值的基本用语及符号

极限数值的基本用语为大于、小于、大于或等于、小于或等于 4 个，它们的符号、含义见表 8-7

表 8-7　表达极限数值的基本用语及符号

基本用语	符号	特定情形下的基本用语		极限数值是否符合标准要求
大于 A	$>A$	多于 A	高于 A	测定值或计算值恰好为 A 值时不符合标准要求
小于 A	$<A$	少于 A	低于 A	测定值或计算值恰好为 A 值时不符合标准要求

基本用语	符号	特定情形下的基本用语			极限数值是否符合标准要求
大于或等于 A	$\geqslant A$	不小于 A	不少于 A	不低于 A	测定值或计算值恰好为 A 值时符合标准要求
小于或等于 A	$\leqslant A$	不大于 A	不多于 A	不高于 A	测定值或计算值恰好为 A 值时符合标准要求

注：1. A 为极限数值。

2. 允许采用以下习惯用语表达极限数值：

(1) "超过 A"，指数值大于 A（$>A$）；

(2) "不足 A"，指数值小于 A（$<A$）；

(3) "A 及以上"或"至少 A"，指数值大于或等于 A（$\geqslant A$）；

(4) "A 及以下"或"至多 A"，指数值小于或等于 A（$\leqslant A$）。

例1：钢中磷的残量 $<0.035\%$，$A=0.035\%$。

例2：钢丝绳抗拉强度 $\geqslant 22\times 10^2$ MPa，$A=22\times 10^2$ MPa。

(2) 基本用语可以组合使用，表示极限值范围。

对特定的考核指标 X，允许采用下列用语和符号（见表8-8）。同一标准中一般只能使用一种符号表示方式。

表8-8　允许采用的表达极限数值的组合用语及符号

组合基本用语	组合允许用语	符号			极限数值是否符合标准要求
		表示方式Ⅰ	表示方式Ⅱ	表示方式Ⅲ	
大于或等于 A 且小于或等于 B	从 A 到 B	$A\leqslant X\leqslant B$	$A\leqslant\bullet\leqslant B$	$A\sim B$	A 符合 B 符合
大于 A 且小于或等于 B	超过 A 到 B	$A<X\leqslant B$	$A<\bullet\leqslant B$	$>A\sim B$	A 不符合 B 符合
大于或等于 A 且小于 B	至少 A 不足 B	$A\leqslant X<B$	$A\leqslant\bullet<B$	$A\sim<B$	A 符合 B 不符合
大于 A 且小于 B	超过 A 不足 B	$A<X<B$	$A<\bullet<B$	—	A 不符合 B 不符合

2. 测定值或其计算值与标准规定的极限数值作比较的方法

在出具检验报告单时，要求对测量值或其计算值与执行的标准规定的极限数值作比较，以便对产品作出是否符合标准要求的判定，比较的方法有全数值比较法和修约值比较法两种。

全数值比较法是将测试所得的测定值或计算值不经修约处理（或虽经修约处理，但应标明它是经舍、进或未进未舍而得），用该数值与规定的极限数值作比较，只要超出极限数值规定的范围（不论超出程度大小），都判定为不符合要求。

修约值比较法是将测定值或其计算值按数值修约规则进行修约，修约数位应与规定的极限值数位一致，将修约后的数值与规定的极限数值进行比较，只要超出极限数值规定的范围（不论超出程度大小），都判定为不符合要求。

全数值比较法比修约值比较法相对严格。当标准或有关文件中，若对极限数值无特殊规定时，均应使用全数值比较法。如规定采用修约值比较法，应在标准中加以说明。

两比较法的实例见表8-9。

表 8-9　全数值比较法和修约值比较法在标准中判定实例

项目	指标	测量值或计算值	全数值比较法		修约值比较法	
			可写成	是否符合标准	修约值	是否符合标准
氮含量/% ≥	46.0	45.95	46.0(−)	不符合	46.0	符合
		45.45	45.4(+)	不符合	45.4	不符合
		46.01	46.0(+)	符合	46.0	符合
水分含量/% ≤	1.0	1.05	1.0(+)	不符合	1.0	符合
		0.95	1.0(−)	不符合	1.0	符合
		0.94	0.9(+)	不符合	0.9	不符合
酸不溶物/% ≤	0.004	0.00451	0.005(−)	不符合	0.005	不符合
		0.00351	0.004(−)	符合	0.004	符合
		0.00350	0.004(+)	符合	0.004	符合
		0.00445	0.004(+)	不符合	0.004	符合

填空题

1. 标准加入法的理论依据是（　　　　　　　　　　）。

2. 标准加入法工作曲线的横坐标是（　　　　　　　　），纵坐标是（　　　　　　　　　）。

3. 通常情况下，可以采用（　　　　　　　　　　）作为检测工作的质控样。

4. 阅读《GB/T 694—1995 化学试剂 无水乙酸钠》后，可得出判断杂质含量是否合格，应该采用（　　　　　　　　）法进行极限数值的判定。

5. 若按照《GB/T 694—1995 化学试剂 无水乙酸钠》检测分析纯无水乙酸钠得到镁的质量分数为 0.000501%，则该产品在这个指标上是（　　　　）的。

水源污染情况的改善、水质及其卫生监督，一旦正

*项目九

石墨炉原子吸收分光光度法
测定生活饮用水中的铅

 项目导航

随着经济的发展，人口的增加，不少地区水源短缺，有的城市饮用水水源污染严重，居民生活饮用水安全受到威胁。2007年7月1日，由中华人民共和国卫生部和国家标准化管理委员会联合发布的《GB 5749—2006 生活饮用水卫生标准》强制性国家标准和13项生活饮用水卫生检验国家标准（《GB/T 5750—2006 生活饮用水标准检验方法》）正式实施。标准中的饮用水水质指标共计106项。其中，铅由于其重金属毒性被列为常规指标。

在《GB/T 5750—2006 生活饮用水标准检验方法》中规定有7种铅的检验方法，石墨炉原子吸收分光光度法是仲裁方法，位居首位，本项目以它为引子，学习石墨炉原子吸收分光光度法。本项目共包括3个工作任务。

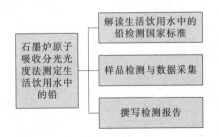

 资源链接

1. GB/T 5750.6—2006 生活饮用水标准检验方法 金属指标
2. GB/T 5750.2—2006 生活饮用水标准检验方法 水样的采集和保存
3. GB 9723—88 化学试剂 火焰原子吸收光谱法通则
4. GB 5749—2006 生活饮用水卫生标准

任务一　解读生活饮用水中的铅检测国家标准

**任务引入**

二位，根据市场需要，公司想发展一个检测项目：检测生活饮用水中的铅含量，你们是公司的骨干，要勇于担当，互相协作，把这个参数拿下来，有信心吗？

有！！！！

有！！！！

**任务目标**

1. 会查找方法检测限、精密度。
2. 会确认所需的仪器。
3. 会确认所需的试剂。

**工作页**

（一）任务分析

1. 明晰任务流程

阅读与查找标准 → 仪器确认 → 试剂确认 → 安全防护

2. 任务难点分析

查找相关标准。

3. 条件需求与准备

（1）《GB/T 5750.6—2006 生活饮用水标准检验方法 金属指标》

（2）仪器

① 原子吸收分光光度计。

② 铅空心阴极灯。

（3）试剂

① 磷酸二氢铵：优级纯。

② 硝酸镁：优级纯。

③ 硝酸：优级纯。

④ 硝酸铅：优级纯。

⑤ 纯水：一级水。

（二）任务实施

活动1　阅读与查找标准

仔细阅读《GB/T 5750.6—2006 生活饮用水标准检验方法 金属指标》中"11.1 无火焰原子吸收分光光度法"，找出本方法的适用范围、检测下限、干扰、方法原理、精密度和准确度等内容，并列出所需的其他相关标准。将查找结果填入表 9-1。

 知识链接

无火焰原子化器

无火焰原子化器也叫非火焰原子化器，其种类有多种，如石墨炉原子化器、氢化物发生法原子化器、冷原子化法原子化器、等离子喷焰器、阴极溅射原子化器、激光原子化器等。非火焰原子化器在商品仪器中应用最广的是管式石墨炉原子化器。

活动2　仪器确认

依据查阅的标准，确认所需的各种仪器是否齐全，是否满足标准的要求。将确认结果填入表 9-1。

@ 注意事项

所有玻璃仪器，使用前均需先用硝酸溶液（1+9）浸泡，并直接用一级水清洗。

活动3　试剂确认

按标准要求确认所需的试剂种类、纯度、数量上是否满足要求，并确认实验室提供的纯水等级是否满足需要。将确认结果填至表 9-1。

活动4　安全防护

查找本项目实施过程中可能存在的安全隐患，并提出预防与防护措施。将查找结果填入表 9-1。

（三）任务数据记录（见表 9-1）

表 9-1　解读检测方法的原始记录

记录编号				
一、阅读与查找标准				
方法原理				
相关标准				
检测限				
准确度		精密度		
二、标准内容				
适用范围		限值		
定量公式		性状		
样品处理				
操作步骤				
三、仪器确认				
所需仪器			检定有效日期	
四、试剂确认				
试剂名称	纯度		库存量	有效期
五、安全防护				
确认人		复核人		

（四）任务评估（见表 9-2）

表 9-2　任务评价表　　　　日期

评价指标	评价要素	等级评定	
		自评	教师评
阅读与查找标准	标准名称 相关标准的完整性 适用范围 检验方法 方法原理 试验条件 检测主要步骤 检测限 准确度 精密度		
仪器确认	仪器种类 仪器规格 仪器精度		
试剂确认	试剂种类 试剂纯度 试剂数量		

评价指标	评价要素	等级评定	
		自评	教师评
安全	设备安全 人身安全		
	总成绩		

填空题

1. 原子吸收分光光度计的原子化器分为两类，分别是（　　　　　　　　　　）和（　　　　　　　）。

2. 非火焰原子化器在商品仪器中应用最广的是（　　　　）。

3. 管式石墨炉原子化器，使用低压（　　）V、大电流（　　）A 来加热石墨管，可升温至（　　　）℃。

4. 磷酸二氢铵、硝酸镁的作用是（　　　　　　　　）。

任务二 样品检测与数据采集

 **任务引入**

前面我们查阅了相关标准，得到了石墨炉原子吸收分光光度法测定生活饮用水中铅的检测方法，该方法原理看起来不复杂，但涉及了新的原子化器——石墨炉，这个原子化器相对于火焰原子化器来说，操作起来较复杂，主要是更换石墨管、调整自动进样器的位置比较麻烦，不过只要大家认真学习，掌握它是不会有问题的。

 任务目标

1. 会填写原始记录表格。
2. 会配制所需的标准溶液。
3. 会调整自动进样器位置。
4. 会更换石墨管。
5. 会样品处理。
6. 会带质控样检测。

 **工作页**

（一）任务分析

1. 明晰任务流程

溶液配制 → 样品处理 → 标系配制 → 开机预热 → 更换石墨管 → 调原子化器

数据处理 ← 关机 ← 数据测定 ← 设置条件 ← 调自动进样器

2. 任务难点分析

调整石墨管和自动进样器位置。

3. 条件需求与准备

（1）仪器

① 原子吸收分光光度计。

② 铅空心阴极灯。

（2）试剂

① 磷酸二氢铵：优级纯。

② 硝酸镁：优级纯。

③ 硝酸：优级纯。

④ 纯水：一级水。

⑤ 铅标准储备溶液（1.000mg/mL）：称取 0.7990g 硝酸铅［$Pb(NO_3)_2$］溶于约 100mL 纯水中，加入硝酸（$\rho_{20}=1.42g/mL$）1mL，用纯水定容至 500mL。

（二）任务实施

✎➤ 活动1　溶液配制

配制以下溶液（见表9-3），溶液体积根据操作步骤，按一次检测所需体积而定。将配制方法填入表9-5。

表 9-3　溶液配制

溶液名称	浓度	溶剂
硝酸溶液	（1+99）	纯水
铅标准中间溶液	50.0μg/mL	硝酸（1+99）
铅标准使用溶液	1.00μg/mL	硝酸（1+99）
磷酸二氢铵溶液	120g/L	纯水
硝酸镁溶液	50g/L	纯水

✎➤ 活动2　样品处理及空白溶液的配制

1. 根据《GB/T 5750.2—2006 生活饮用水标准检验方法 水样的采集和保存》要求，可以在 1000mL 原始水样中加入 1mL 硝酸（$\rho_{20}=1.42g/mL$），摇匀，存于聚乙烯瓶中，加盖。

2. 吸取 10.00mL 水样，加入 1.0mL 磷酸二氢铵溶液、0.10mL 硝酸镁溶液，同时取 10mL 硝酸溶液（1+99），加入 1.0mL 磷酸二氢铵溶液、0.10mL 硝酸镁溶液做试剂空白。

3. 将配制方法填入表9-5。

✎➤ 活动3　配制标准系列溶液和质控样

1. 吸取铅标准使用溶液 0mL、0.25mL、0.50mL、1.00mL、2.00mL、3.00mL、4.00mL 于 7 个 100mL 容量瓶中，分别加入 10.0mL 磷酸二氢铵溶液和 1.0mL 硝酸镁溶液，用硝酸溶液（1+99）稀释至刻度，摇匀。

2. 按质控样证书的要求，配制质控样。然后吸取 10.00mL 质控样，加入 1.0mL 磷酸二氢铵溶液、0.10mL 硝酸镁溶液。

3. 将配制方法填入表9-5。

✎➤ 活动4　开机、预热

1. 开机前检查

检查实验室环境条件、仪器各部件、气路连接和水封等。

2. 安装铅空心阴极灯后开机，开机方法同火焰法。

3. 转换石墨炉测量方法

(1) 取出石墨炉和火焰燃烧头之间的挡板，打开仪器上、下盖板（见图9-1）。

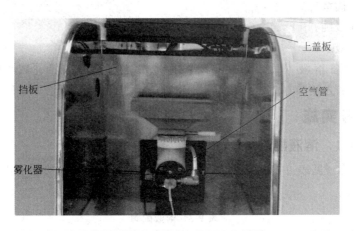

图9-1　原子化器位置

(2) 单击"仪器"，出现下拉菜单选择测量方法弹出测量方法设置窗口，选择石墨炉，单击"确定"。等待3～4min石墨炉移出到光路，测量方法设置窗口消失。

4. 打开石墨炉电源，打开氩气，调节分表压力为0.5MPa；打开冷却循环水装置电源，打开循环水开关阀，观察装置上显示的水压是否正常（见图9-2）。

5. 预热30min。

图9-2　冷却循环水装置

 注意事项

在转换石墨炉之前一定要确保"取出挡板，打开仪器上下盖板"，以免损坏仪器。

 知识链接

1. 石墨炉保护气（氩气）的作用

(1) 在干燥/灰化阶段通氩气可以使分子蒸汽和烟雾等引起背景吸收的共存物的热分解产物流出石墨管；

（2）在干燥阶段通氩气能防止试样冒泡而抑制试样溢散，同时可以防止蒸汽污染石英窗口；

（3）在原子化阶段通氩气能降低测定背景和减少试样扩散对石墨管和石墨锥的污染；

（4）高浓度测定中，在原子化阶段通氩气可以降低原子吸收的灵敏度；

（5）保护石墨管，减少石墨管在高温下的消耗。

2. 冷却水的作用

在高温原子化和净化后迅速降低石墨管的温度，继续进行下一个样品的进样。

活动5 更换石墨管

1. 首先打开石墨炉电源，打开氩气。单击主菜单"仪器"/"更换石墨管"，仪器自动打开石墨炉锁紧装置，同时计算机提示"石墨炉炉体已经打开，请在更换石墨管后，按"确定"键。

2. 顺时针方向转开锁紧汽缸，向下打开前水冷电极（见图9-3）。

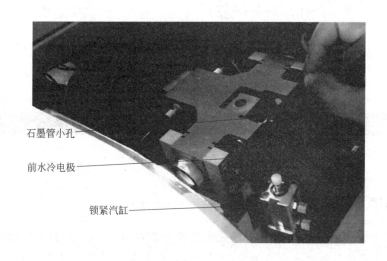

石墨管小孔

前水冷电极

锁紧汽缸

图9-3　更换石墨管示意

3. 记录下此时没有装石墨管的能量值。

4. 用镊子夹住石墨管，放入石墨锥中。调节石墨管在水平位置而不挡光。保持石墨管水平，向上转动前水冷电极，压住石墨管。逆时针转回锁紧汽缸，按"确定"键，石墨炉炉体自动关闭并用氩气锁紧。观察能量值是否与装石墨管前相同，一般能量损失在10%左右，如果相差太大（主要偏小），请重新安装。

5. 装好石墨管后再调节原子化器位置，使能量显示最大（详见活动6调节原子化器位置及能量）。

6. 单击"测量按钮"，单击"开始"按钮使石墨炉空烧，以便排除安装中的杂质（一般石墨炉空烧吸光度值在0.1以下并且空烧值稳定为正常）。

@ 注意事项

1. 在正常使用约500次后，石墨管到使用寿命会出现重复性不好问题，需要更换石墨管。

2. 安装石墨管时，注意石墨管有小孔的一面向上。

活动6 调节原子化器位置及能量

1. 单击"仪器"/"原子化器位置"，弹出"原子化器位置调节"窗口，单击两边的箭头改变数字，单击"执行"，观察工作站界面最下面状态栏中能量的百分比变化（见图9-4），通过反复调节使能量到最大，单击"确定"退出原子化器位置窗口。然后用手调节石墨炉炉体高低，也使能量到最大。

2. 打开"氘灯"背景校正：单击"仪器"/"扣背景方式"，选择"氘灯"。

3. 单击"应用"/"能量调试"，弹出"能量调试"窗口，单击自动能量平衡，调节能量到100%。

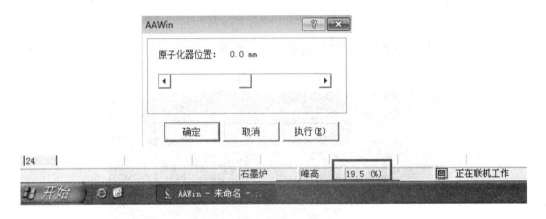

图9-4 原子化器位置调节示意

注意事项

1. 在石墨炉法测量时，因原子化器位置的偏移，时常会造成"挡光"的情况，即元素灯的光线不能准确地穿过原子化器的中心。这时，就需要对原子化器的位置进行调整。

2. 自动能量平衡后，观察负高压是否超过700V，如果超过请重新调节原子化器位置，或重新安装石墨管。

活动7 石墨炉自动进样器安装调试

1. 取下火焰原子化器的燃烧头、雾化器，并将预混室向右旋转90°。

2. 打开进样器电源，单击"仪器"/"自动进样器"，进入自动进样器设置界面［见图9-6(a)］，单击"降低燃烧器"，现在可以安装自动进样器了。

3. 首先将石墨炉自动进样器置于底座上，调节自动进样器底脚螺帽，使进样器处于水平状态并在合适的高度位置。

4. 将清洗液放入太空杯中，并将太空杯拧紧到进样器上，将废液管接入废液容器中（见图9-5）。

5. 连接进样器的进气管（此管通过球阀及气路三通接头和石墨炉电源进气端连接）。

6. 连接进样器电源线和通信线，同时确定进样器连接到计算机的通信端口。

7. 打开进样器电源，单击"仪器"/"自动进样器"，进入自动进样器设置界面。

(1) 单击"启用自动进样器"前面的小方框，使其标识为"√"［见图9-6(b)］。

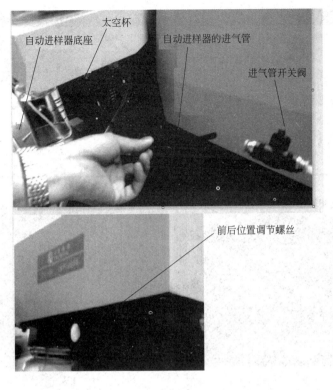

图 9-5　自动进样器安装示意（一）

（2）在通信端口的下拉选择列表中选择对应进样器使用的通信口，点击"未联机"，联机正常后，该按钮转变显示为"已联机"。

（3）单击"位置调试…"，弹出对话框，并且进样管会自动调整到石墨管的上方，单击"左"、"右"，使进样管位于石墨管小孔正上方［见图 9-6(c)］。

（4）单击对话框中的"进样"，弹出新对话框［见图 9-6(d)］，并且进样管会降低到石墨管。现在需要调试进样管使其能将样品注入石墨管内的最佳位置。

① 前后位置不正确：调节自动进样器下面"前后位置调节螺丝"（见图 9-5）。

② 左右位置不正确：单击对话框的"左"、"右"调节。

③ 上下位置：连续单击对话框的"下"按键，让进样管下降到接触石墨管底部（通过牙医镜在侧面观察进样管是否接触石墨管底部），然后双击"上"按键，最后单击"抬起"，完成调节。

8. 单击"确定"，退出进样器设置界面。

@ **注意事项**

1. 如果在使用过程碰触到了自动进样器，造成取样针位置偏离，则需要进行石墨炉自动进样器调试。

2. 通常情况下，自动进样器左右位置不会出现很大的差异。如果出现很大差异，由工作站调节不到位置，那么需要调节自动进样器底座与主机相连的螺丝进行粗调，然后再由工作站进行精确调节。

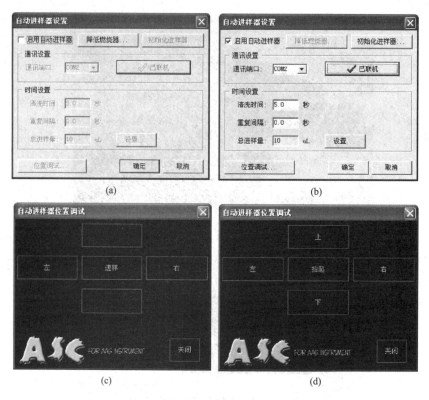

图 9-6　自动进样器安装示意（二）

活动8　设置

1. 设置加热程序

单击"加热程序按钮"，弹出"石墨炉加热程序"设置窗口（见图9-7），设置待测元素的加热程序（铅的测定见表9-4）。

序号	温度	升温时间	保持时间	原子化	内气流量
☑ 1	120	15	10	☐	○关 ○小 ○中 ●大
☑ 2	600	5	15	☐	○关 ○小 ○中 ●大
☑ 3	2000	0	3	☑	●关 ○小 ○中 ○大
☑ 4	2100	1	1	☐	○关 ○小 ○中 ●大
☐ 5					
☐ 6					
☐ 7					
☐ 8					
☐ 9					

☐ 富集进样次数(N)：5　　次　　　冷却时间(C)：30　　秒

图 9-7　石墨炉加热程序设置示意

表 9-4　测定铅的仪器参数

元素	波长/nm	干燥温度/℃	干燥时间/s	灰化温度/℃	灰化时间/s	原子化温度/℃	原子化时间/s
Pb	283.3	120	30	600	30	2100	5

2. 设置测量参数

单击"参数设置按钮"，弹出"测量参数"窗口，在"常规"窗口设置测量重复次数，（一般设置 3 次即可）；单击"显示"按钮，设置吸光度范围，（一般为 -0.1~0.8）；单击"信号处理"按钮，信号处理为"峰高"，积分时间设置为 3s，如果是高温元素，可以增加 2s。滤波系数 0.1。单击确定完成参数设置。

3. 设置测量样品和标准样品

单击"样品"，进入"样品设置向导"，依次设定浓度单位、标准样品的数目及浓度、未知样品数量、名称等。

注意事项

1. 原子化阶段必须勾选复选框，内气流量通常选关闭（见图 9-7）。

2. 由于原子化阶段关闭了内气流量对石墨管的保护，因此过高的原子化温度将极大地降低石墨管寿命

3. 可以通过优化仪器测量条件，提高检测限。

活动 9　数据测定

1. 标准系列测定

用空白溶液校零后，按浓度从低到高的顺序，进样量 $20\mu L$，依次将各容量瓶中溶液注入石墨炉测量。同一个样品重复测量 3 次。

2. 质控样和试样测定

与标准系列测定方法相同。

3. 将测定结果填入表 9-6。

注意事项

1. 每次进样完成后观察进样管尖端是否有残留的溶液，如果有残留溶液，会影响测量的重复性，残留的原因是进样方法不佳或进样管被污染需要更换（也可以将进样管末端切掉，切口不能太尖锐，角度一般为 10°~15°）。

2. 在测量曲线中只有原子化步骤出现峰是正常现象，如果原子化以前出现不规则的现象，请检查加热程序是否正常。

3. 如果听见有"滋滋"声音，说明在干燥阶段的时间过短，这样对石墨管的损坏很大，需要延长干燥时间。

4. 每次进样完成后一定要等待石墨炉冷却后再进下一个样品。

活动 10　关机和结束工作

1. 任务完毕，关闭氩气；

2. 关闭冷却水；

3. 选择主菜单"文件" / "退出"，关闭 AAWin 系统，关闭计算机；

4. 依次关闭石墨炉、自动进样器以及主机电源，然后关闭计算机电源；

5. 关闭排气罩；

6. 关闭电源总开关；

7. 清理实验工作台，填写仪器使用记录。

（三）任务数据记录（见表9-5和表9-6）

表9-5　试剂准备

溶液名称	浓度	体积/mL	配制方法
硝酸溶液	(1+99)		
铅标准中间溶液	50.0μg/mL		
铅标准使用溶液	1.00μg/mL		
磷酸二氢铵溶液	120g/L		
硝酸镁溶液	50g/L		

表9-6　生活饮用水中铅的检测原始记录

记录编号			
样品名称		样品编号	
检验项目		检验日期	
检验依据		判定依据	
温度		相对湿度	
检验设备(标准物质)及编号			

仪器条件:光谱带宽_____nm　　积分时间_____s
灯电流_____mA　　背景校正方式_____

一、标准系列溶液

V_s/mL	ρ_s(Pb)/(ng/mL)	A	$A_{背景}$	ΔA
0				
0.25				
0.50				
1.00				
2.00				
3.00				
4.00				
回归方程		相关系数		

二、质控样溶液

ρ_s/(μg/mL)		不确定度	
$V_{原质控样}$/mL		$V_{测定时的质控样}$/mL	
A		$A_{背景}$		ΔA	
$\rho_{s测}$(Pb)/(μg/mL)		$\rho_{s原}$(Pb)/(μg/mL)	

三、样品溶液			
$V_{原水样}/mL$		$V_{测定时的样品}/mL$	
A			
$\bar{A}$			
$\rho_{s测}(Pb)/(\mu g/mL)$		$\rho_{s原}(Pb)/(\mu g/mL)$	
检验人		复核人	

（四）任务评估（见表 9-7）

表 9-7　任务评价表　　　　日期

评价指标	评价要素	等级评定	
		自评	教师评
标液配制	计算思路 计算结果		
样品配制	量器选择		
更换石墨管	石墨管小孔向上 锁紧汽缸 调节位置		
安装进样器	安装进样器 调节位置		
设置	原子化条件 测量参数		
结束工作	关闭氩气 关闭冷却水 电源关闭 填写仪器实验记录卡		
学习方法	预习报告书写规范		
工作过程	遵守管理规程 操作过程符合现场管理要求 出勤情况		
思维状态	能发现问题、提出问题、分析问题、解决问题		
自评反馈	按时按质完成工作任务 掌握了专业知识点		
经验和建议			
	总成绩		

思考题

一、填空题

1. 一般石墨炉空烧吸光度值在（　　　　　）以下并且空烧值稳定为正常。

2. 石墨管升温程序一般有 4 个阶段，分别是（　　　　　　　　）、（　　　　　　　　）、（　　　　　　　　）、（　　　　　　　　）。

3. 调节原子化器位置使（　　　　　）到最大。

4. 石墨管升温的四个阶段中，一般在（　　　　　　　　）要关闭内气流量。

5. 石墨管升温的四个阶段中，在测量曲线上只有（　　　　　　　　）出现峰是正常现象。

6. 冷却水的作用是（　　　　　　　　　　　　　　　　　　）。

二、简答题

简述石墨炉保护气（氩气）的作用。

任务三　撰写检测报告

 任务引入

石墨炉原子吸收分光光度法数据处理方法和火焰原子吸收分光光度法没什么区别，定量方法也是标准曲线法和标准加入法，我们现在测定生活饮用水中的铅采用的是标准曲线法。同样可以用线性回归法处理。不过有点要注意：样品测定时由于加入了磷酸二氢铵和硝酸镁溶液，引起了体积的变化，因此从标准曲线法得到的含量需要进行运算，方可得到原始的水样中的铅含量。

 任务目标

1. 会用标准曲线法处理数据。
2. 会判断检测数据的有效性。
3. 会撰写检测报告。

 工作页

（一）任务分析

1. 明晰任务流程

线性回归 → 质控判断 → 样品计算 → 撰写报告

2. 任务难点分析

样品计算。

3. 条件需求与准备

计算机。

（二）任务实施

✏️ **活动 1　一元线性回归**

1. 计算标准系列中铅的质量浓度，单位采用 ng/mL。
2. 以铅的质量浓度对应吸光度值，计算一元线性回归方程。
3. 将结果填入任务二的表 9-6。

活动 2　质控判断

1. 计算质控样浓度

（1）根据质控样吸光度的平均值，代入方程求出含量。

（2）根据质控样在检测时加入辅助试剂后的体积变化，计算原始质控样的含量。

2. 将结果填入任务二的表 9-6。

3. 判定

将计算所得的原始质控样含量与质控样证书比较，如果超出其不确定度范围，则本次检测无效，需要重新进行检测，若没超出其不确定度范围，则本次检测有效。

活动 3　样品计算

1. 若质控样检测结果符合要求，则将试剂空白、试样溶液吸光度平均值代入回归方程，求出质量浓度，然后计算原水样的质量浓度。

2. 将结果填入任务二的表 9-6。

活动 4　撰写报告（见表 9-8）

表 9-8　检验报告内页

抽样地点			样品编号	
检测项目	检测结果	限值	本项结论	备注
以下空白				

（三）任务评估（见表 9-9）

表 9-9　任务评价表　　　日期

评价指标	评价要素	等级评定	
		自评	教师评
回归方程	自变量、因变量的选择 分辨斜率、截距		
质控判断	质控浓度的计算 检测有效性判断		
样品计算	从回归方程计算浓度 样品质量分数 计算过程 有效数字		
撰写报告	无空项 有效数字符合标准规定		
学习方法	预习报告书写规范		
工作过程	遵守管理规程 操作过程符合现场管理要求 出勤情况		
思维状态	能发现问题、提出问题、分析问题、解决问题		
自评反馈	按时按质完成工作任务 掌握了专业知识点		

评价指标	评价要素	等级评定	
		自评	教师评
经验和建议			
总成绩			

 **思考题**

问答题

《GB/T 5750.6—2006》中 11.1 "无火焰原子吸收分光光度法" 测定铅，其中位于 11.1.7 的数据处理公式 $\rho(Pb) = \dfrac{\rho_1 V_1}{V}$，$V_1$ 和 V 的值分别为多少？

项目十

直接电位法测定
表面活性剂水溶液的 pH

 **项目导航**

在工业和研究领域中，pH 的测量起着重要作用，以此来确定和控制酸度或碱度。pH 是衡量一种溶液酸度或碱度的尺度，用下面的公式表示：

$$pH = -lg[H^+]$$

式中，$[H^+]$ 表示溶液中氢离子的浓度，pH 有时也称为"氢离子指数"。

用 pH 计能准确地确定出溶液的 pH。在化学生产过程或基础研究中，pH 用来准确地调整或检验酸度。本项目为直接电位法测定表面活性剂水溶液的 pH，共包括四个工作任务。

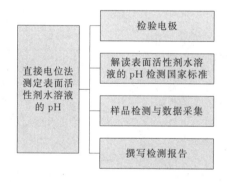

 资源链接

1. GB/T 14666—2003 分析化学术语
2. GB/T 9724—2007 化学试剂 pH 值测定通则
3. GB/T 6368—2008 表面活性剂 水溶液 pH 值的测定电位法

任务一　检验电极

任务引入

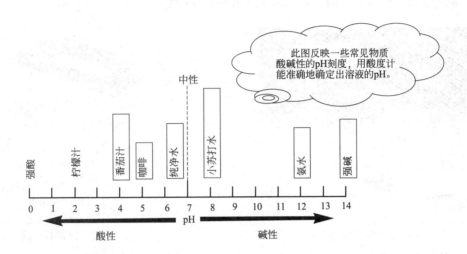

此图反映一些常见物质酸碱性的pH刻度,用酸度计能准确地确定出溶液的pH。

任务目标

1. 能识别 pH 复合电极、温度传感器并会安装酸度计(PB-10)。
2. 能用酸度计测量电动势并能说出方法原理。
3. 初步学会检测电极好坏。
4. 能用能斯特方程式解释影响电极的电极电位的因素。
5. 会对酸度计(电极)进行日常的维护和保养。
6. 能运用所学的"7S"管理知识,完成电化学仪器室整理、整顿与清扫工作,并能提出电化学仪器室应配备的安全设施。

(一)任务分析

1. 明晰任务流程

认识酸度计 → 阅读说明书 → 安装维护电极 → 测定电动势

2. 任务难点分析

通过阅读仪器说明书,查找任务实施活动所需的仪器操作方法。

3. 条件需求与准备

(1)酸度计。

(2)pH 复合玻璃电极(或 pH 玻璃电极、饱和甘汞电极)。

（3）酸度计操作说明书。

（二）任务实施

活动1　阅读说明书，认识酸度计

实验室 pH（酸度）计是一种电化学分析仪器，主要用来测量水溶液的 pH。该仪器主要由电计和测量电极两部分组成，如图 10-1 所示。

1. 参照说明书仪器后视图，认识酸度计各插孔及功能，如图 10-2 所示。

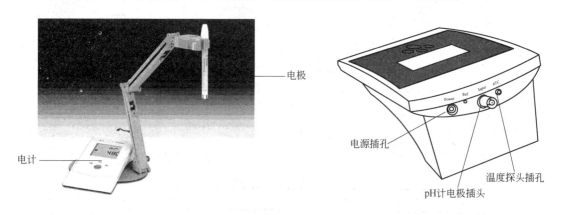

电极

电计

图 10-1　PB-10（Sartorius）酸度计

电源插孔

温度探头插孔

pH计电极插头

图 10-2　仪器后视图

2. 认识仪器正视图，如图 10-3 所示。

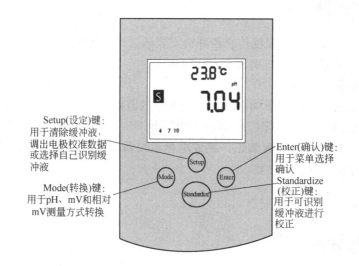

Setup(设定)键：
用于清除缓冲液，
调出电极校准数据
或选择自己识别缓
冲液

Mode(转换)键：
用于pH、mV和相对
mV测量方式转换

Enter(确认)键：
用于菜单选择
确认

Standardize
(校正)键：
用于可识别
缓冲液进行
校正

图 10-3　仪器正视图

3. 认识仪器显示内容，如图 10-4 所示。

注意事项

1. 不是所有显示符号都可同时出现。

2. 数值达到稳定，出现"S"时，即可读取测量值。

3. 不同类型的仪器显示符号会有所不同，但是功能与作用是相似的。

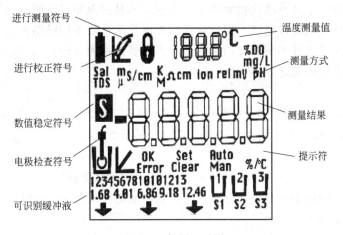

图 10-4 仪器显示图

（图内标注）
进行测量符号
进行校正符号
数值稳定符号
电极检查符号
可识别缓冲液
温度测量值
测量方式
测量结果
提示符

 知识链接

1. 酸度计构成

酸度计（见图 10-1）主要包括电计和测量电极。

电计由阻抗转换器、放大器、功能调节器和显示器等部分组成。

测量电极按其作用，可分为指示电极和参比电极。常用的指示电极有玻璃电极、氟电极、氢醌电极、锑电极等。参比电极主要指外参比电极，最常使用的外参比电极有银/氯化银电极、甘汞电极等。现在常用 pH 复合电极，它是玻璃电极和参比电极组合在一起的聚碳酸酯塑料外壳电极，是 pH 测量元件。

将规定的指示电极和参比电极浸入被测溶液中，即构成原电池（见图 10-5）。

2. 原电池

原电池是由两根电极插入电解质溶液中组成的，它是能自发地将本身的化学能转变为电能的装置。

铜-锌原电池（见图 10-6）是常见的原电池，可以表示如下：

图 10-5　原电池构成示意

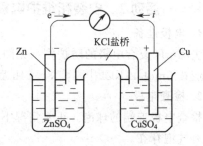

图 10-6　铜-锌原电池示意

$$(-)Zn\,|\,Zn^{2+}\,(a_{Zn^{2+}})\,\|\,Cu^{2+}\,(a_{Cu^{2+}})\,|\,Cu(+)$$

单线"｜"表示锌电极和硫酸锌溶液这两个相的界面，铜电极和硫酸铜溶液这两个相的界面，通常用双线"‖"表示盐桥，因为盐桥存在两个接界面，即硫酸锌溶液与盐桥之间界面和盐桥与硫酸铜溶液之间界面。

溶质不同的两种溶液或溶质相同而浓度不同的两种溶液相接触时，在界面上产生的微小电位差，这个电位差叫液接电位。用于连接两种电化学性质不同的溶液，可以消除液接电位的盛有电解质溶液或被琼脂所固定的电解质溶液的器件称为盐桥。

原电池产生电能的机理如下：

电极反应

（一）Zn 极　　Zn $\longrightarrow$ Zn^{2+} +2e$^-$　　（氧化反应）

（＋）Cu 极　　Cu^{2+} +2e$^-$ $\longrightarrow$ Cu　　（还原反应）

电池反应

$$Zn + Cu^{2+} \longrightarrow Zn^{2+} + Cu \qquad （氧化还原反应）$$

在电极与溶液的两相界面上，存在的电位差叫做电极电位 φ，原电池两电极间的电位差叫做原电池的电动势 E：

$$E = \varphi_+ - \varphi_- + \varphi_{(L)}$$

式中，$\varphi_{(L)}$ 为液接电位，在实际测试中，由于使用了盐桥，使液体接界电位减到很小，在电动势计算中可忽略不计。则

$$E = \varphi_+ - \varphi_-$$

3. 能斯特方程式

上述铜锌原电池中，将金属片 M 插入含有该金属离子 M^{n+} 的溶液中，此时在金属与溶液的接界上将发生电子的转移，形成双电层，产生电极电位。表示电极的平衡电位与电极反应中各组分活度关系的方程式叫做能斯特方程式：

$$\varphi_{M^{n+}/M} = \varphi_{M^{n+}/M}^0 + \frac{RT}{nF} \ln a_{M^{n+}} \tag{10-1}$$

式中，$\varphi_{M^{n+}/M}^0$ 是标准平衡电位，V；R 为摩尔气体常数，8.3145J/(mol·K)；T 为热力学温度，K；n 为电极反应中转移的电子数；F 为法拉第常数，96486.7C/mol；$a_{M^{n+}}$ 为金属离子 M^{n+} 的活度，mol/L；当离子浓度很小时，可用 M^{n+} 的浓度代替活度。

在温度为 25℃ 时，能斯特方程式可近似地简化成下式：

$$\varphi_{M^{n+}/M} = \varphi_{M^{n+}/M}^0 + \frac{0.0592}{n} \lg a_{M^{n+}} \tag{10-2}$$

活动 2　安装和维护电极

1. 电极准备

去除 pH 复合电极的防护帽（见图 10-7），检查防护帽内溶液是否干枯。若干枯，在使用前应在 3mol/L KCl 中浸泡 8～24h 后方可使用。

2. 检查电极

检查电极前端的球泡。正常情况下，电极应该透明而无裂纹；玻璃球泡内要充满溶液，不能有气泡存在。

3. 连接 pH 复合电极与温度探头

将变压器插头与 pH 计 Power 接口相连，并接好交流电。将 pH 复合电极与电极插头和 ATC（温度探头）pH 计背面的输入孔连接（见图 10-8）。

4. 电极清洗方法

在各次测量之间要用纯水或待测溶液清洗电极，并吸干表面溶液（不要擦拭电极，避免损坏玻璃薄膜，防止交叉污染，影响测量精度）（见图 10-9）。

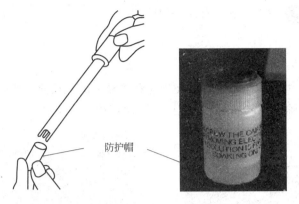

防护帽

图 10-7　pH 复合电极及保护帽（内装 KCl 溶液）

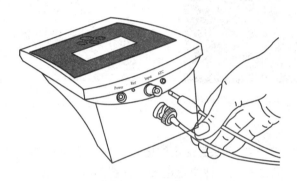

图 10-8　连接电极示意

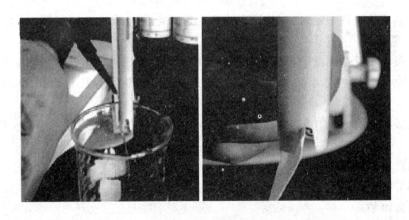

图 10-9　清洗电极示意

@ 注意事项

1. 使用 pH 复合玻璃电极，小心保护好玻璃球膜。

2. 保护帽内应装有足量的 3mol/L KCl 溶液，以确保保存时玻璃球泡浸入其中。

3. 若是可填充液型电极，使用时，将电极加液口上所套的橡胶套和下端的橡胶套全取下，以保持电极内氯化钾溶液的液压差。

一、电极

1. 什么是电极？

电极是在电化学电池中用于进行电极反应和传导电流，从而构成回路的电化学器件。如上述铜锌原电池中，金属 M 与该金属离子 M^{n+} 溶液构成一个电极。

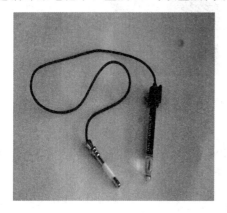

图 10-10　pH 玻璃电极

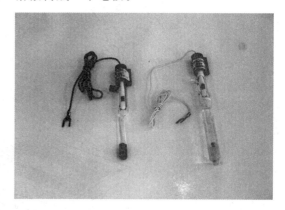

图 10-11　饱和甘汞电极

2. 指示电极

指示电极：能指示被测离子活度变化的电极，其电极电位随被测溶液的活度变化而变化。如常用的 pH 玻璃电极就是一种指示电极，如图 10-10 所示。

电极电位（25℃）：

$$\varphi_{玻璃}=K-0.0592\mathrm{pH}_{试液} \tag{10-3}$$

当温度等实验条件一定时，pH 玻璃电极的电极电位与试液的 pH 呈线性关系。

3. 参比电极

参比电极：不受待测离子影响的电极，其电极电位不随被测溶液的活度变化而变化，作为测定其他电极电位的标准。甘汞电极（见图 10-11）和银-氯化银电极都是常用的参比电极。

甘汞电极的电极电位（25℃）：

$$\varphi_{\mathrm{Hg_2Cl_2/Hg}}=\varphi^0_{\mathrm{Hg_2Cl_2/Hg}}-0.0592\lg a_{\mathrm{Cl^-}} \tag{10-4}$$

一定条件下，甘汞电极电位只与 $\mathrm{Cl^-}$ 有关，电极内溶液的 $\mathrm{Cl^-}$ 活度一定时，其电极电位值不变。25℃时饱和甘汞电极的电极电位为 0.2438V。

二、日常维护

1. 玻璃电极

（1）玻璃球膜的保护：球膜避免与坚硬物体擦碰；安装时高于参比电极下端。

（2）使用环境：空气温度 0～40℃；试液温度 5～60℃；相对湿度≤85％。

（3）保存方式：暂时不用时将球泡浸入蒸馏水；长期不用时，放入盒中，存于干燥处。

2. 饱和甘汞电极

（1）使用时，去掉测量端和加液口的黑色橡胶套。

（2）使用温度：0～70℃；温度不能急剧变化。

（3）电极内：不能有气泡，室温下有少许 KCl 晶体，KCl 溶液液位要浸没甘汞糊体，测量端陶瓷砂芯通畅。

（4）使用时，溶液内液面高于试液液面；每隔一段时间，将饱和 KCl 溶液换装一次。

（5）电极外面有 KCl 晶体时，应随时除去（用湿润的纱布擦去即可）。

活动 3　检验电极

1. 准备

（1）pH 标准缓冲溶液

GBW(E)130072 硼砂 pH＝9.18(25℃)；

GBW(E)130071 混合磷酸盐 pH＝6.86(25℃)；

GBW(E)130070 邻苯二甲酸氢钾 pH＝4.00(25℃)。

（2）将电极接到仪表的 BNC 插头，连接温度探头到 ATC 插头。

（3）用变压器把仪表连接到电源。

（4）按 Mode 键设置 mV 模式。

2. mV 测量方式的校准

（1）将电极浸入标准溶液中（见图 10-12）。

（2）按 Mode 键，直至显示 mV 测量方式（见图 10-13）。

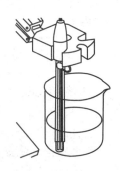

图 10-12　电极浸入溶液

图 10-13　切换 mV 测量方式

（3）按 Standardize（校正）键，以便能输入 mV 标准并读出相对 mV 值（见图 10-14）。

（4）如果信号保持稳定或按 Enter（确认）键，当前绝对 mV 值就成了相对 mV 值的零点（见图 10-15）。

图 10-14　校正界面

图 10-15　调 mV 相对零点

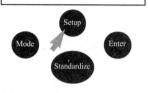

图10-16 清除 mV 值偏移量

（5）为了清除以前输入的 mV 值偏移量而恢复到绝对 mV 值测量方式，按 Setup（设置）键。显示器中出现闪烁的"Clear"符号和当前相对 mV 值偏移量（见图10-16）。

（6）按 Enter（确认）键，清除相对 mV 值偏移量，从而返回到绝对 mV 值测量方式。

3. 测量电动势并检验电极

控制室温和溶液温度约为 25℃，按 Mode（转换）键，确保仪器在绝对 mV 值方式而非相对 mV 值方式进行测量。将电极依次浸入 pH＝6.86(25℃)、pH＝4.00(25℃)、pH＝9.18(25℃) 的标准缓冲溶液中，记录电动势（mV）于表 10-1 中。

4. 测量结果记录及分析

根据测量结果，判断电极功能的使用情况。电极信号应在表 10-1 所列的范围内（如果温度约为 25℃）。

 活动 4 关机和结束工作

1. 任务完毕，关闭酸度计电源开关，拔出电源插头。

2. 取出复合电极，蒸馏水清洗干净后套上电极帽，存放在盒内。

3. 清洗试杯，晾干后妥善保存。

4. 清理实验工作台，填写仪器使用记录。

@ 注意事项

1. 长时间不用 pH 计时，关闭电源。

2. pH 标准物质应保存在干燥的地方，如混合磷酸盐 pH 标准物质在空气湿度较大时会发生潮解，一旦出现潮解，pH 标准物质即不可使用。

3. 配制 pH 标准溶液应使用二次蒸馏水或者去离子水。如果是用于 0.1 级 pH 计测量，则可以用普通蒸馏水。

4. 配制 pH 标准缓冲溶液应使用较小的烧杯来稀释，以减少沾在烧杯壁上的溶液。存放 pH 标准物质的塑料袋或其他容器，除了应倒干净以外，还应用蒸馏水多次冲洗，然后将其倒入烧杯，以保证配制的 pH 标准溶液准确无误。

5. 配制好的标准缓冲溶液一般可保存 2～3 个月，如发现有浑浊、发霉或沉淀等现象时，不能继续使用。

6. 碱性标准缓冲溶液应装在聚乙烯瓶中密闭保存。防止二氧化碳进入，降低其 pH。

7. 不同温度下，标准缓冲溶液的 pH 是不一样的，可查阅酸度计说明书。

知识链接

1. 电池电动势的测量工作原理

通常将参比电极、指示电极与被测物质溶液构成一个化学电池（见图 10-17），组成完整的测量电路（参比电极提供稳定的基准值），电池的电动势输入电计（毫伏计）即可显示。

2. pH 标准缓冲溶液的配制

pH 标准缓冲溶液是 pH 测定的基准。化验室常用的标准缓冲物质是邻苯二甲酸氢钾、混合磷酸盐和硼砂。按《GB/T 27501—2011 pH 值测定用缓冲溶液制备方法》配制出的标准缓冲溶液的 pH 均匀地分布在 1～13 的范围内。市场上销售的"成套 pH 缓冲剂"就是这几种物质的小包装产品，配制时不需要再干燥和称量，直接按要求溶解即可使用。

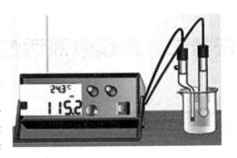

图 10-17　电池组成

（三）任务数据记录（见表 10-1）

表 10-1　检验电极的原始记录

缓冲溶液	pH＝6.86(25℃)	pH＝4.00(25℃)	pH＝9.18(25℃)
E/mV			
正常电极/mV	0±30	159～186(大于 pH7)	159～186(小于 pH7)

（四）任务评估（见表 10-2）

表 10-2　任务评价表　　　日期

评价指标	评价要素	等级评定	
		自评	教师评
认识酸度计 (PB-10)概貌	指认酸度计各插孔 指认各功能键,说出作用 指认测量符号、校正符号、数值稳定符号 会连接电极(复合电极)、温度探头、电源,并能说出酸度计的主要构成部件的名称		
安装及维护电极	指认 pH 复合电极 连接电极和温度探头 会清洗电极		
检验电极	能按"成套 pH 缓冲剂"产品说明要求配制 pH 标准缓冲液 能用酸度计测定电池电动势并说明原理 会检查及判断电极功能的使用情况		
"7S"管理在任务实施过程中的应用	说出电极日常维护方法 根据所学的"7S"知识,完成电化学仪器室整理、整顿与清扫工作,并提出电化学仪器室应配备哪些设施		
任务反思(自评反馈)	任务实施过程中,出现哪些故障,能否对简单的故障进行判断? 能否提出解决方法		
工作心得 (经验和建议)	任务实施过程中,对自己的工作最满意的是什么? 能提出改进的措施		
总成绩			

思考题

简答题

1. 酸度计无法校准或测量不稳定时，通常要检测电极功能的使用情况，你能写出检测步骤吗？

2. 通常哪些情况会导致电极测量值不稳定？

3. 为什么同一样品在两台 pH 计上测量的读数不同？

任务二　解读表面活性剂水溶液的 pH 检测国家标准

**任务引入**

　　　　分析检验要依据一些方法标准，作为分析检验人员要理解、熟悉《GB/T 6368—2008 表面活性剂　水溶液 pH 值的测定 电位法》的检测方法。

**任务目标**

1. 能从标准中获取工作要素。
2. 会确认测量 pH 所需的仪器、试剂。
3. 能复述 pH 检测报告内容。

**工作页**

（一）任务分析

1. 明晰任务流程

阅读与查找标准 ➡ 仪器确认 ➡ 试剂确认 ➡ 安全防护

2. 任务难点分析

查找相关标准。

3. 条件需求与准备

（1）《GB/T 6368—2008 表面活性剂　水溶液 pH 值的测定 电位法》。

（2）仪器

① 酸度计。

② pH 复合玻璃电极（或 pH 玻璃电极、饱和甘汞电极）。

③ 磁力搅拌器。

④ 温度计：0～100℃。

⑤ 水浴锅。

（3）试剂

① GBW（E）130072 硼砂 pH＝9.18（25℃）。

② GBW（E）130071 混合磷酸盐 pH＝6.86（25℃）。

③ GBW（E）130070 邻苯二甲酸氢钾 pH＝4.00（25℃）。

④ pH 广泛试纸（pH1～14）。

（二）任务实施

✏ 活动1　阅读与查找标准

仔细阅读《GB/T 6368—2008 表面活性剂　水溶液 pH 值的测定 电位法》，找出本方法的适用范围、原理、试验条件、精密度要求等内容，并列出所需的其他相关标准。将查找结果填入表 10-3。

@ 注意事项

测量过程中，被测溶液、标准缓冲溶液及洗涤用水的温度均应调节在 20℃±1℃。在校准前应特别注意待测溶液的温度。

知识链接

电位分析法

电位分析法是将一支指示电极和一支参比电极插入待测溶液中组成一个原电池，在零电流的条件下，通过测量电池电动势，进而求得溶液中待测组分含量的方法。

电位分析法分为直接电位法和电位滴定法。

直接电位法是通过测量上述化学电池的电动势，从而得知指示电极的电极电位，再通过指示电极的电极电位与溶液中被测离子活（浓）度的关系，求得被测组分含量的方法。

如参比电极做正极、指示电极做负极时：

$$E＝\varphi_{\text{参比}}-\varphi_{M^{n+}/M}＝\varphi_{\text{参比}}-\varphi^0_{M^{n+}/M}-\frac{2.303RT}{nF}\lg a_{M^{n+}}＝K'-\frac{2.303RT}{nF}\lg a_{M^{n+}} \quad (10-5)$$

由式（10-5）可以看出，电池电动势与溶液中被测离子的浓度（活度）有关，通过测量电池电动势，可计算出被测物质的含量，这就是直接电位法的基本原理。

电位滴定法是在滴定过程中，根据标准溶液的体积和指示电极的电位变化来确定终点的方法。被测物质含量的求得方法和化学分析滴定法完全相同。

✏ 活动2　仪器确认

依据查阅的标准，确认所需的各种仪器是否齐全，是否满足标准的要求。将确认结果填入表 10-3。

 **注意事项**

仪器的选择要明确型号是否符合要求。

 知识链接

1. pH 玻璃电极（作为指示电极）**结构**（见图 10-18）

2. 饱和甘汞电极（作为参比电极）**结构**（见图 10-19）

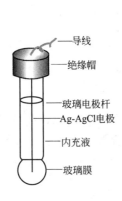

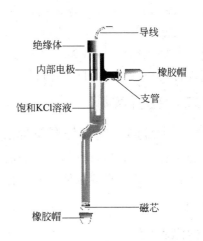

图 10-18　pH 玻璃电极结构示意　　　　图 10-19　饱和甘汞电极结构示意

3. pH 复合玻璃电极结构（见图 10-20）

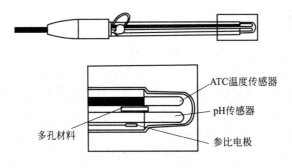

图 10-20　pH 复合玻璃电极结构示意

活动 3　试剂确认

按标准要求确认所需的试剂种类、纯度、数量是否满足要求，并确认实验室提供的纯水等级是否满足需要。将确认结果填入表 10-3。

活动 4　安全防护

查找本项目实施过程中可能存在的安全隐患，并提出预防与防护措施。将查找结果填入表 10-3。

(三) 任务数据记录（见表 10-3）

表 10-3 解读检测方法的原始记录

记录编号				
一、阅读与查找标准				
方法原理				
相关标准				
检测限				
准确度		精密度		
二、标准内容				
适用范围		限值		
定量公式		性状		
样品处理				
操作步骤				
三、仪器确认				
所需仪器			检定有效日期	
四、试剂确认				
试剂名称	纯度		库存量	有效期
五、安全防护				
确认人		复核人		

(四) 任务评估（见表 10-4）

表 10-4 任务评价表   日期

评价指标	评价要素	等级评定	
		自评	教师评
阅读与查找标准	标准名称 相关标准的完整性 适用范围 检验方法 方法原理 试验条件 检测主要步骤 检测限 准确度 精密度		
仪器确认	仪器种类 仪器规格 仪器精度		

评价指标	评价要素	等级评定	
		自评	教师评
试剂确认	试剂种类 试剂纯度 试剂数量		
安全	设备安全 人身安全		
总成绩			

拓展知识　电化学分析法分类和玻璃膜电极

1. 电化学分析法概述

电化学分析法是仪器分析法中的一个重要分支。它具有准确度好、灵敏度高、分析速度快、操作方便等特点。电化学分析法是建立在物质的电化学性质基础上的一类分析方法。通常将被测物质溶液构成一个化学电池，然后通过测量电池的电动势或测量通过电池的电流、电量等物理量的变化来确定被测物质的组成和含量。

电化学分析法有多种，如电位分析、电解分析、库仑分析、极谱和伏安分析。若按照测量的电化学参数不同，可分为电位法、电重量法、库仑法、伏安法、电导法。依据应用方式不同，可分为直接法（例如直接电位法等）和间接法（用仪器作为滴定终点指示装置，例如电位滴定分析、电导滴定、交流示波极谱滴定等）。

2. 玻璃膜电极

（1）敏感膜　在 SiO_2 基质中加入 Na_2O、Li_2O 和 CaO 烧结而成的特殊玻璃膜。膜浸泡在水中时，表面的 Na^+ 与水中的 H^+ 交换，在表面形成水合硅胶层。故玻璃电极使用前，必须在水溶液中浸泡。

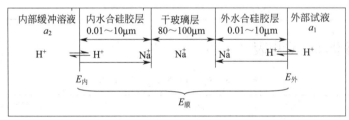

如上所示，玻璃膜电位的形成：水化层表面可视作阳离子交换剂，溶液中 H^+ 经水化层扩散至干玻璃层，干玻璃层的阳离子向外扩散，以补偿溶出的离子，离子的相对移动产生扩散电位。两者之和构成玻璃电极的膜电位。

（2）不对称电位

$$\Delta\varphi_{膜} = \varphi_{外} - \varphi_{内} = 0.0592\lg\left(\frac{a_1}{a_2}\right)$$

如果：$a_1 = a_2$，则理论上 $\Delta\varphi_{膜} = 0$，但实际上 $\Delta\varphi_{膜} \neq 0$，此时的电位称为不对称电位。产生的原因：玻璃膜内、外表面含钠量、表面张力以及机械和化学损伤的细微差异所引起的。长时间（24h）浸泡后恒定 $1\sim30mV$。

（3）酸差　测定溶液酸度太大（pH<1）时，电位值偏离线性关系，产生误差。

（4）"碱差"或"钠差" pH>12 产生误差，主要是 Na^+ 参与相界面上的交换所致。

（5）改变玻璃膜的组成，可制成对其他阳离子响应的玻璃膜电极。

（6）优点：不受溶液中氧化剂、还原剂、颜色及沉淀的影响，不易中毒。

（7）缺点：电极内阻很高，电阻随温度变化。

 **思考题**

填空题

1. 参比电极是（　　　　　　　）不随测定溶液和浓度变化而变化的电极。常用的如甘汞电极，电极电位表示为（25℃）（　　　　　　　　　），电极内充液的（　　　　　　　）活度一定，甘汞电极电位（　　　　　　）。

2. 指示电极的（　　　　　　）是随被测溶液的浓度变化而变化的。常用的如 pH 玻璃电极。电极电位表示为（25℃）（　　　　　　　　），当温度等实验条件一定时，pH 玻璃电极的电极电位与试液的 pH 成（　　　　　　）关系。

3. 通常的 pH 玻璃电极测量 pH 时，使用的是对（　　　　　　）敏感的玻璃球膜。

4. 玻璃电极和参比电极能组成完整的测量电路，（　　　　　　）电极提供稳定的基准值，两种电极结合一起能组成（　　　　　　　）电极，pH 计测量出玻璃复合电极的（　　　　　　），后转换成 pH，其结果即被显示出来。

任务三　样品检测与数据采集

电池电动势为：$E = K' + \dfrac{2.303RT}{F} \mathrm{pH}$

　　式中，常数 K' 包括外参比电极电位、内参比电极电位、不对称电位及液接电位。能将电极插入待测液中，通过测量 E 直接求出溶液 pH 吗？

　　由于上式中不对称电位、液接电位无法测得，通常采用比较法。

1. 会根据标准处理样品。
2. 会用直接电位法测定溶液 pH。
3. 会填写原始记录表。
4. 说出直接电位测定溶液 pH 的工作电池组成及电池电动势表达式。

（一）任务分析

1. 明晰任务流程

试剂准备 ➔ 仪器准备 ➔ 试样制备 ➔ 控制试验条件 ➔ 测量记录 ➔ 结束工作

2. 任务难点分析

样品处理及试验条件的控制。

3. 条件需求与准备

同任务 2。

（二）任务实施

✏ 活动1　准备仪器及配制溶液

1. 试剂及仪器的准备

确认规格、型号及用量。完成表10-6填写，做好相关试剂、仪器和设备的准备工作。

2. 试样溶液的制备

（1）称取表面活性剂试样10.0g，置于烧杯中，称准至0.001g，用蒸馏水溶解，移入1000mL容量瓶中，稀释至刻度，摇匀备用。

（2）按质控样证书的要求，配制质控样。

✏ 活动2　pH的测定

1. 控制试验条件

在测量过程中，被测溶液、标准缓冲溶液及洗涤用水的温度均应调节在20℃±1℃。

2. 测量

（1）用pH广泛试纸粗测试样溶液pH，根据溶液酸碱性选择pH＝6.86（25℃）、pH＝9.18（25℃）〔或pH＝6.86（25℃）、pH＝4.00（25℃）〕的两种标准缓冲溶液校准酸度计。

（2）将试样溶液倒入烧杯中，置于磁力搅拌器上搅拌30s，停止搅拌，插入pH复合电极，待pH计稳定1min后，读数。同一试样平行测量2次。将测量数据填入表10-7中。

（3）同样测定质控样。将测量数据填入表10-7中。

@ 注意事项

1. 同一试样平行测量2次，测量值之差不大于0.1pH单位；

2. 在测定正电荷性表面活性剂样品时，每次测量均需校准pH计。

3. 在校准前应特别注意待测溶液的温度。以便正确选择标准缓冲液，并调节温度补偿旋钮（带有温度探头的PB-10酸度计设置为自动温度补偿功能），使其与待测溶液的温度一致。不同的温度下，标准缓冲溶液的pH是不一样的。如表10-5所示。

表10-5　标准缓冲溶液的pH与温度关系对照

温度/℃	0.05mol/L 邻苯二甲酸氢钾	0.025mol/L 混合物磷酸盐	0.01mol/L 四硼酸钠
5	4.00	6.95	9.39
10	4.00	6.92	9.33
15	4.00	6.90	9.28
20	4.00	6.88	9.23
25	4.00	6.86	9.18
30	4.01	6.85	9.14
35	4.02	6.84	9.11
40	4.03	6.84	9.07
45	4.04	6.84	9.04

温度/℃	0.05mol/L 邻苯二甲酸氢钾	0.025mol/L 混合物磷酸盐	0.01mol/L 四硼酸钠
50	4.06	6.83	9.03
55	4.07	6.83	8.99
60	4.09	6.84	8.97

 知识链接

1. 酸度计测量溶液的 pH 原理

利用 pH（酸度）计测量溶液的 pH 时，一般采用比较法测量。首先用指示电极、参比电极和 pH 标准缓冲溶液组成原电池，其电动势输入电计，对仪器进行"校准"。然后换被测溶液和同一对电极组成原电池，电池电动势也输入到电计中。经比较，电计显示值即为被测溶液的 pH。

其中指示电极一般为 pH 玻璃膜电极，参比电极为饱和甘汞电极。由两支电极与溶液组成的原电池表示如下：

$$\underbrace{Ag, AgCl | HCl | 玻璃膜 | 试液}_{\varphi_{玻璃}}溶液 \underbrace{\| KCl}_{\varphi_{液接}} \underbrace{（饱和） | Hg_2Cl_2（固）, Hg}_{\varphi_{甘汞}}$$

则电池电动势为：

$$
\begin{aligned}
E &= \varphi_{甘汞} - \varphi_{玻璃} + \varphi_{液接} \\
&= \varphi_{Hg_2Cl_2/Hg} - (\varphi_{AgCl/Ag} + \varphi_{膜}) + \varphi_{液接} \\
&= \varphi_{Hg_2Cl_2/Hg} - \varphi_{AgCl/Ag} - K - \frac{2.303RT}{F}\lg a_{H^+} + \varphi_{液接}
\end{aligned}
$$

则
$$E = K' + \frac{2.303RT}{F}pH \tag{10-6}$$

25℃时：$E = K' + 0.0592pH$

2. pH 的操作定义

pH 是从操作上定义的。对于溶液 x，测量下列原电池的电动势 E_x：

参比电极 | KCl 浓溶液 | 溶液 x | H_2 | Pt

将未知 pH_x 的溶液 x 换成标准 pH_s 的溶液 s，同样测量电池的电动势 E_s。则

$$pH_x = pH_s + \frac{(E_s - E_x)F}{RT\ln 10} \tag{10-7}$$

则 25℃时，有：

$$pH_x = pH_s + \frac{E_x - E_s}{0.0592} \tag{10-8}$$

上式即为 pH 实用定义或 pH 标度，其中 pH_s 为已知值，测量出 E_x、E_s 即可求出 pH_x。

3. pH 计的校准

在具体操作中，校准是 pH 计使用操作中的重要步骤。因为电极的响应会发生变化，因此 pH 计和电极都应校准，以补偿电极的变化，越有规律地进行校准，测量就越精确。

pH 计的校准常用"一点校准法"和"二点校准法"。

一点校准法：制备两种标准缓冲溶液，使其中一种的 pH 大于并接近试液的 pH，另一种小于并接近试液的 pH。先用其中一种标准缓冲液与电极对组成工作电池，调节温度补偿器至测量温度，调节"定位"调节器，使仪器显示出标准缓冲液在该温度下的 pH。保持定位调节器不动，再用另一标准缓冲液与电极对组成工作电池，调节温度补偿钮至溶液的温度处，此时仪器显示的 pH 应是该缓冲液在此温度下的 pH。两次相对校正误差在不大于 0.1pH 单位时，才可进行试液的测量。此法适用于没有"斜率"调节器的酸度计的校正。

二点校准法：当水样 pH<7 时，使用混合磷酸盐标准缓冲溶液（25℃时，pH6.86）定位（即调节"定位"调节器，使仪器显示值与该标准缓冲液在该温度下的 pH 相同），以邻苯二甲酸氢钾标准缓冲溶液（25℃时 pH4.00）复定位（即不动"定位"调节器，调节"斜率"调节器使仪器显示值与该标准缓冲液在该温度下的 pH 相同）；当水样 pH>7 时，使用混合磷酸盐标准缓冲溶液（25℃时 pH6.86）定位，以四硼酸钠标准缓冲溶液（25℃时 pH9.18）复定位。调好后，"定位"和"斜率"调节器不可再动。

pH 计因电计设计的不同而类型很多，其操作步骤各有不同，因而 pH 计的校准操作应严格按照其使用说明书正确进行。

 **活动 3　关机和结束工作**

1. 任务完毕，关闭酸度计电源开关，拔出电源插头。
2. 取出复合电极，蒸馏水清洗干净后套上电极帽，存放在盒内。
3. 清洗烧杯，晾干后妥善保存。
4. 清理实验工作台，填写仪器使用记录。

知识链接

酸度计日常维护

1. 酸度计应放置在干燥、无振动、无酸碱腐蚀性气体，环境温度稳定（一般在 5～45℃）的地方。
2. 仪器的输入端（测量电极插座）必须保持干燥清洁。仪器不用时，将 Q9 短路插头插入插座，防止灰尘及水汽侵入。
3. 测量时，电极的引入导线应保持静止，否则会引起测量不稳定。
4. 仪器使用时，各调节旋钮的旋动不可用力过猛，按键开关不要频繁按动，温度补偿器切不可旋转超位。
5. 长期不用的仪器，每隔 1～2 周通电一次（时间间隔视仪器安放地点的湿度大小而定）。

（三）任务数据记录（见表 10-6 和表 10-7）

表 10-6　试剂准备

试剂				
编号	名称	级别	数量	配制方法
备注				

表 10-7　表面活性剂水溶液 pH 的检测原始记录

记录编号				
样品名称		样品编号		
检验项目		检验日期		
检验依据		判定依据		
温度		相对湿度		
检验设备(标准物质)及编号				
测定次数	1		2	
质控样 pH				
平均值				
试样 pH				
平均值				
检验人		复核人		

（四）任务评估（见表 10-8）

表 10-8　任务评价表　　　　日期

评价指标	评价要素	等级评定	
		自评	教师评
pH 实用定义	能说出两次测量法原理		
直接电位法测定溶液 pH	会根据标准处理样品 会选择恰当的校准缓冲溶液 能根据操作规程校准酸度计(两点法) 能说出直接电位测定溶液 pH 的工作电池组成及电池电动势表达式		
会填写原始记录表格	能正确填写原始记录		
"7S"管理在任务实施过程中的应用	能说出酸度计的使用方法及注意事项 根据所学的"7S"知识,完成电化学实训室整理、整顿与清扫工作		
任务反思(自评反馈)	任务实施过程中,出现哪些故障,能否对简单的故障进行判断? 能否解决		
工作心得(经验和建议)	任务实施过程中,对自己的工作最满意的是什么? 能提出改进的措施		
总成绩			

 思考题

简答题

1. 什么原因导致同一样品的两次测量数据不同?

2. 怎样选择合适的 pH 缓冲液?

任务四 撰写检测报告

检验结果以检验报告的形式报出，检验报告是检测机构的主要产品，它的质量如何，直接反映了检测机构的整体技术水平和管理水平的高低。

在企业中，检验报告一般分为产品检验报告（包括购进原材料的检验）和中控检验报告两种。

 任务目标

1. 会撰写检测报告。
2. 能说出检测报告所包括内容。

 工作页

（一）任务分析

1. 明晰任务流程

质控判断 → 结果分析 → 撰写报告

2. 任务难点分析

检验结果的判定。

3. 条件需求与准备

计算机。

（二）任务实施

活动 1 质控判断

将质控样测得的 pH 与质控样证书比较，如果超出其不确定度范围，则本次检测无效，

需要重新进行检测，若没超出其不确定度范围，则本次检测有效。

 活动2　撰写检验报告（见表 10-9）

表 10-9　检验报告内页

抽样地点			样品编号	
检测项目	检测结果	限值	本项结论	备注
以下空白				

（三）任务评估（见表 10-10）

表 10-10　任务评价表　　日期

评价指标	评价要素	等级评定	
		自评	教师评
撰写检测报告	能按标准正确撰写检测报告		
检测报告内容	说出检测报告所包括的内容		
任务反思(自评反馈)	任务实施过程中,你遇到什么问题?如何解决		
工作心得(经验和建议)	任务实施过程中,对自己的工作最满意的是什么?能提出改进的措施		
总成绩			

 思考题

简答题

pH 电极寿命有多长？电极需多久校准一次？

项目十一

直接电位法测定生活饮用水中的氟（标准曲线法）

 **项目导航**

氟是人体必需的微量元素之一，人体 50％的氟通过饮水摄入，适量的氟对人体有益，对牙齿和骨骼的形成有重要作用。人体摄入氟不足，可诱发龋齿；过量摄入会发生氟斑牙，严重的引起氟骨症。因此氟化物成为我国生活饮用水常规检验指标。

氟化物的检验包括离子选择电极法、离子色谱法、氟试剂分光光度法等，本项目为直接电位法测定生活饮用水中的氟（标准曲线法），共包括三个工作任务。

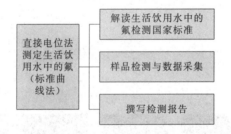

 资源链接

1. GB/T 14666—2003 分析化学术语
2. GB/T 5750.5—2006 生活饮用水标准检验方法（无机非金属指标）

任务一 解读生活饮用水中的氟检测国家标准

 **任务引入**

　　饮用水中的氟离子如果超过标准，则会对人体的骨骼健康产生不利因素，尤其是牙齿，会产生斑釉齿而影响美观。《GB/T 5750.5—2006 生活饮用水标准检验方法 无机非金属指标（氟化物 离子选择电极法 标准曲线法)》告诉你如何检测水中的氟离子含量。

 **任务目标**

1. 能从标准中获取工作要素。
2. 会确认测量电位值所需的仪器和试剂。

工作页

（一）任务分析

1. 明晰任务流程

　　阅读与查找标准 → 仪器确认 → 试剂确认 → 安全防护

2. 任务难点分析

查找相关标准。

3. 条件需求与准备

（1）《GB/T 5750.5—2006 生活饮用水标准检验方法 无机非金属指标（氟化物 离子选择电极法 标准曲线法)》。

（2）仪器

① 氟离子选择电极和饱和甘汞电极。

② 离子活度计或精密酸度计。

③ 电磁搅拌器。

④ 塑料烧杯。

（3）试剂

① 冰乙酸。

② 氢氧化钠。

③ 盐酸。

④ 柠檬酸三钠。

⑤ 氯化钠。

⑥ 氟化钠。

（二）任务实施

 活动1 阅读与查找标准

仔细阅读《GB/T 5750.5—2006 生活饮用水标准检验方法 无机非金属指标（氟化物 离子选择电极法 标准曲线法）》，找出本方法的适用范围、检测下限、干扰、方法原理、精密度和准确度等内容，并列出所需的其他相关标准。将查找结果填入表11-1。

📚 知识链接

氟离子选择电极工作原理

氟电极与饱和甘汞电极组成一对原电池。以氟离子选择电极为指示电极，饱和甘汞电极为参比电极，组成的测量电池为：

$$氟离子选择电极 \mid 试液 \parallel SCE$$

工作电池的电动势 E，在一定条件下与氟离子活度的对数值成线性关系，测量时，若指示电极接正极，则25℃时

$$E = K' - 0.0592 \lg a_{F^-} \tag{11-1}$$

利用电动势与离子活度负对数值的线性关系直接求出水样中氟离子浓度。当溶液的总离子强度不变时，活度系数恒定，上式可改写为：

$$E = K' - 0.0592 \lg c_{F^-} \tag{11-2}$$

 活动2 仪器确认

依据查阅的标准，确认所需的各种仪器是否齐全，是否满足标准的要求。将确认结果填入表11-1。

@ 注意事项

氟离子选择电极使用前浸泡于 F^- 含量为 $10^{-4} \, mol/L$ 或更低的溶液中浸泡活化。

📚 知识链接

氟电极（作为指示电极）结构，如图11-1和图11-2所示。

 活动3 试剂确认

按标准要求确认所需的试剂种类、纯度、数量是否满足要求，并确认实验室提供的纯水等级是否满足需要。将确认结果填入表11-1。

 活动4 安全防护

查找本项目实施过程中可能存在的安全隐患，并提出预防与防护措施。将查找结果填入表11-1 。

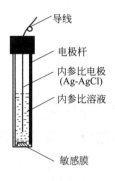

图 11-1　氟离子选择电极

图 11-2　氟电极结构

（三）任务数据记录（见表 11-1）

表 11-1　解读检测方法的原始记录

记录编号				
一、阅读与查找标准				
方法原理				
相关标准				
检测限				
准确度		精密度		
二、标准内容				
适用范围		限值		
定量公式		性状		
样品处理				
操作步骤				
三、仪器确认				
所需仪器			检定有效日期	
四、试剂确认				
试剂名称	纯度	库存量	有效期	
五、安全防护				
确认人		复核人		

（四）任务评估（见表 11-2）

表 11-2　任务评价表　　　日期

评价指标	评价要素	等级评定	
		自评	教师评
阅读与查找标准	标准名称 相关标准的完整性 适用范围 检验方法 方法原理 试验条件 检测主要步骤 检测限 准确度 精密度		
仪器确认	仪器种类 仪器规格 仪器精度		
试剂确认	试剂种类 试剂纯度 试剂数量		
安全	设备安全 人身安全		
总成绩			

拓展知识　离子选择电极

1. 离子选择电极的定义

根据国际 IUPAC 所推荐的定义："离子选择电极是电化学敏感体，它的电势与溶液中给定离子活度的对数呈线性关系，这种装置不同于包含氧化还原反应的体系"。离子选择电极都有一个敏感膜，故又称"膜电极"。

膜电极仅对溶液中特定离子有选择性响应，关键是有一个称为选择膜的敏感元件。而敏感元件由单晶、混晶、液膜、高分子功能膜及生物膜等构成。膜内外被测离子活度的不同而产生电位差。

将离子选择性电极（指示电极）和参比电极插入试液可以组成测定各种离子活度的电池，电池结构为：

外参比电极‖被测溶液（a_i 未知）│内充溶液（a_i 一定）│内参比电极

当电极放入被测溶液中时，敏感膜位于被测溶液和内充溶液之间。内外参比电极的电位值固定，且内充溶液中离子的活度也一定，则电池电动势为：

$$E = K' \pm \frac{2.303RT}{nF} \lg a_i \tag{11-3}$$

离子选择性电极作正极时，对阳离子响应的电极，取正号；对阴离子响应的电极，取负号。

2. 离子选择电极种类与结构

离子选择电极分析法是电位分析法中发展最为迅速、最活跃的分支。对某些离子测定的

灵敏度可达 10^{-6} 数量级。在许多情况下可以不破坏试液或不用进行复杂的预处理，对有色、浑浊溶液都可进行分析。常用的膜电极如下。

（1）晶体膜电极　如氟电极。

① 敏感膜（氟化镧单晶）：掺有 EuF_2 的 LaF_3 单晶切片；

内参比电极：Ag-AgCl 电极（管内）。

内参比溶液：0.1mol/L 的 NaCl 和 0.1mol/L 的 NaF 混合溶液（F^- 用来控制膜内表面的电位，Cl^- 用于固定内参比电极的电位）。

② 原理：由于 LaF_3 的晶格中有空穴，在晶格上的 F^- 可以移入晶格邻近的空穴而导电。对于一定的晶体膜，离子的大小、形状和电荷决定其是否能够进入晶体膜内，故膜电极一般都具有较高的离子选择性。当氟电极插入到 F^- 溶液中时，F^- 在晶体膜表面进行交换。

25℃时：　　　　　　　　$E_膜 = K - 0.059 \lg a_{F^-} = K + 0.059 pF$ 　　　　　　　　（11-4）

③ 特点：具有较高的选择性，需要在 pH5~7 使用。

（2）非晶体膜电极　如玻璃膜电极。

填空题

1. 关于氟离子选择性电极

氟离子选择电极的电极膜为（　　　　），属（　　　　）电极。为了改善导电性，晶体中还掺入少量的 EuF_2 和 CaF_2。单晶膜封在硬塑料管的一端，管内装有（　　　）作内参比溶液，以 Ag-AgCl 电极作（　　　）。氟离子选择电极使用的酸度范围为（　　　）。使用前，宜在 10^{-3} mol/L 的（　　　）中浸泡 1~2h。类比 pH 玻璃电极。

2. 标准曲线法测定氟化物原理

以（　　　　　　　）为指示电极，（　　　　　　　）为参比电极，组成测量电池。工作电池的电动势 E，在一定条件下与（　　　　）呈线性关系，25℃时 $E = $（　　　　　　　　），当溶液的总离子强度不变时，上式可改写为（　　　　　　　）；以所测得（　　　　　　）为纵坐标，浓度 c 的负对数 $-\lg c_{F^-}$ 为（　　　　），绘制标准曲线；根据待测溶液的电池电动势，查得其浓度值。

任务二　样品检测与数据采集

任务引入

如何在 pH 计的 mV 模式测量氟离子浓度？首先要选择氟离子电极及参比电极，配制相应的离子强度调节剂，测量相应的标准浓度的溶液及待测样品溶液的 mV 值，通过工作曲线法或计算法，可计算出氟离子浓度。

任务目标

1. 会根据标准规范配制溶液。
2. 会处理样品。
3. 会连接氟离子选择电极和 pH 计。
4. 会填写原始记录表。
5. 能说出标准曲线法定量依据。
6. 能运用所学的"7S"管理知识，维护和保养氟离子选择电极、pH 计。

工作页

（一）任务分析

1. 明晰任务流程

试剂准备 → 仪器准备 → 试样制备 → 控制试验条件 → 测量记录 → 结束工作

2. 任务难点分析

样品处理。

3. 条件需求与准备

（1）仪器

① 氟离子选择电极和饱和甘汞电极。

② 离子活度计或精密酸度计。

③ 电磁搅拌器。

（2）试剂

① 冰乙酸。

② 氢氧化钠溶液（400g/L）。

③ 盐酸溶液（1+1）。

④ 离子强度缓冲液Ⅰ：称取 348.2g 柠檬酸三钠（$Na_3C_6H_5O_7 \cdot 5H_2O$），溶于纯水中。用盐酸溶液（1+1）调节 pH 为 6 后，用纯水稀释至 1000mL。

⑤ 离子强度缓冲液Ⅱ：称取 59g 氯化钠（NaCl），3.48g 柠檬酸三钠（$Na_3C_6H_5O_7 \cdot 5H_2O$），和 57mL 冰乙酸，溶于纯水中，用氢氧化钠溶液调节 pH 为 5.0～5.5 后，用纯水稀释至 1000mL。

⑥ 氟化物标准储备溶液 $[\rho(F^-)=1mg/mL]$：称取经 105℃ 干燥 2h 的氟化钠（NaF）0.2210g，溶解于纯水中，并稀释定容至 100mL。储存于聚乙烯瓶中。

⑦ 氟化物标准使用溶液 $[\rho(F^-)=10\mu g/mL]$（临用时配制）。

（二）任务实施

活动1　测量生活饮用水中的氟含量

1. 试剂、仪器及设备的准备

准备相关的试剂、仪器和设备，完成表 11-3。

氟离子测定装置的安装如图 11-3 所示。

氟离子选择电极的准备步骤如下。

（1）使用前浸泡于 $10^{-4}mol/L$ F^- 或更低 F^- 溶液中活化。

（2）使用时，洗净后放入装有去离子水的烧杯中洗至电极的纯水电位（洗涤过程中需要换水），一般在 300mV 左右。

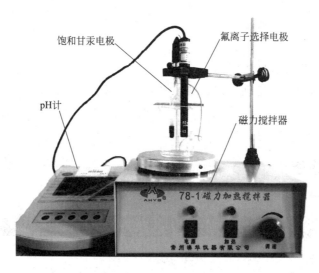

图 11-3　氟离子测定装置

2. 试样、质控样和标准系列的制备

（1）含氟样品的制备

吸取 10.00mL 水样于 50mL 烧杯中。若水样总离子强度过高，应取适量水样稀释到 10mL。

（2）质控样的制备

按质控样证书的要求，配制质控样。然后吸取 10.00mL 质控样于 50mL 烧杯中。

（3）加离子强度缓冲液

为保持溶液的离子强度相对稳定，于水样和质控样中加 10mL 离子强度缓冲液（水样中干扰物质较多时用离子强度缓冲液Ⅰ，较清洁水样用离子强度缓冲液Ⅱ）。

（4）配制含氟标准系列液

分别吸取 10.0μg/mL 氟化物标准使用溶液 0.00mL、0.20mL、0.40mL、0.60mL、1.00mL、2.00mL 和 3.00mL 于 50mL 烧杯中，各加纯水至 10mL。加入与水样相同的离子强度缓冲液Ⅰ或离子强度缓冲液Ⅱ。

3. 测量

分别测量氟标准系列液、含氟样品、质控样电位值，样品平行测定两份。记录电位值（E）。

4. 结果记录

见表 11-4 和表 11-5 检验原始记录。

@ 注意事项

1. 工作过程，电磁搅拌器必须保持干燥，否则容易短路。

2. 测量时应该使用塑料烧杯，测量顺序是氟离子浓度由稀至浓，每次测定前要用被测试液清洗电极、烧杯及搅拌子。

3. 测定一系列标准溶液后，应将电极清洗至原空白电位值，然后再测定未知试液的电位值。

4. 若水样中氟离子含量较低，则可用其他含氟离子溶液作标准加入法。

5. 标准溶液系列与水样的测定应保持温度一致。

6. 即使氟电极暂不使用，也宜放入盒中，使用时重新处理。

7. 饱和甘汞电极的使用

（1）用前应先取下电极下端口和上侧加液口的小胶帽，不用时戴上。

（2）电极内饱和 KCl 溶液的液位应保持有足够的高度（以浸没内电极为宜），不足时要补加。为了保证内参比溶液是饱和溶液，电极下端要保持有少量 KCl 晶体存在，否则必须由上加液口补加少量 KCl 晶体。

（3）使用前应检查玻璃弯管处是否有气泡，若有气泡应及时排除掉，否则将引起电路断路或仪器读数不稳定。

（4）使用前要检查，电极下端液络部是否畅通。检查方法是：先将电极外部擦干，然后用滤纸紧贴液络部下端片刻，若滤纸上出现湿印，则证明未堵塞。

（5）安装电极时，电极应垂直置于溶液中，内参比溶液的液面应较待测溶液的液面高，以防止待测溶液向电极内渗透。

（6）饱和甘汞电极在温度改变时常显示出滞后效应（如温度改变 8℃时，3h 后电极电位仍偏离平衡电位 0.2～0.3mV），因此不宜在温度变化太大的环境中使用。但若使用双盐桥型饱和甘汞电极（见图 10-11），加置盐桥可减小温度滞后效应所引起的电位漂移。饱和甘汞电极在 80℃ 以上时电位值不稳定，此时应改用银-氯化银电极。

（7）当待测溶液中含有 Ag^+、S^{2-}、Cl^- 及高氯酸等物质时，应采用双盐桥型饱和甘汞电极，盐桥套管内装饱和 NH_4NO_3 或 KNO_3。

（8）若甘汞电极内管甘汞糊状物出现黑色时，说明电极已失效，不宜再使用。

1. 测量方法介绍

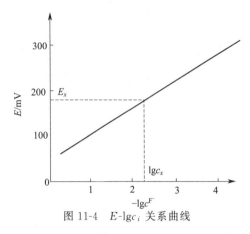

图 11-4　$E\text{-}\lg c_i$ 关系曲线

通常采用标准曲线法测定水中的氟。氟电极与饱和甘汞电极组成一对原电池。利用电动势与离子活度负对数值的线性关系直接求出水样中氟离子浓度。

操作步骤：用测定离子的纯物质（NaF）配制一系列不同浓度的标准溶液，并用总离子强度调节缓冲溶液（简称 TISAB）保持溶液的离子强度相对稳定，分别测定各溶液的电位值，并绘制如图 11-4 所示。并从标准曲线查出被测试液的 $\lg c_{F^-}$，计算出试样中的氟含量。

测定氟含量时，温度、pH、离子强度、共存离子均要影响测定的准确度。

2. 总离子强度调节缓冲溶液（简称 TISAB）**的作用**

（1）维持试液和标准溶液恒定的离子强度。

（2）保持试液在离子选择电极适合的 pH 范围内，避免 H^+ 或 OH^- 的干扰。

（3）使被测离子释放成为可检测的游离离子。

例如用氟离子选择电极测定水中的 F^- 所加入的 TISAB 的组成为 NaCl（1mol/L）、HAc（0.25mol/L）、NaAc（0.75mol/L）及柠檬酸钠（0.001mol/L）。其中 NaCl 溶液用于调节离子强度；HAc-NaAc 组成缓冲体系，使溶液 pH 保持在氟离子选择电极适合的 pH5～5.5；柠檬酸钠作为掩蔽剂，消除 Fe^{3+}、Al^{3+} 的干扰。

值得注意的是，所加入的 TISAB 中不能含有能被所用的离子选择电极所响应的离子。

活动 2　关机和结束工作

1. 任务完毕，关闭酸度计电源开关，拔出电源插头。

2. 取出氟电极和玻璃电极，用蒸馏水清洗干净后套上电极帽，存放在盒内。

3. 清洗试杯，晾干后妥善保存。

4. 清理实验工作台，填写仪器使用记录。

（三）任务数据记录（见表 11-3～表 11-5）

表 11-3　试剂准备

试剂				
编号	名称	级别	数量	配制方法

试剂				
编号	名称	级别	数量	配制方法
备注				

表 11-4　生活饮用水中氟的检测原始记录

记录编号									
样品名称					样品编号				
检验项目					检验日期				
检验依据					判定依据				
温度					相对湿度				
检验设备(标准物质)及编号									
工作曲线	顺序号	1	2	3	4	5	6	7	8
	浓度								
	电位值								
	回归方程								
	相关系数	$r=$							
计算公式									
实验步骤									
检验人					复核人				

表 11-5　离子选择电极法检验原始记录　　　　附页

	样品名称及编号	取样量	___体积	电位值	测定值	平均值
检测结果						
	质控样					
备注						

（四）任务评估（见表 11-6）

表 11-6　任务评价表　　　日期

评价指标	评价要素	等级评定	
		自评	教师评
根据标准配制相关溶液	规范配制总离子强度调节缓冲溶液 F⁻标准系列溶液 规范处理样品		
直接电位法测定溶液电动势	会连接氟离子选择电极和离子计 会离子选择电极法测定溶液电动势 说出标准曲线法定量依据 能说出影响离子选择电极法测定溶液离子浓度准确度的因素		
会填写原始记录表格	能正确填写原始记录		
"7S"管理在任务实施过程中的应用	能运用所学的"7S"管理知识,维护和保养离子选择电极、离子计;完成电化学实训室整理、整顿与清扫工作		
任务反思(自评反馈)	任务实施过程中,出现哪些故障,能否对简单的故障进行判断?能否解决		
工作心得(经验和建议)	任务实施过程中,对自己的工作最满意的是什么?能提出改进的措施		
总成绩			

拓展知识　标准加入法

1. 操作原理

如果某一试液的体积为 V_0，其中待测离子浓度为 c_x，测定的工作电池电动势为 E_1，则：

$$E_1 = K + \frac{2.303RT}{nF}\lg(\chi_i \gamma_i c_x) \tag{11-5}$$

式中　χ_i——游离态待测离子占总浓度的分数；

　　　γ_i——活度系数；

　　　c_x——待测离子的总浓度。

往试液中准确加入一小体积 V_s（大约为 V_0 的 1/100）的用待测离子的纯物质配制的标准溶液，浓度为 c_s（约为 c_x 的 100 倍）。由于 $V_0 > V_s$，可认为溶液体积基本不变。浓度增量为：

$$\Delta c = c_s V_s / V_0$$

再次测定工作电池的电动势为 E_2

$$E_2 = K + \frac{2.303RT}{nF}\lg(\chi_2 \gamma_2 c_x + \chi_2 \gamma_2 \Delta c) \tag{11-6}$$

可以认为 $\gamma_2 \approx \gamma_1$，$\chi_2 \approx \chi_1$。则待测离子浓度计算：

$$\Delta E = |E_2 - E_1| = \frac{2.303RT}{nF}\lg\left(1 + \frac{\Delta c}{c_x}\right)$$

令 $s = \frac{2.303RT}{nF}$；则 $\Delta E = s\lg\left(1 + \frac{\Delta c}{c_x}\right)$

$$c_x = \Delta c (10^{\Delta E/s} - 1)^{-1} \tag{11-7}$$

2. 标准曲线法与标准加入法的应用区别

标准曲线一般适用于已知样品的基体成分和标准液的基体成分相接近的样品。对于组分较复杂的未知样品，用标准曲线法会引入基体误差。此时就需要用标准加入法进行验证，它一般适用于能消除一些基体成分对测定的干扰，但对测定的未知成分含量要粗略估计一下，加入的标准物质的量和样品液浓度接近。

 思考题

简答题

1. 测量离子浓度前需要做哪些准备？

2. 如何在 pH 计的 mV 模式下测量离子浓度？

任务三 撰写检测报告

任务引入

> 对于一个分析实验室而言，其产品就是"检测报告"。测试结果质量如何，必须要有一个衡量的标准。标准曲线，一般要求其相关系数 $r \geqslant 0.999$，如果线性关系不好，应在消除可纠正因素的影响后，重新检测。

任务目标

1. 会用标准曲线法处理数据。
2. 会撰写检测报告。
3. 能说出检测报告所包含的内容。

工作页

（一）任务分析

1. 明晰任务流程

质控判断 → 结果分析 → 撰写报告

2. 任务难点分析

一元线性回归方程计算及标准曲线的绘制。

3. 条件需求与准备

计算机。

（二）任务实施

活动1 一元线性回归

1. 计算标准系列中氟的质量浓度，单位采用 mg/L。

2. 以氟的质量浓度的对数值对应电位值，计算一元线性回归方程（或绘制 $E\text{-}\lg\rho$（F^-）标准曲线）。

3. 将结果填入任务二的表11-4。

 知识链接

影响标准曲线线性关系的因素：

1. 分析方法本身的精密度；

2. 仪器设备的精密度（包括量取标准溶液所用量器的准确度）；

3. 溶剂挥发造成浓度的变化；

4. 检验人员的操作水平等。

实际工作中，导致标准曲线的线性很差最常见的原因是：①配制标准溶液时，试剂量计算错误引起浓度不达标准，请准确配制标准溶液；②逐级稀释的标准液的浓度的对数不成比例，请准确配制标准溶液。

活动2　质控判断

1. 计算质控样浓度

（1）根据质控样电位值代入回归方程求出质量浓度。

（2）根据质控样在检测时加入辅助试剂后的体积变化，计算原始质控样的含量。

2. 将结果填入任务二的表11-5。

3. 判定

将计算所得的原始质控样含量与质控样证书比较，如果超出其不确定度范围，则本次检测无效，需要重新进行检测，若没超出其不确定度范围，则本次检测有效。

活动3　样品浓度计算

1. 将试样溶液电位值代入回归方程，求出质量浓度，然后计算原水样的质量浓度。

2. 将结果填入任务二的表11-5。

活动4　撰写检验报告（见表11-7）

表11-7　检验报告内页

抽样地点			样品编号	
检测项目	检测结果	限值	本项结论	备注
以下空白				

（三）任务评估（见表11-8）

表11-8　任务评价表　　　　日期

评价指标	评价要素	等级评定	
		自评	教师评
撰写检测报告	说出数据有效性判断方法 说出回归方程的计算过程 会确认相关系数 正确判断标准曲线线性 能按标准正确撰写检测报告		
检测报告内容	说出检测报告所包括内容		

评价指标	评价要素	等级评定	
		自评	教师评
任务反思(自评反馈)	任务实施过程中,你遇到什么问题? 如何解决		
工作心得(经验和建议)	任务实施过程中,对自己的工作最满意的是什么?能提出改进的措施		
总成绩			

简答题

1. 测量数值误差不在正常范围内原因是什么?

2. 什么原因会导致标准曲线的线性很差?

项目十二

电位滴定法测定
废水中的钡

 项目导航

金属钡毒性很低，但可溶性钡盐的毒性很高。不同的钡化合物的毒性大小与溶解度有关，溶解度高，毒性大，可溶性钡盐如氯化钡、醋酸钡、硝酸钡等为剧毒。碳酸钡虽不溶于水，但服入后与胃酸反应成为氯化钡而有毒。口服氯化钡 $0.2\sim0.5g$ 即可中毒，致死量为 $0.8\sim1.0g$。

随着钡化合物的广泛应用，生产过程中向环境排放的含钡废水、废弃物也随之增加，在环境中的积累将造成一定程度的污染，威胁人类的健康。

因此，工业废水中钡含量的测定就显得尤为重要。目前国外对水质中钡的测定方法，主要有美国 EPA 法、国际标准化组织离子色谱法；国内测定水质中钡的分析方法主要有铬酸盐间接分光光度法、电位滴定法、火焰原子吸收法、石墨炉原子吸收分光光度法、IP-AES法等。本项目主要学习电位滴定法。通过本项目的学习，最终达到掌握滴定装置及仪器使用、电位滴定终点的确定方法等目的。

本项目的整个检测过程共划分为三个工作任务。

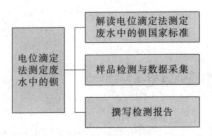

 资源链接

1. GB/T 14671—93 水质钡的测定
2. GB/T 9725—2007 化学试剂 电位滴定法通则

任务一　解读电位滴定法测定废水中的钡国家标准

随着人们环境保护意识的不断增强，国家对于工业废水的排放要求越来越严格，那么国家有关部门有没有出台工业废水排放的标准和相应的检测方法呢？

 任务目标

1. 会查找方法检测限、精密度。
2. 会确认所需的仪器。
3. 会确认所需的试剂。

工作页

（一）任务分析

1. 明晰任务流程

阅读与查找标准 → 仪器确认 → 阅读仪器说明书 → 试剂确认 → 安全防护

2. 任务难点分析

查找相关标准。

3. 条件需求与准备

（1）《GB/T 14671—93 水质钡的测定》。

（2）仪器

① 四苯硼酸根离子电极。

② 双盐桥参比电极。

③ 离子计或电位滴定仪。

④ 磁力搅拌器。

⑤ 滴定管：2mL，分刻度至 0.01mL。

（3）试剂

① 硫化钠。

② 聚乙二醇 1000。

③ 氯化钡：光谱纯。

④ 四苯硼钠。

⑤ 氢氧化钠。

⑥ 硝酸。

⑦ 硝酸钠。

⑧ 碳酸氢钠。

（二）任务实施

 活动 1　阅读与查找标准

仔细阅读《GB/T 14671—93 水质钡的测定》，找出本方法的适用范围、检测下限、干扰、方法原理、精密度和准确度等内容，并列出所需的其他相关标准。将查找结果填入表 12-1。

📚 **知识链接**

1. 电位滴定法简介

电位滴定法是根据电池电动势在滴定过程中的变化来确定滴定终点的一种方法。首先在溶液中插入待测离子的指示电极和参比电极组成化学电池，然后加入滴定剂，由于滴定剂与被测离子发生了化学反应，导致待测离子的浓度不断发生变化，指示电极的电位随之发生变化，最后通过指示电极的电位发生相应的突跃来确定滴定反应终点。

2. 电位滴定法基本原理

电位滴定法是在滴定过程中，根据标准溶液的体积和指示电极的电位变化来确定终点的方法。

进行滴定时，在待测溶液中插入一支对待测离子或滴定剂有电位响应的指示电极，并与参比电极组成工作电池。随着滴定剂的加入，则由于待测离子与滴定剂之间发生化学反应，待测离子浓度不断变化，指示电极电位也相应发生变化。在化学计量点附近，待测离子活度发生突变，指示电极的电位也相应发生突变。因此，通过测量电池电动势的变化，可以确定终点。最后根据滴定剂浓度和终点时滴定剂消耗体积计算试液中待测组分的含量。

电位滴定法不同于直接电位法，直接电位法是以所测得的电池电动势（或其变化量）作为定量参数，因此其测量值的准确与否直接影响定量分析结果。电位滴定法测量的是电池电动势的变化情况，它不以某一电动势的变化量作为定量参数，只根据电动势变化情况确定滴定终点，其定量参数是滴定剂的体积，因此在直接电位法中影响测定的一些因素（如不对称电位、液接电位、电动势测量误差等）在电位滴定中可以得以抵消。

电位滴定法与化学分析滴定法的区别是终点指示方法不同。普通的化学分析滴定法是利用指示剂颜色的变化来指示滴定终点；电位滴定是利用电池电动势的突跃来指示终点。因此，电位滴定虽然没有用指示剂确定终点那样方便，但可以用在浑浊、有色溶液以及找不到合适指示剂的滴定分析中。另外，电位滴定的一个诱人的特点是可以连续滴定和自动滴定。

活动 2　仪器确认

依据查阅的标准，确认所需的各种仪器是否齐全，是否满足标准的要求。将确认结果填入表 12-1。

活动 3　阅读仪器使用说明书

根据检测所使用的电位滴定仪，认真、详细地阅读相应型号仪器的使用说明书，熟悉其使用方法、操作步骤及仪器的维护等内容。

活动 4　试剂确认

按标准要求确认所需的试剂种类、纯度、数量是否满足要求，并确认实验室提供的纯水等级是否满足需要。将确认结果填入表 12-1。

@ 注意事项

确认试剂的数量是否满足要求要依据具体工作情况所需要的试剂量具体分析。

活动 5　安全防护

查找本项目实施过程中可能存在的安全隐患，并提出预防与防护措施。将查找结果填入表 12-1。

（三）任务数据记录（见表 12-1）

表 12-1　解读检测方法的原始记录

记录编号			
一、阅读与查找标准			
方法原理			
相关标准			
检测限			
准确度		精密度	
二、标准内容			
适用范围		限值	
定量公式		性状	
样品处理			
操作步骤			
三、仪器确认			
所需仪器			检定有效日期
四、试剂确认			
试剂名称	纯度	库存量	有效期
五、安全防护			
确认人		复核人	

（四）任务评估（见表 12-2）

表 12-2　任务评价表　　　日期

评价指标	评价要素	等级评定	
		自评	教师评
阅读与查找标准	标准名称 相关标准的完整性 适用范围 检验方法 方法原理 试验条件 检测主要步骤 检测限 准确度 精密度		
仪器确认	仪器种类 仪器规格 仪器精度		
试剂确认	试剂种类 试剂纯度 试剂数量		
安全	设备安全 人身安全		
总成绩			

思考题

一、填空题

1.《GB/T 14671—93》中规定，在采集水样后，应立即用（　　　　　）微孔滤膜过滤，然后用（　　　）或（　　　）调节 pH 至 6，并将该水样存放于（　　　）容器中，室温保存。

2.《GB/T 14671—93 水质钡的测定》电位滴定法的检测限是（　　　　　　　　）。

3.《GB/T 14671—93 水质钡的测定》的测量范围是（　　　　　　　　）。

4.《GB/T 14671—93 水质钡的测定》适合于（　　　　）、（　　　　）、（　　　　）等行业工业废水中可溶性钡的测定。

二、简答题

简述电位滴定法测定废水中钡含量的实验原理。

任务二 样品检测与数据采集

 **任务引入**

> 水中钡的来源主要有三种途径：一是工业企业排放的含钡废水，如钡矿、稀土矿开采、冶炼、制造、使用钡化合物的生产企业在生产过程中也都有可能向环境中排放钡；二是在生产过程中的固体废物露天堆放，经雨水浸泡后，浸出液进入环境中；三是通过工业固体废物填埋场的渗滤液进入环境中。这些都是对环境造成污染的主要途径，因此，我们要严格控制工业"三废"的排放。

任务目标

1. 会填写原始记录表格。
2. 会配制所需的标准溶液。
3. 会样品处理。
4. 会组装手动电位滴定装置。

 **工作页**

（一）任务分析

1. 明晰任务流程

溶液配制 → 样品处理 → 电极准备 → 开机预热 → 滴定液标定

数据处理 ← 结束工作 ← 数据测定

2. 任务难点分析

滴定溶液的标定。

3. 条件需求与准备

同任务一。

（二）任务实施

✏ **活动 1 溶液配制**

1. 辅助试剂配制

按《GB/T 14671—93 水质钡的测定》要求配制以下溶液，填写表 12-5。

(1) 氢氧化钠溶液：1‰（质量分数）。

(2) 硝酸溶液：1‰（体积分数）。

(3) 硝酸钠溶液：0.1 mol/L。

(4) 碳酸氢钠溶液：0.01 mol/L。

(5) 四苯硼酸根离子电极内充液。

(6) 聚乙二醇1 000溶液：10 mg/mL。

2. 标液配制

(1) 钡标准溶液（0.500mg/mL）　准确称取0.7581g光谱纯氯化钡溶于适量水中，移入1000mL容量瓶中，加水稀释至刻度，混匀。

(2) 四苯硼钠滴定溶液（0.0100mol/L）　准确称取3.4221g四苯硼钠溶于适量水中，移入1000mL容量瓶中，加水稀释至刻度，混匀。

3. 质控样配制

按质控样证书的要求，配制质控样。

 **活动2　样品处理**

水样采集后，应立即用φ0.45μm微孔滤膜过滤，然后用氢氧化钠溶液或硝酸溶液将其pH调节至6，并将该水样存放于聚乙烯瓶中，室温下保存。

注意事项

一般样品不需做其他处理，但如果试样中存在铅离子时，需取100mL试样于烧杯中，加入少许固体硫化钠，数分钟澄清后过滤，弃去最初过滤的20mL。

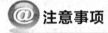 **活动3　电极准备**

1. 四苯硼酸根离子电极的准备

按说明书将四苯硼酸根离子电极内充液加到电极四苯硼酸根离子电极内，并置于电极夹上。

2. 双盐桥饱和甘汞电极的准备

检查饱和甘汞电极内液位、晶体、气泡及微孔砂芯渗漏情况并做适当处理后，用去离子水清洗外壁，并吸干外壁水珠，套上充满硝酸钠溶液的盐桥套管，用橡胶圈扣紧，再用去离子水清洗盐桥套管外壁，并吸干外壁上的水珠，置于电极夹上。

3. 将指示电极及参比电极浸入盛有去离子水的烧杯中清洗至空白电位，电极的插头与离子计的插孔连接好。

注意事项

参比电极略低于指示电极。

 知识链接

电位滴定装置

电位滴定的基本仪器装置如图12-1所示。

(1) 滴定管

根据被测物质含量的高低，可选用常量滴定管或微量滴定管、半微量滴定管。

(2) 电极

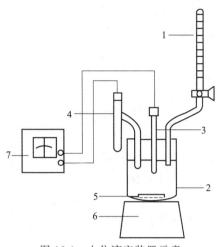

图 12-1　电位滴定装置示意

1—滴定管；2—滴定池；3—指示电极；

4—参比电极；5—搅拌棒；6—电磁搅拌器；7—电位计

① 指示电极　电位滴定法在滴定分析中应用广泛，可用于酸碱滴定、沉淀滴定、氧化还原滴定及配位滴定。不同类型滴定需要选用不同的指示电极，表 12-3 列出各类滴定常用的电极和电极预处理方法，以供参考。

表 12-3　各类滴定常用电极

序号	滴定类型	电极系统		预处理
		指示电极	参比电极	
1	酸碱滴定（水溶液中）	玻璃电极 锑电极	饱和甘汞电极 饱和甘汞电极	(1)玻璃电极：使用前需在水中浸泡 24h 以上,使用后立即清洗并浸于水中保存 (2)锑电极：使用前用砂纸将表面擦亮,使用后应冲洗并擦干
2	氧化还原滴定	铂电极	饱和甘汞电极	铂电极：使用前应注意电极表面不能有油污物质,必要时可在丙酮或硝酸溶液中浸洗,再用水洗涤干净
3	银量法	银电极	饱和甘汞电极（双盐桥型）	(1)银电极：使用前应用细砂纸将表面擦亮后浸入含有少量硝酸钠的稀硝酸溶液(1+1)中,直到有气体放出为止,取出用水洗干净 (2)双盐桥型饱和甘汞电极：盐桥套管内装适当的惰性电解质(如硝酸钾、硝酸铵)溶液。其他注意事项与饱和甘汞电极相同
4	EDTA 配位滴定	金属基电极 离子选择电极 Hg/HgEDTA	饱和甘汞电极	

② 参比电极　电位滴定中的参比电极一般选用饱和甘汞电极。实际工作中应使用产品分析标准规定的指示电极和参比电极。

（3）高阻抗毫伏计和电磁搅拌器。

高阻抗毫伏计可用酸度计或离子计代替。

活动 4　开机预热

1. 开机前检查，检查仪器各部件连接情况。

2. 开机预热 20min。

活动 5　滴定溶液的标定

1. 标定

取 1mL 钡标准溶液于 50mL 烧杯中，加入 20mL 聚乙二醇 1000 溶液，放入搅拌转子，将烧杯放置磁力搅拌器上，插入四苯硼酸根电极和 217 型双盐桥参比电极，开动电磁搅拌器，用四苯硼钠滴定液进行滴定，根据电位突跃判断终点。

2. 计算

四苯硼钠滴定度 T 由式（12-1）求出：

$$T = \frac{1 \times 0.500}{V} \tag{12-1}$$

式中　T——四苯硼钠滴定度（每毫升四苯硼钠相当于钡的质量），mg/mL；

　　　V——四苯硼钠滴定量，mL。

活动 6　数据测定

1. 试样体积的确定

根据试样中钡含量来确定测定时需要移取的体积。

2. 试样滴定

用吸量管吸取一定量的试样于 50mL 烧杯中，加入 20mL 聚乙二醇 1000 溶液，放入搅拌转子，然后将烧杯放至磁力搅拌器上。将指示电极与参比电极放入试样中，开动电磁搅拌器开关，在搅拌情况下，用四苯硼钠滴定液进行滴定。根据电位突跃判断终点。

3. 质控样滴定

用吸量管吸取一定量的质控样于 50mL 烧杯中，以与试样完全相同的步骤、试剂和用量进行滴定。

4. 空白试验

取试样同样量的去离子水，以与试样完全相同的步骤、试剂和用量进行滴定。

5. 将测量数据填入表 12-6 中。

@ 注意事项

《GB/T 14671—93 水质钡的测定 电位滴定法》可知，方法的测量范围为 47.1～1180mg，根据试样中钡含量确定试样体积，使其落在测量范围内。

📚 知识链接

滴定终点的确定方法

1. 实验方法

进行电位滴定时，先要称取一定量试样并将其制备成试液。然后选择一对合适的电极，经适当的预处理后，浸入待测试液中，并按图 12-1 连接组装好装置。开动电磁搅拌器和毫伏计，先读取滴定前试液的电位值（读数前要关闭搅拌器），然后开始滴定。滴定过程中，每加一次一定量的滴定溶液就应测量一次电动势（或 pH），滴定刚开始时可快些，测量间隔可大些（如可每次滴入 5mL 标准滴定溶液测量一次），当标准滴定溶液滴入约为所需滴定体积的 90% 的时候，测量间隔要小些。滴定进行至近化学计量点前后时，应每滴加 0.1mL

标准滴定溶液测量一次电池电动势（或 pH）直至电动势变化不大为止。记录每次滴加标准滴定溶液后滴定管相应读数及测得的电位或 pH。根据所测得的一系列电动势（或 pH）以及相应的滴定消耗的体积确定滴定终点。表 12-4 内所列的是以银电极为指示电极，饱和甘汞电极为参比电极，用 0.1000mol/L AgNO$_3$ 溶液滴定 NaCl 溶液的实验数据。

2. 终点的确定方法

电位滴定终点的确定方法通常有三种，即 E-V 曲线法、$\Delta E/\Delta V$-$\overline{V}$ 曲线法和二阶微商法。

（1）E-V 曲线法　以加入滴定剂的体积 V 为横坐标，以相应的电动势 E 为纵坐标，绘制 E-V 曲线。E-V 曲线上的拐点（曲线斜率最大处）所对应的滴定体积即为终点时滴定剂消耗的体积（V_{ep}）。拐点的位置可用下面的方法来确定：做两条与横坐标成 45°的 E-V 曲线的平行切线，并在两条切线间做一条与两切线等距离的平行线（见图 12-2），该线与 E-V 曲线交点即为拐点。E-V 曲线法适用于滴定曲线对称的情况，而对滴定突跃不十分明显的体系误差大。

表 12-4　以 0.1000mol/L AgNO$_3$ 溶液滴定含 Cl$^-$ 溶液

加入 AgNO$_3$ 体积 V/mL	工作电池电动势 E/V	$\Delta E/\Delta V$	$\Delta^2 E/\Delta V^2$
5.0	0.062		
15.0	0.085		
20.0	0.107		
22.0	0.123		
23.0	0.138		
23.50	0.146		
23.80	0.161		
24.00	0.174		
24.10	0.183		
		0.11	
24.20	0.194		2.8
		0.39	
24.30	0.233		4.4
		0.83	
24.40	0.316		−5.9
		0.24	
24.50	0.340		−1.3
		0.11	
24.60	0.351		−0.4
		0.07	
24.70	0.358		
25.00	0.373		
25.50	0.385		
26.00	0.396		

（2）$\Delta E/\Delta V$-$\overline{V}$ 曲线法　此法又称一阶微商法。$\Delta E/\Delta V$ 是 E 的变化值与相应的加入标准滴定溶液体积的增量之比。如表 12-4 中，在加入 AgNO$_3$ 体积为 24.10mL 和 24.20mL 之间，相应地

$$\frac{\Delta E}{\Delta V}=\frac{0.194-0.183}{24.20-24.10}=0.11$$

其对应的体积 $\bar{V}=\dfrac{24.20+24.10}{2}=24.15$（mL）

将 $\bar{V}$ 对 $\Delta E/\Delta V$ 作图，可得到一峰状曲线，见图12-3，曲线最高点由实验点连线外推得到，其对应的体积为滴定终点时标准滴定溶液所消耗的体积（即 V_{ep}）。用此法作图确定终点比较准确，但手续较繁。

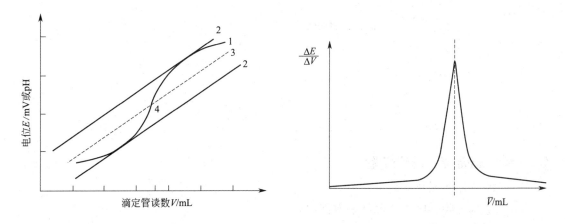

图 12-2　$E\text{-}V$ 曲线　　　　　　　　　图 12-3　$\Delta E/\Delta V\text{-}\bar{V}$ 曲线

1—滴定曲线；2—切线；3—平行等距离线；4—滴定终点

（3）二阶微商法　此法依据是一阶微商曲线的极大点对应的是终点体积，则二阶微商（$\Delta^2 E/\Delta V^2$）等于零处对应的体积也是终点体积。二阶微商法有作图法和计算法两种。

① 计算法　见表12-4中，加入 $AgNO_3$ 体积为 24.30mL 时

$$\frac{\Delta^2 E}{\Delta V^2}=\frac{\left(\dfrac{\Delta E}{\Delta V}\right)_{24.35}-\left(\dfrac{\Delta E}{\Delta V}\right)_{24.25}}{\bar{V}_{24.35}-\bar{V}_{24.25}}$$

$$=\frac{0.83-0.39}{24.35-24.25}=4.4$$

同理，加入 $AgNO_3$ 的体积为 24.40mL 时

$$\frac{\Delta^2 E}{\Delta V^2}=\frac{0.24-0.83}{24.45-24.35}=-5.9$$

则终点必然在 $\dfrac{\Delta^2 E}{\Delta V^2}$ 为 $+4.4$ 和 -5.9 所对应的体积之间，即在 $24.30\sim24.40$mL 之间。

可以用内插法计算，即

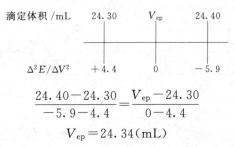

$$\frac{24.40-24.30}{-5.9-4.4}=\frac{V_{ep}-24.30}{0-4.4}$$

$$V_{ep}=24.34（mL）$$

② $\Delta^2 E/\Delta V^2\text{-}\bar{V}$ 曲线法　以 $\Delta^2 E/\Delta V^2$ 对 $\bar{V}$ 作图，得图12-4曲线，曲线最高点与最低点连线与横坐标的交点即为滴定终点体积。

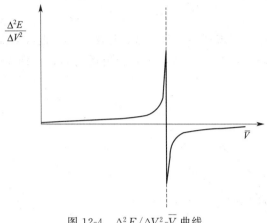

图 12-4　$\Delta^2 E/\Delta V^2$-$\bar{V}$ 曲线

活动 7　结束实验

1. 关闭仪器和搅拌器电源开关。
2. 清洗滴定管、电极、烧杯并放回原处。
3. 清理实验工作台，填写仪器使用记录。

（三）任务数据记录 （见表 12-5 和表 12-6）

表 12-5　试剂准备

溶液名称	浓度	配制方法
氢氧化钠	1%（质量分数）	
硝酸	1%（体积分数）	
硝酸钠	0.1mol/L	
碳酸氢钠	0.01mol/L	
四苯硼酸根离子电极内充液	—	
聚乙二醇 1000	10mg/mL	

表 12-6　电位滴定法测定废水中的钡原始记录

记录编号			
样品名称		样品编号	
检验项目		检验日期	
检验依据		判定依据	
温度		相对湿度	
检验设备（标准物质）及编号			
一、标液配制			
溶液名称	浓度	配制方法	
钡标准溶液	mg/mL		
四苯硼钠溶液	mol/mL		

二、滴定溶液的标定			
$V_{吸取}$/mL			
V_s/mL	E/mV	$\Delta E/\Delta V$	$\Delta^2 E/\Delta V^2$
滴定终点/mL		滴定度/(mg/mL)	
三、试样滴定			
$V_{吸取}$/mL			
V_s/mL	E/mV	$\Delta E/\Delta V$	$\Delta^2 E/\Delta V^2$
滴定终点/mL		钡含量/(mg/L)	
四、质控样滴定			
$V_{吸取}$/mL			
V_s/mL	E/mV	$\Delta E/\Delta V$	$\Delta^2 E/\Delta V^2$
滴定终点/mL		钡含量/(mg/L)	
五、空白滴定			
$V_{吸取}$/mL			
V_s/mL	E/mV	$\Delta E/\Delta V$	$\Delta^2 E/\Delta V^2$
检验人		复核人	

（四）任务评估（见表 12-7）

表 12-7　任务评价表　　　　日期

评价指标	评价要素	等级评定	
		自评	教师评
标液配制	计算思路 计算结果		
样品移取	吸量管使用		
电极准备	电极准备 仪器预热		
数据测量	滴定速度 空白试验		
结束工作	关闭仪器 清洗电极 填写仪器实验记录卡		
学习方法	预习报告书写规范		
工作过程	遵守管理规程 操作过程符合现场管理要求 出勤情况		
思维状态	能发现问题、提出问题、分析问题、解决问题		
自评反馈	按时按质完成工作任务 掌握了专业知识点		
经验和建议			
总成绩			

拓展知识　电位滴定类型

1. 酸碱滴定

酸碱中和滴定一般选择饱和甘汞电极作参比电极，玻璃电极或其他电极作指示电极，用酸度计测定溶液的 pH，然后以滴定剂的体积为横坐标，pH 为纵坐标绘制出曲线，按前述判断终点的方法确定化学计量点，根据滴定时消耗的滴定剂的体积和浓度，计算被测溶液的浓度。

2. 沉淀滴定

常见的沉淀滴定有银量法和汞量法。

银量法以硝酸银作标准溶液，银电极作指示电极，饱和甘汞电极或玻璃电极作参比电极，可用于测定 Cl^-、Br^-、I^-、S^{2-}、CN^-、CNS^- 等。当 I^- 与 Cl^- 或 I^- 与 Br^- 共存时，可连续滴定。

汞量法以硝酸汞作标准溶液，汞电极作指示电极，参比电极与银量法相同，能测定 Cl^-、I^-、CNS^-、$C_2O_4^{2-}$ 等。

无论是银量法或汞量法，氯离子都可能干扰，因此甘汞电极不能直接插入待测溶液中，可用硝酸钾盐桥将待测液与甘汞电极隔开，也可用玻璃电极（在滴定过程中溶液的 pH 基本保持不变，所以玻璃电极可作参比电极）或双盐桥饱和甘汞电极作参比电极，根据滴定过程中电位的突跃确定化学计量点，进而计算待测溶液的浓度。

3. 氧化还原滴定

氧化还原滴定常用的指示电极为惰性电极，参比电极为饱和甘汞电极。凡是化学分析法中的氧化还原滴定都可用电位滴定法来测定，例如用 Ce^{4+} 滴定 Fe^{2+} 即选择铂电极为指示电极，饱和甘汞电极作参比电极。

4. 配位滴定

EDTA 滴定金属离子是配位滴定中广为应用的方法，但有时会遇到终点不明显的情况，用电位法可以克服这个缺点。

配位滴定常用汞电极（也可用铂电极或离子选择电极）作指示电极，饱和甘汞电极作参比电极，可测定 Cu^{2+}、Zn^{2+}、Ca^{2+}、Mg^{2+}、Al^{3+} 等多种离子。滴定的方法是将指示电极和参比电极插入待测溶液中，同时加入少量的 Hg^{2+}-EDTA 溶液，然后在不断搅拌下用 EDTA 标准溶液滴定，记录滴定剂的体积和相应的电极电位，通过作图法求出化学计量点。

 **思考题**

一、填空题

1. 电位滴定装置主要由（　　　　）、（　　　　）、（　　　　）和（　　　　）几部分组成。

2. 电位滴定是根据滴定过程中（　　　）的突跃来确定终点的一种滴定分析方法，可以用在（　　　）、（　　　）以及（　　　）的滴定分析中。

3. 电位滴定的主要类型有（　　　　）、（　　　　）、（　　　　）和（　　　　）。

二、简答题

1. 试述电位滴定法测定溶液 pH 的原理。

2. 电位滴定法与用指示剂指示终点的滴定分析方法有什么区别？

三、计算题

1. 用 0.1052mol/L 的氢氧化钠溶液进行电位滴定 25.00mL HCl 溶液，以玻璃电极作指示电极，饱和甘汞电极作参比电极，测得以下数据：

V(NaOH)/mL	0.55	24.50	25.50	25.60	25.70	25.80	25.90
pH	1.70	3.00	3.37	3.41	3.45	3.50	3.75
V(NaOH)/mL	26.00	26.10	26.20	26.30	26.40	26.50	27.00
pH	7.50	10.20	10.35	10.47	10.52	10.56	10.74

计算：（1）根据 pH-V（NaOH）的曲线，从曲线的拐点确定终点。

（2）计算 HCl 溶液的浓度。

2. 用饱和甘汞电极-铂电极对组成电池，铂电极为正极，以高锰酸钾溶液滴定硫酸亚铁，计算 95％ 的 Fe^{2+} 氧化为 Fe^{3+} 时的电动势？已知饱和甘汞电极的电极电位为 0.244V。

任务三　撰写检测报告

任务引入

废水中钡含量的测定项目已经完成，但如何准确、规范地表达测定结果呢？

任务目标

1. 会电位滴定法处理数据。
2. 会确定滴定终点。
3. 会撰写检测报告。

工作页

（一）任务分析

1. 明晰任务流程

终点确认 → 样品计算 → 质控判断 → 撰写报告

2. 任务难点分析

样品计算。

3. 条件需求与准备

计算机。

（二）任务实施

✏️ 活动1　终点确定

1. 根据数据记录表，采用二阶微商计算法，确定滴定终点。
2. 将结果填入任务二的表12-6。

✏️ 活动2　样品和质控样计算

1. 根据滴定终点体积，分别计算质控样和试样中钡的质量浓度。
钡的质量浓度 ρ（mg/L）用式（12-2）计算：

$$\rho = \frac{TV_1}{V} \times 1000 \qquad (12\text{-}2)$$

式中 T——滴定度，mg/mL；

  V_1——四苯硼钠滴定液的用量，mL；

  V——水样体积，mL。

2. 将结果填入任务二的表 12-6。

活动 3　质控判断

1. 将质控样检测结果与质控样证书比较，如果超出其不确定度范围，则本次检测无效，需要重新进行检测，若没超出其不确定度范围，则本次检测有效。

2. 将结果填入任务二的表 12-6。

活动 4　撰写报告（见表 12-8）

表 12-8　检验报告内页

抽样地点			样品编号	
检测项目	检测结果	限值	本项结论	备注
以下空白				

（三）任务评估（见表 12-9）

表 12-9　任务评价表　　　日期

评价指标	评价要素	等级评定	
		自评	教师评
样品计算	稀释倍数		
质控判断	质控浓度计算 检测有效性判断		
撰写报告	无空项 有效数字符合标准规定		
学习方法	预习报告书写规范		
工作过程	遵守管理规程 操作过程符合现场管理要求 出勤情况		
思维状态	能发现问题、提出问题、分析问题、解决问题		
自评反馈	按时按质完成工作任务掌握了专业知识点		
经验和建议			
总成绩			

思考题

一、选择题

1. 电位滴定法中，定量的参数是（　　）。

A. 参与反应物质的总浓度　　　　　　B. 滴定剂的体积

C. 电池电动势的突变值　　　　　　　D. 电池电动势的变化量

2. 在电位滴定中，以 E-V 作图绘制曲线，滴定终点为（　　）。

A. 曲线的最大斜率点   B. 曲线的最小斜率点

C. E 为最正值的点   D. E 为最负值的点

3. 在电位滴定中，以 $\Delta E / \Delta V \text{-} \bar{V}$ 作图绘制曲线，滴定终点为（　　）。

A. 曲线的最低点   B. 曲线的最高点

C. 曲线的最大斜率点   D. 曲线的斜率为零时的点

4. 用浓度为 0.01mol/L 的 NaOH 溶液滴定 20mL 的 HAc 溶液，来确定 HAc 溶液的浓度，选择的指示电极应为（　　）。

A. 铂电极   B. 玻璃电极   C. 银电极   D. 钙电极

5. 用浓度为 0.0141mol/L 的 $AgNO_3$ 滴定 20mL 的 NaCl 溶液，到达终点时消耗 $AgNO_3$ 的体积为 19.20mL，则 NaCl 溶液的浓度为（　　）。

A. 0.0141mol/L   B. 0.0135mol/L   C. 0.0270mol/L   D. 0.0282mol/L

二、判断题

1. 电位滴定法是借助滴定过程中电流的变化确定终点。（　　）

2. 电位滴定法也是根据标准滴定剂的浓度和消耗体积来计算被测物质的含量。（　　）

3. 酸碱滴定要用铂电极作指示电极。（　　）

4. 氯离子含量测定可以用银电极为指示电极。（　　）

项目十三

气相色谱法测定化学试剂
丙酮中水、甲醇、乙醇

 **项目导航**

气相色谱法是一种现代分离检测技术，是在有机化学中对易于挥发而不发生分解的化合物进行分离和分析的色谱技术。

化学试剂丙酮为无色透明液体，具有特殊臭味，能与水、醇及多种有机溶剂互溶。本项目为归一化法测定丙酮中水、甲醇及乙醇的含量，包括六个工作任务。

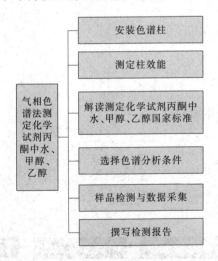

气相色谱法测定化学试剂丙酮中水、甲醇、乙醇

- 安装色谱柱
- 测定柱效能
- 解读测定化学试剂丙酮中水、甲醇、乙醇国家标准
- 选择色谱分析条件
- 样品检测与数据采集
- 撰写检测报告

 资源链接

1. GB/T 686—2008 化学试剂 丙酮
2. GB/T 9722—2006 化学试剂 气相色谱法通则
3. GB/T 30430—2013 气相色谱仪测试用标准色谱柱

任务一 安装色谱柱

任务引入

色谱柱是色谱
仪进行分离的核心部
分，必须懂得色谱
柱的安装与使用。

色谱柱能做什么？

任务目标

1. 会安装填充柱。
2. 会安装毛细管柱。
3. 会检漏。
4. 会老化色谱柱。
5. 能说出气相色谱仪的主要部件。

工作页

（一）任务分析

1. 明晰任务流程

观看色谱柱、色谱仪 → 观看安装视频 → 阅读安装说明 → 实施安装 → 开气源、检漏

关机及结束 ← 分析测试样品 ← 柱流失检测 ← 色谱柱老化 ← 开机

2. 任务难点分析

（1）色谱柱的安装。

（2）色谱柱的检漏。

3. 条件需求与准备

（1）仪器

① 气相色谱仪。

② 色谱柱：填充柱、毛细管柱。

③ 辅助工具：标尺、切割工具、放大镜、扳手、进样垫、干净的衬管、卡套、注射针。

（2）试剂

① 异丙醇（1+1）。

② 色谱柱测试混合样品（配制方法查阅色谱柱说明书）。

 知识链接

1. 气相色谱仪

气相色谱仪分为通用型和专用型，一般情况下指通用型气相色谱仪。目前国内外的气相色谱仪种类和型号很多，国产仪器和进口仪器都普遍使用，如图 13-1 和图 13-2 所示。

图 13-1　山东鲁南 SP6800 型气相色谱仪

图 13-2　安捷伦 GC7890 型气相色谱仪

2. 气相色谱仪基本构造

气相色谱仪包括六大系统：气路系统、进样系统、分离系统（色谱柱）、电气系统、检测系统和数据处理系统，结构及流程如图 13-3 和图 13-4 所示。

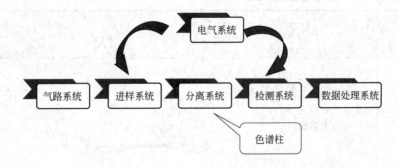

图 13-3　气相色谱仪基本结构

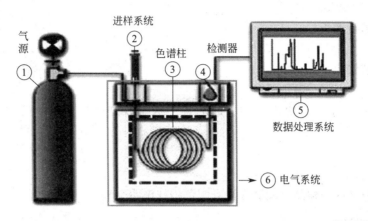

图 13-4 气相色谱流程示意

3. 六大系统简介

（1）气路系统　气相色谱仪中的气路是一个载气连续运行的密闭管路系统。整个载气系统要求载气纯净、密闭性好、流速稳定及流速测量准确。包括气源、减压阀、净化器、稳压阀、稳流阀、流量计等。

（2）进样系统　进样就是把气体或液体样品迅速而定量地加到色谱柱上端。常以微量注射器（穿过隔膜垫）或六通阀将液体样品注入气化室，通常六通阀进样的重现性好于注射器。

（3）分离系统　分离系统的核心是色谱柱，它存在于柱温箱中，它的作用是将多组分样品分离为单个组分。

（4）检测系统　检测器的作用是把被色谱柱分离的样品组分根据其特性和含量转化成电信号，经放大后，由记录仪记录成色谱图。常用的有热导检测器、氢火焰离子化检测器等。

（5）数据处理系统　近年来气相色谱仪主要采用色谱工作站。色谱工作站记录色谱图，并能在记录纸上打印出处理后的结果，如保留时间、被测组分质量分数等。

（6）电气系统　用于控制和测量色谱柱、检测器、气化室温度，是气相色谱仪的重要组成部分。

（二）任务实施

活动 1　色谱柱的安装

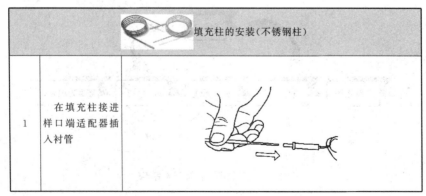

填充柱的安装（不锈钢柱）	
1	在填充柱接进样口端适配器插入衬管	

		填充柱的安装(不锈钢柱)	
2	进样口端接口处的连接	带有衬管适配器插入样品入口端	
		用手拧紧柱适配器螺帽	
		转动适配器螺帽扳手,拧至一半,固定螺帽	
3	安装检测器接口处适配器	安装检测器接口处适配器	检测器接头 —— 适配接头 适配接头 ——
		固定检测器接口处适配器(用手拧紧适配器螺帽,用扳手拧紧一半)	
4	安装不锈钢柱	安装不锈钢柱至两端口适配器 注意:不锈钢柱和适配器间要加垫圈,填充柱有两种,一种是两端一样长的,另一种是两端一长一短的,两端一样长的在填充时不分方向,而两端一长一短则有方向性,长的一端接进样口,短的一端接检测器	
5	固定不锈钢柱	用扳手拧紧后固定不锈钢柱和适配器间的接口	

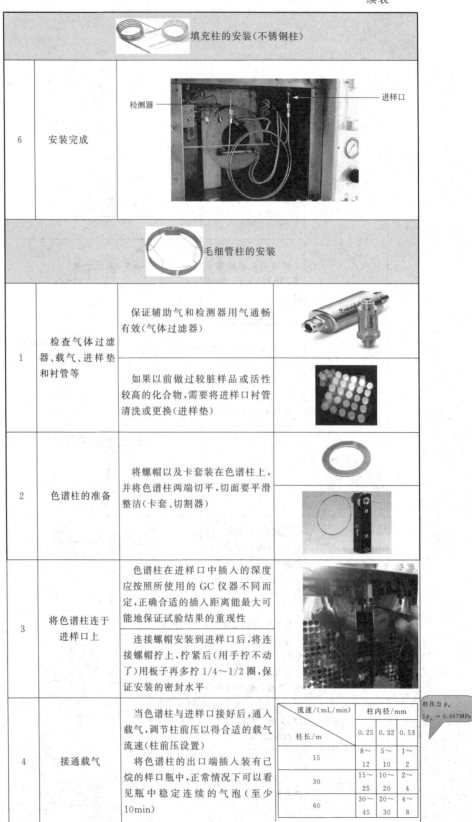

	填充柱的安装(不锈钢柱)	
6	安装完成	检测器　进样口
	毛细管柱的安装	
1	检查气体过滤器、载气、进样垫和衬管等	保证辅助气和检测器用气通畅有效(气体过滤器)
		如果以前做过较脏样品或活性较高的化合物,需要将进样口衬管清洗或更换(进样垫)
2	色谱柱的准备	将螺帽以及卡套装在色谱柱上,并将色谱柱两端切平,切面要平滑整洁(卡套、切割器)
3	将色谱柱连于进样口上	色谱柱在进样口中插入的深度应按照所使用的 GC 仪器不同而定,正确合适的插入距离能最大可能地保证试验结果的重现性
		连接螺帽安装到进样口后,将连接螺帽拧上,拧紧后(用手拧不动了)用板子再多拧 1/4~1/2 圈,保证安装的密封水平
4	接通载气	当色谱柱与进样口接好后,通入载气,调节柱前压以得合适的载气流速(柱前压设置)
		将色谱柱的出口端插入装有己烷的样口瓶中,正常情况下可以看见瓶中稳定连续的气泡(至少10min)

柱压力 p_o , $1p_o = 0.007MPa$

流速/(mL/min)　柱内径/mm	0.25	0.32	0.53
柱长/m			
15	8~12	5~10	1~2
30	15~25	10~20	2~4
60	30~45	20~30	4~8

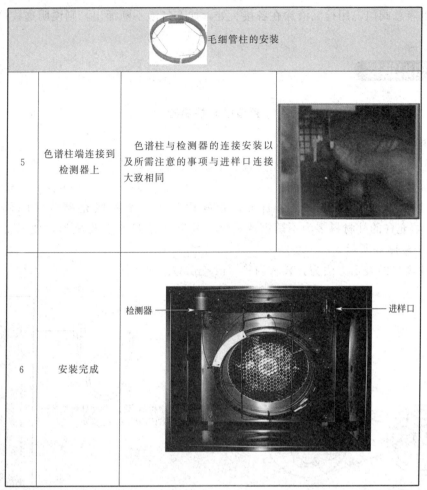

		毛细管柱的安装
5	色谱柱端连接到检测器上	色谱柱与检测器的连接安装以及所需注意的事项与进样口连接大致相同
6	安装完成	检测器 进样口

注：将色谱柱要切割的部分用手指顶住，用合适的切割工具在外壁轻轻划个标记，不要直接进行切割。然后捏柱子在标记处折断。再使用放大镜对切割后的端口进行检查，以确定切口和管壁成直角。

@ 注意事项

1. 通常来说，色谱柱的入口应保持在进样口的中下部，当进样针穿过隔垫完全插入进样口后，如果针尖与色谱柱入口相差1~2cm，这就是较为理想的状态。

2. 毛细管色谱柱安装插入的长度要根据仪器的说明书而定，不同的色谱气化室结构不同，所以插进的长度也不同。

3. 需要说明的是，如果毛细管色谱柱采用不分流，气化室采用填充柱接口，这时与气化室连接毛细管柱不能探进太多，略超出卡套即可。

活动2 气体检漏

在色谱柱进行加热前，一定要进行检漏，确保整个气相色谱仪系统无泄漏。当对进样口和检测器进行载气检漏时，使用电子检漏计是最为有效的方法之一。建议色谱柱温箱内部检漏液不要用肥皂水，它有可能由被检测处进入色谱柱和其他装置中，从而对系统有所损害，可以使用1：1异丙醇的混合溶液。色谱箱外部的检漏液可以用肥皂水。

打开钢瓶总阀门，用检漏液涂在各接头处，如有气泡不断涌出，则说明这些接口处有漏气现象。

知识链接

色谱柱与柱温箱

1. 色谱柱

气相色谱的标准柱一般可分为填充柱、毛细管柱和大口径毛细管柱。

（1）填充柱

填充柱内径一般为 2mm±0.1mm，在柱内均匀、紧密填充颗粒状的固定相（见图 13-5）。填充柱的柱材料多为不锈钢或玻璃，其形状有 U 形和螺旋形，使用 U 形柱时柱效较高，如图 13-6 所示。

填充柱规格的表示方法为：长×内径（m×mm）。

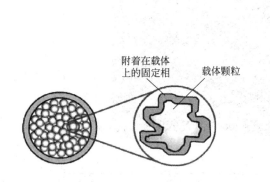

图 13-5 气相填充柱剖面示意

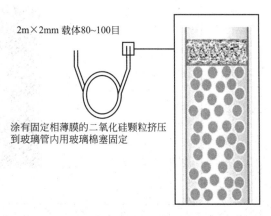

图 13-6 典型的填充柱结构

（2）毛细管柱和大口径毛细管柱

毛细管柱内径≤0.5mm 为毛细管柱，内径 >0.5mm 为大口径毛细管柱，柱材料大多用熔融石英，即弹性石英柱。毛细管柱与填充柱相比具有分离效率高、分析速度快、色谱峰窄、峰形对称等优点，可解决填充柱难于分离的复杂样品的分析问题，是近代色谱柱发展的趋势。常用的毛细管柱为涂壁空心柱（WCOT），其内壁直接涂渍固定液（见图 13-7）。

毛细管柱规格的表示方法为：长×内径×液膜厚度（m×mm×μm）。如：30m×0.25mm×0.1μm 毛细管色谱柱。

图 13-7 涂壁空心柱（WCOT）剖面示意

按柱内径不同，WCOT 可进一步分为微径柱、常规柱和大口径柱，表 13-1 列出常用色谱柱的特点及用途。无论何种类型色谱柱都有极性强弱之分，要根据样品的特性来选择。色谱柱是气相色谱仪的心脏，样品分离效果的好坏，主要取决于色谱柱，因此要合理选择色谱柱。

表 13-1　常用色谱柱的特点和用途

参数		柱长/m	内径/mm	进样量/ng	主要用途
填充柱	经典	1～5	2～4	10～10^6	分析样品
	微型		≤1		分析样品
	制备		>4		制备色谱纯化合物
毛细管柱	微径柱	1～10	≤0.1	10～1000	快速 GC
	常规柱	10～60	0.2～0.32		常规分析
	大口径柱	10～50	0.53～0.75		定量分析

2. 柱箱

在分离系统中，柱箱是一个精密的控温箱。调节色谱柱的温度实际上是调节柱箱的温度，柱箱的控温精度通常为±0.1℃。柱箱的控温范围一般为室温至 450℃，有些仪器可以进行多阶程序升温控制，以满足色谱优化分离的需要。

@ 注意事项

1. 毛细管柱易碎，安装时要特别小心。
2. 不同型号的色谱柱，其色谱操作条件有所不同，应视具体情况作相应调整。

 **活动 3　色谱柱的老化**

色谱柱的老化包括预备阶段和实际老化步骤，填充柱和毛细管柱的老化步骤是不一样的。

1. 预备阶段

(1) 关闭检测器。关闭检测器相关气体，特别重要的是关闭氢气！

(2) 用无孔垫圈和柱螺帽封上检测器接头。

2. 毛细管柱的老化

(1) 按此表选择一个适当的柱压［单位：psi(kPa)］。

长度/m	内径				
	0.10mm	0.20mm	0.25mm	0.32mm	0.53mm
10	25(170)	6(40)	3.7(26)	2.3(16)	0.9(6.4)
15	39(270)	9(61)	5.6(39)	3.4(24)	1.4(9.7)
25	68(470)	15(104)	9.5(65)	5.7(40)	2.3(16)
30	83(570)	18(126)	12(80)	7(48)	2.8(19)
50		32(220)	20(135)	12(81)	4.7(32)
60		39(267)	24(164)	14(98)	5.6(39)

(2) 输入所选压力，让气流在室温下通入柱内 15～30min，以便赶走空气。

(3) 将柱箱温度从室温升到柱的最高使用温度以下 20℃。升温速率为 10～15℃/min，并保持最高温度 120min 以上。

(4) 如果不是马上用老化后的色谱柱，将其从柱箱中取出，两端堵上堵头，以防止空气、水汽和其他污染物进入色谱柱。

3. 填充柱的老化

(1) 输入适当的柱流量。以氮气为载气，流速是正常的一半即可。

(2) 老化温度应比最高使用温度低 20℃。将柱箱温度缓慢升至柱的老化温度。

(3) 在终温下老化 8h 以上。如果不马上用老化后的色谱柱，将其从柱箱中取出。两端堵上堵头，以防止空气、水汽和其他污染物进入色谱柱。

知识链接

色谱柱的老化

色谱柱的老化包括在柱内通入载气，然后进行加热。对于毛细管柱要老化2h以上，对于填充柱则需要老化8h以上。这样就赶走了柱内残留物，使色谱柱能用于正常分析。

新的填充柱应该进行老化，因为其中经常含有从涂渍过程中带入的挥发性残留物。对于在柱两端未加堵头的情况下放置一段时间后的已使用过的柱来说，也需要进行老化。

1. 老化作用

（1）降低由于柱子流失（溶剂）而引起的本底噪声　这对于使用高灵敏度的检测分析是很重要的，如用氢火焰离子化检测器，一般认为流失能引起噪声和不稳定的基线。真正的柱流失常常有如同噪声状的正向漂移。

（2）提高定量的准确度　这一点一般易被忽视，假若要求分析结果的相对偏差等于或低于3％时，应在固定液的最高使用温度下老化6～48h（视固定液的性质决定）。

2. 老化原则

（1）设置老化温度时，绝不允许超过固定液的最高使用温度。

（2）老化时间与所用检测器的灵敏度和类型有关，灵敏度越高，要求老化的时间相对越长。

（3）老化时间的长短也取决于固定液的特性，"气相色谱纯的"要少于"工业纯的"。例如，OV固定液老化时间要少于SE-60、QF-1（工业纯）。

（4）样品的极性越强，要求填充柱老化的时间相对越长。

活动4　柱流失检测

柱流失是固定相的降解产物洗脱后在气相色谱检测器上产生的背景信号，所有的色谱柱都有柱流失现象。柱流失会随着温度的升高而加剧，用柱流失曲线可以很好地表现柱流失特征，如图13-8所示。

1. 开机状态下设置柱温50℃，升温至设定温度，观察基线至平直。

2. 设置柱温以10℃/min从50℃升到最高使用温度，温度要升至色谱柱的温度上限，并持续该温度10～15min。

3. 查看色谱流出曲线。

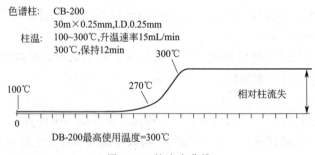

色谱柱：　CB-200
　　　　　30m×0.25mm,I.D.0.25mm
柱温：　100～300℃,升温速率15mL/min
　　　　300℃,保持12min

DB-200最高使用温度=300℃

图13-8　柱流失曲线

柱流失曲线

正常情况下,色谱流失曲线应当是一条平滑的与程序升温相吻合的曲线,如图13-8所示,即基线随着柱温的升高而提升,当柱温恒定后,基线也稳定在一个水平。这需要一定的时间,此时的重大偏差不是柱流失引起的。柱流失的特点是:在低于色谱柱温度上限(30~40℃)范围内,基线大幅增加。

在空白试验的色谱图中,不应该有色谱峰出现。如果出现了色谱峰,通常可能是从进样口带来的污染物。

活动5 分析测试实验混合样品

利用对混合测试样品的分析来确认色谱柱的安装和性能。每一根新色谱柱都带有一张性能测试谱图,在相同于图中实验条件和测试样品的情况下,应该得到与标准测试相同或相近的谱图。

(三)任务数据记录(见表13-2)

表13-2 安装色谱柱原始记录

记录编号			
样品名称		样品编号	
检验项目		检验日期	
检验依据		判定依据	
温度		相对湿度	
检验设备(标准物质)及编号			
一、色谱柱安装及检漏			
气路系统是否通畅			
检漏方法			
二、色谱柱老化及检测			
仪器条件:柱温 _____℃　气化室温度 _____℃　检测器名称_____　检测器温度_____℃　载气流速_____mL/min　进样量_____μL			
柱流失检测情况			
实验混合样品检测情况			
结论			
检验人		复核人	

（四）任务评估（见表 13-3）

表 13-3　任务评价表　　　　日期

评价指标	评价要素	等级评定	
		自评	教师评
安装结果	是否正确		
检漏结果	是否有漏气现象		
开机、关机	参数设置 操作顺序		
测试	仪器正常工作 老化结果 基线平直		
结束工作	电源关闭、工作台整洁、填写仪器实验记录卡		
学习方法	预习报告书写规范		
工作过程	遵守管理规程 操作过程符合现场管理要求 出勤情况		
思维状态	能发现问题、提出问题、分析问题、解决问题		
自评反馈	按时按质完成工作任务 掌握了专业知识点		
经验和建议			
总成绩			

拓展知识　色谱法

1. 色谱法的由来

1906 年，由俄国植物学家茨维特在石油醚洗脱植物色素的提取液，经过一段时间洗脱之后，植物色素在碳酸钙柱中实现分离。由一条色带分散为数条平行的色带，如图 13-9 所示。他将这种方法命名为色谱法。

2. 色谱法的分类

从茨维特的叶绿素提取实验中可以知道色谱分离过程中存在两相，常理解为"一静一动"，即固定相（如碳酸钙）和流动相（如石油醚）。固定相是色谱柱内的固定物质，流动相是气体或液体。色谱法种类很多，其分类方法也有多种，常用的分类方法是按两相所处的状态分类，如表 13-4 所示。

表 13-4　色谱法的分类

流动相	总称	固定相	色谱名称
气体	气相色谱（GC）	固体	气 - 固色谱（GSC）
		液体	气 - 液色谱（GLC）
液体	液相色谱（LC）	固体	液 - 固色谱（LSC）
		液体	液 - 液色谱（LLC）

3. 气相色谱法的特点

流动相为气体的色谱法叫气相色谱法，气相色谱法是一种常用的仪器分析方法，具有如下特点。

（1）灵敏度高　可检出 $10^{-11} \sim 10^{-15}$ g 的物质，可作超纯气体、高分子单体的痕量分析和空气中微量毒物的分析。

（2）分离效率高　可以把复杂的样品分离成单组分。

（3）选择性高　可有效地分离性质极为相近的各种同分异构体和各种同位素，适合多组分同步分析。

（4）样品用量少　一般气体用几毫升，液体用几微升或几十微升。

（5）分析速度快　一般分析只需几分钟或十几分钟就可以完成，有利于指导和控制生产。

（6）应用范围广　既可以分析低含量样品，也可以分析高含量样品。

气相色谱法的不足之处是不能直接分析未知物，分析无机物、高沸点有机物和生物活性物质比较困难。

溶剂

碳酸钙

色谱带

图13-9　茨维特植物色素分离实验装置

思考题

一、选择题

1. 色谱法（　　）。

A. 亦称色层法或层析法，是一种分离技术。当其应用于分析化学领域，并与适当的检测手段相结合，就构成了色谱分析法

B. 亦称色层法或层析法，是一种富集技术。当其应用于分析化学领域，并与适当的检测手段相结合，就构成了色谱分析法

C. 亦称色层法或层析法，是一种进样技术。当其应用于分析化学领域，并与适当的检测手段相结合，就构成了色谱分析法

D. 亦称色层法或层析法，是一种萃取技术。当其应用于分析化学领域，并与适当的检测手段相结合，就构成了色谱分析法

2. 气相色谱分析的仪器中，色谱分离系统是装填了固定相的色谱柱，色谱柱的作用是（　　）。

A. 分离混合物组分

B. 感应混合物各组分的浓度或质量

C. 与样品发生化学反应

D. 将其混合物的量信号转变成电信号

3. 气相色谱仪主要由气路系统、进样系统、（　　）、电气系统、检测系统、数据处理系统组成。

A. 比色皿　　　　　B. 检测器　　　　　C. 传感器　　　　　D. 色谱柱

4. 物质的分离是在（　　）中完成的。

A. 进样口　　　　　B. 色谱柱　　　　　C. 流动相　　　　　D. 检测器

5. 下列情况下应对色谱柱进行老化（　　）。

A. 每次安装了新的色谱柱后

B. 色谱柱每次使用后

C. 分析完一个样品后，准备分析其他样品之前

D. 更换了载气或燃气

二、简答题

1. 气相色谱仪包括哪几个组成部分？

2. 气相色谱柱分为哪几种类型？

3. 气相色谱法的特点是什么？

任务二 测定柱效能

什么是柱效能？
怎样才能提高柱效能？

 任务目标

1. 会用微量注射器进样。
2. 会开关气相色谱仪。
3. 会使用色谱工作站。
4. 会测定柱效能。
5. 会在采样袋中针头取样。
6. 能说出分离度、理论塔板数及经验公式。

 工作页

（一）任务分析

1. 明晰任务流程

阅读 GC 说明书 → 开机 → 柱效能测定 → 柱效能计算 → 关机及结束

2. 任务难点分析

（1）使用色谱工作站。

（2）柱效能测定。

3. 条件需求与准备

仪器及实验条件见表 13-5。

表 13-5 仪器及实验条件

仪器	规格型号	
气相色谱仪	SP-6800	TCD
色谱柱	填充柱	GDX-104

其他辅助工具		
1μL 微量注射器	氢气（钢瓶或氢气发生器）	皂膜流量计
样品溶液/试剂		
1. 纯净水：三级以上 2. 无水乙醇 3. 乙酸乙酯 4. 混合试样：水、无水乙醇、乙酸乙酯按比例混合		
实验操作条件		

载气（H_2）：输入压力 0.25MPa   柱前压 0.06MPa
温度设置：
    进样器：180℃   检测室：170℃
    色谱柱室：160℃
桥电流：
    150mA，衰减 001		

（二）任务实施

活动 1　阅读气相色谱仪说明书

1. 阅读需要使用的气相色谱仪说明书（用户手册），填写基本信息至表 13-7，即仪器型号、生产厂家、主要介绍内容及注意事项。

2. 阅读需要使用的气相色谱仪相关型号的工作站说明书，了解工作站的特点和功能，学习工作站软件的安装与卸载，认识工作站的菜单栏、工具栏图标，学会创建分析方法及数据的处理方法。

活动 2　气相色谱仪的开机

1. 气相色谱仪开机

（1）通载气（H_2）至所需的压力，检查各连接部分不得漏气，旋下热导放空螺帽。

（2）检查气路畅通后，开主机电源，按要求设置各部件温度，核对无误后单击"加热"，通过单击"显示"观察各部件的升温情况。

（3）打开计算机，双击"在线工作站"图标进入色谱数据工作站，准确进入相应"通道"。单击"数据采集"、"查看基线"、"零点校正"、初设"电压范围"为 $-1\sim20$mV，"时间范围"为 $0\sim10$min。

（4）待各部分温度接近于设定值，设桥电流 150mA，同时单击"桥流"和"衰减"。

（5）待基线基本平直，准备进样。

2. 工作站的打开

（1）双击 Windows 桌面的 图标，打开窗口如图 13-10 所示。或单击 Windows 桌面左下角"开始"，在"程序"一栏中选择"N3000 色谱工作站"，单击"N3000 色谱工作站"，亦可进入。

（2）单击图 13-10 中的"通道 1"即可进入通道 1，如图 13-11 所示。

（3）在"窗口二"中单击"采样 1"与单击"采集数据"的效果相同。单击"停止"与"停止采集"的结果是一样的。

图 13-10　窗口一

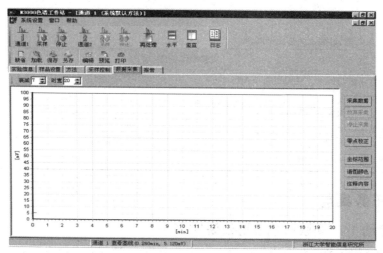

图 13-11　窗口二

（4）单击"窗口一"中的"通道1"，接着单击"通道2"，最后单击"竖直"即可生成如下窗口，如图13-12所示。这是双通道同时打开进行基线查看或数据采集时的操作。

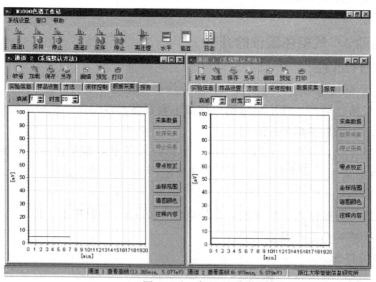

图 13-12　窗口三

@ **注意事项**

1. 开机前要确认气路系统畅通，并且接头处没有漏气现象。

2. 先开载气，并观察柱前压，显示正常时再开主机电源，以免仪器烧坏。

3. TCD 排出口接软管引到室外。

1. 色谱流出曲线和术语

（1）色谱流出曲线

色谱流出曲线也叫色谱图，是指试样经色谱分离后的各组分流出色谱柱的时间或流出体积与检测器输出的电信号的变化关系曲线，每一个对应组分的图形称为一个色谱峰。理想的色谱峰应该是正态分布曲线，如图 13-13 所示。

由色谱流出曲线可以实现以下目的：

① 依据色谱峰的保留值进行定性分析；

② 依据色谱峰的峰面积或峰高进行定量分析；

③ 依据色谱峰的保留值及区域宽度评价色谱柱的分离效能。

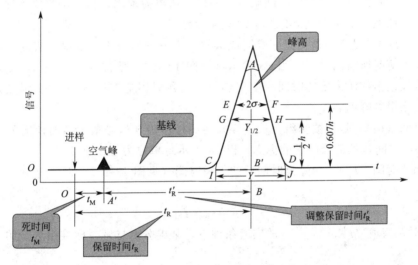

13-13　色谱流出曲线示意

（2）色谱图中的术语

色谱法实际应用中常用一些专门的术语来描述色谱流出曲线的不同参数。

① 基线　色谱柱中没有分析物仅有纯流动相时，检测器产生的背景信号叫基线。基线在稳定的条件下应是一条水平的直线。由各种因素所引起的基线起伏称为基线噪声，如果基线随时间产生定向的缓慢变化称为基线漂移（见图 13-14）。

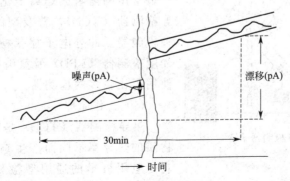

图 13-14　基线噪声及漂移

② 峰高与峰面积

峰高：如图 13-13 所示，从色谱峰顶点到基线之间的距离称为峰高，用 h 表示。

峰面积：如图 13-13 所示，色谱流出曲线与基线所包围的面积称为峰面积，用 A 表示。

峰高和峰面积是色谱分析中常用的定量参数。

③ 色谱峰的区域宽度

标准偏差（σ）：标准偏差（σ）是指 0.607 倍峰高处色谱峰宽度的一半。

峰底宽：峰底宽（W_b）是指色谱峰两侧拐点所作的切线与基线两交点之间的距离 IJ，$W_b = 4\sigma$。

半峰宽：半峰宽（$W_{1/2}$）是指在峰高一半处的峰宽 GH，$W_{1/2} = 2.354\sigma$。

④ 保留值

保留值是指试样中各组分在色谱柱内的保留行为，常用时间或相应的载气体积表示，分别称为保留时间和保留体积，以时间来表示的保留值更为常用。在一定实验条件下，组分的保留值具有特征性，常作为色谱分析中的定性参数。

死时间（t_M）：是指不被固定相吸附或溶解的组分（如空气、甲烷）从进样开始到柱后出现浓度最大值时所需的时间，用 t_M 表示（见图 13-13），单位为 min 或 s，死时间实际上就是载气流经色谱柱所需要的时间。使用热导检测器时用空气峰测 t_M，使用氢火焰离子化检测器时，用甲烷峰测 t_M。

调整时间（t_R）：是指被测组分从进样开始到柱后出现信号最大值时所需的时间（见图 13-13）。保留时间是色谱峰位置的标志，以 t_R 表示，单位为 min 或 s。

调整保留时间（t_R'）：扣除死时间后的保留时间（见图 13-13），以 t_R' 表示，单位为 min 或 s。

$$t_R' = t_R - t_M$$

⑤ 相对保留值（$r_{i,s}'$）　一定的实验条件下，某组分 i 与另一标准组分 s 的调整保留时间之比。

$$r_{i,s}' = \frac{t_{R(i)}'}{t_{R(s)}'}$$

式中，$r_{i,s}'$ 仅与柱温及固定相性质有关，而与其他实验条件如柱长、柱内填充情况及载气的流速等无关。

2. 热导检测器

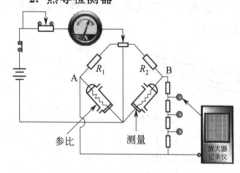

图 13-15　热导检测器示意

目前气相色谱仪的检测器已有几十种，其中最常用的是氢火焰离子化检测器（FID）和热导检测器（TCD），普及型的仪器大都配有这两种检测器。此外电子捕获检测器（ECD）、火焰光度检测器（FPD）及氮磷检测器（NPD）也是使用得比较多的检测器。

（1）工作原理

热导检测器（TCD）是由热导池及利用不同物质的热导率不同而产生响应的浓度型检测器。它是应用最早的通用型检测器，对无机物和有机物都有响应，其结构如图 13-15 所示。

热导检测器的工作原理是基于不同气体具有不同的热导率。当没有进样时，参比池和测量池通过的都是纯载气，热导率相同，由于热丝温度相同两臂的电阻值相同，电桥平衡，输出端之间无信号输出，记录系统记录的是一条直线（基线）。

当有试样进入仪器系统时，载气携带着组分蒸气流经测量池，待测组分的热导率和载气的热导率不同，测量池中散热情况发生变化，而参比池中流过的仍然是纯载气，参比池和测量池两池孔中热丝热量损失不同，热丝温度不同，从而使热丝电阻值产生差异，使测量电桥失去平衡，电桥输出端之间有电压信号输出。输出的电压信号（色谱峰面积或峰高）与待测组分和载气的热导率的差值有关，与载气中样品的浓度成正比。

载气与样品的热导率（导热能力）相差越大，检测器灵敏度越高，不同化合物的热导率值如表 13-6 所示。TCD 常用 H_2 或 He 作载气，灵敏度高，线性范围宽。

表 13-6　一些化合物蒸气和气体的相对热导率

化合物	相对热导率 He=100	化合物	相对热导率 He=100	化合物	相对热导率 He=100
氦(He)	100.0	乙炔	16.3	甲烷(CH_4)	26.2
氮(N_2)	18.0	甲醇	13.2	丙烷(C_3H_8)	15.1
空气	18.0	丙酮	10.1	环己烷	12.0
一氧化碳	17.3	四氯化碳	5.3	乙烯	17.8
氨(NH_3)	18.8	二氯甲烷	6.5	苯	10.6
乙烷(C_2H_6)	17.5	氢(H_2)	123.0	乙醇	12.7
正丁烷(C_4H_{10})	13.5	氧(O_2)	18.3	乙酸乙酯	9.8
异丁烷	13.9	氩(Ar)	12.5	氯仿	6.0
环己烷	10.3	二氧化碳(CO_2)	12.7		

载气的纯度也影响 TCD 的灵敏度，另外，增大电桥工作电流可以提高检测器灵敏度。但是，桥流增加，噪声也将随之增大。并且，桥流越高，热丝越易被氧化，使用寿命越短。一般商品 TCD 均有不同检测器温度下推荐使用的桥电流值，实际工作中可参考设置。

（2）热导检测器的特点

热导检测器对任何可以气化的物质均有响应（待测组分和载气的热导率有差异即可产生响应），是通用型检测器。

热导检测器结构简单，通用性好，线性范围宽，价格便宜，不破坏样品，应用范围广，主要缺点是灵敏度相对较低。

活动 3　柱效能测定

1. 按仪器操作规程开机运行至基线平直（查看基线）。

2. 先用 $1\mu L$ 微量注射器吸取空气 $0.6\sim0.8\mu L$，注入色谱仪，同时启动"数据采集"，待出现完整色谱图，停止采集数据，记录空气峰保留时间。重复三次。将测量结果填入表 13-7 中。

3. 用专用注射器分别吸取水、乙醇、乙酸乙酯各 $0.2\mu L$，同时取空气 $0.5\mu L$ 注入色谱仪，同时启动"数据采集"，待所有组分全部流出并基线平直，"停止采集"，记录空气峰和标样峰的保留时间，重复进样三次，将测量结果填入表 13-7 中。

4. 用同样的方法取混合试样 $0.3\mu L$，同时加空气 $0.5\mu L$ 注入色谱仪，待所有组分全部出峰完毕，停止采集数据，记录各相关组分峰的保留时间 t_R，平行三次，取平均值，将测量结果填入表 13-7 中。

@ 注意事项

1. 用微量注射器进样时，要求操作稳当、连贯、迅速。切忌用力过猛，避免折弯针柄。

2. 养成进样后马上用溶剂洗针数次的习惯。

3. 柱效能要求：每米理论塔板数不小于 1200，每米有效塔板数不小于 800。

 知识链接

柱效能

色谱柱在分离过程中主要由动力学因素决定分离效能，色谱峰的柱效是对样品通过气相色谱仪器进样系统、色谱柱和检测器后离散程度的一种测量方法。理想状态时色谱峰应该是一条细线，但是由于分散效应，色谱峰呈现"高斯"分布形状。

在气相色谱中，塔板数（n）是主要评估色谱峰离散程度的方法，反映了色谱柱的性能。塔板数 n 是把色谱柱比拟成蒸馏过程而衍生出的一种表示色谱柱柱效的方法，在此方法中，色谱柱被分成"理论塔板"，每个塔板的高度是样品在固定液和流动相中完成一次平衡过程的距离。因此色谱柱"理论塔板"越多，平衡的过程也就越多，分离的效果也就越好。

活动 4　柱效能计算

一般以理论塔板数或有效理论塔板数来衡量色谱柱柱效能的高低，根据活动 3 的图谱数据，用无水乙醇计算柱效能，同时得到乙醇与相邻峰的分离度。计算数据填至表 13-7 中，其中空气为非滞留组分。

每米理论板数（n/L）计算如下：

$$n/L = 16\left(\frac{t_R}{W}\right)^2/L = 5.54\left(\frac{t_R}{W_{h/2}}\right)^2/L$$

式中　n/L——每米理论板数；

　　　t_R——保留时间，s；

　　　W——峰宽，s；

　　　$W_{h/2}$——半高峰宽，s。

每米有效板数 n_{eff}/L 计算式如下：

$$n_{eff}/L = 16\left(\frac{t_R'}{W}\right)^2/L = 5.54\left(\frac{t_R'}{W_{h/2}}\right)^2/L$$

式中　n_{eff}/L——每米有效板数；

　　　t_R'——调整保留时间，s。

分离度的计算：$R = \dfrac{2(t_{R_2} - t_{R_1})}{W_1 + W_2}$

1. 因为测定柱效能时不同物质得到的塔板数是不相同的，所以必须指明是用什么物质测量的 n_{eff}。

2. 本任务测定的是 TCD 检测器填充柱的柱效能，与标准有所不同，如需测定 FID 毛细管柱的柱效能，可按 GB/T 30430—2013 气相色谱仪测试用标准色谱柱执行。

 知识链接

1. 塔板理论

塔板理论是 1941 年马丁和詹姆斯提出的半经验理论，他们将色谱柱假想为许多小段，称为塔板，如图 13-16 所示。样品在每块塔板的流动相和固定相之间达到分配平衡，再进入下一块塔板。由于流动相在不停地移动，组分就在这些塔板间的两相间不断达到分配平衡。组分在两相间的分配系数与浓度无关，在各塔板中均为同一常数，单位柱长的塔板数越多，表明柱效能越高。以 n 表示理论塔板数，L 表示柱长，H 表示每个塔板高度。H 越小，n 越多，组分在塔内分配次数越多，则柱效能越高。

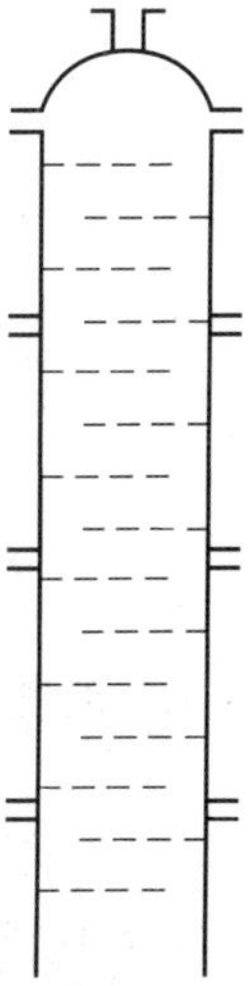

塔板数的计算：

$$n = 5.54\left(\frac{t_R}{W_{h/2}}\right)^2 = 16\left(\frac{t_R}{W}\right)^2 \tag{13-1}$$

$$n = \frac{L}{H} \tag{13-2}$$

图 13-16 塔板理论模型

在实际工作中，按式(13-1)和式(13-2)计算出来的 n 和 H 有时并不能充分反映色谱柱的分离效能，其原因在于没有扣除死时间的影响，故常用有效塔板数 n_{eff} 表示柱效能：

$$n_{eff} = 5.54 \times \left(\frac{t'_R}{W_{h/2}}\right)^2 = 16\left(\frac{t'_R}{W}\right)^2 \tag{13-3}$$

2. 速率理论

1956 年，由荷兰人范第姆特（Van Deemter）提出速率方程式，经多人完善推广。定义 H 为单位柱长的离散度，范第姆特方程为：

$$H = A + \frac{B}{u} + Cu \tag{13-4}$$

式中，H 为塔板高度；A 为涡流扩散项；B/u 为纵向扩散项；Cu 为传质阻力项。

它指出组分分子在柱内运行的多路径、涡流扩散、浓度梯度造成的分子扩散及传质阻力，使气液两相间的分配平衡不能瞬间达到。由于同组分分子在颗粒间隙的路径不同，走大的间隙的分子先到柱末端，走小的间隙的分子后到柱末端，介于两者之间路径的则在中间时间到达。以中间路径的行走分子时间为基准，则其他路径的分子会在前或在后到达，使冲洗它们的时间产生一个统计分布，即色谱峰，具有一定的展宽。

3. 分离度

在色谱分析中，塔板理论和速率理论都难以描述难分离物质对的实际分离程度，即柱效为多大时，相邻两组分能够被完全分离。难分离物质对在色谱柱内分离效果的好坏主要看两个方面：一是难分离的物质（相邻组分）的色谱峰是否完全分开，即峰的间距是否足够；二是峰形的宽窄程度。理想的分离效果是峰间距足够大且峰形狭窄。

选择性因子 α 的大小，反映了相邻两组峰间距的大小，但不能反映峰的形状及宽窄；塔板高度 H 和塔板数 n 只能反映色谱柱对单一组分的柱效能，而不能说明难分离物质对的分离情况。因此结合热力学和动力学两方面的因素，确定一个参量作为色谱柱的总分离效能指标，既要反映相邻色谱峰的间距，又要反映色谱峰的宽窄，为此提出了分离度的概念。分离度又称为分辨率，用 R 表示，是指两个相邻色谱峰的分离程度。R 等于相邻色谱峰保留时间之差与两色谱峰峰宽平均值之比，如图 13-17 所示。

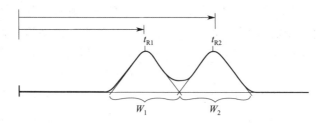

图 13-17　分离度的计算

分离度的计算公式如下：

$$R = \frac{2(t_{R_2} - t_{R_1})}{W_1 + W_2} \tag{13-5}$$

式中　t_{R_1}、t_{R_2} 分别为组分 1、2 的保留时间；W_1、W_2 分别为组分 1、2 的色谱峰峰底宽度。

显然，分子项中两保留时间差越大，即两峰相距越远，分母项越小，即两峰越窄，R 值就越大，两组分分离得就越完全。一般来说，当 $R < 1$ 时，两峰有明显的重叠，当 $R = 1$ 时，分离程度可达 98%，当 $R = 1.5$ 时，分离程度可达 99.7%。所以，通常用 $R \geqslant 1.5$ 作为衡量相邻两峰完全分离的指标。

 **活动 5　关机及结束**

1. 实验结束，将"桥流"设置为"000"，单击"停止"便停止加热，单击"显示"观察柱温及检测器温度接近室温，旋上"热导放空"密封螺帽，关掉主机电源开关，停止供气。

2. 退出计算机系统。

🅐 注意事项

引起色谱柱柱效快速下降的主要原因如下。

① 色谱柱断裂，需要重新安装色谱柱。

② 色谱柱在过高的温度下长期使用。

③ 有氧气进入色谱柱中，特别在升温过程中。

④ 无机酸、碱对色谱柱的损伤。

⑤ 不挥发、难挥发物质对色谱柱的污染。

（三）任务数据记录（见表 13-7）

表 13-7　测定柱效能原始记录

记录编号			
样品名称		样品编号	
检验项目		检验日期	
检验依据		判定依据	
温度		相对湿度	
检验设备（标准物质）及编号			

一、阅读仪器及工作站说明书

仪器型号		生产厂家	
说明书主要内容			
注意事项			

二、各标准物质的保留值

组分名 ＼ 保留值	水	无水乙醇	乙酸乙酯
t_R			
t_R'			

三、柱效能测定（无水乙醇）

组分测定 ＼ 测定数据	水				无水乙醇				乙酸乙酯			
	1	2	3	平均	1	2	3	平均	1	2	3	平均
t_M/min												
t_R/min												
t_R'/min												
$r_{i,s}$												
$W_{h/2}/\text{min}$												
n_{eff}（乙醇）												
R（乙醇）												

柱流失检测情况			
实验混合样品检测情况			
结论			
检验人		复核人	

（四）任务评估（见表 13-8）

表 13-8　任务评价表　　　　日期

评价指标	评价要素	等级评定	
		自评	教师评
试剂配制	计算思路 计算结果		
开机、关机	检查漏气 仪器参数设置		

评价指标	评价要素	等级评定	
		自评	教师评
数据测量	测定柱效能 柱效能计算 分离度计算 理论塔板数计算 采样袋取样 使用工作站 测量顺序		
结束工作	关气顺序 电源关闭 填写仪器实验记录卡		
学习方法	预习报告书写规范		
工作过程	遵守管理规程 操作过程符合现场管理要求 出勤情况		
思维状态	能发现问题、提出问题、分析问题、解决问题		
自评反馈	按时按质完成工作任务 掌握了专业知识点		
经验和建议			
总成绩			

拓展知识　气体采样袋的使用

气相色谱中气体采样装置既可以脱机使用，也可以联机使用，脱机装置是指使用气瓶、注射器或气袋采集气体样品，然后将气体样品从合适的气相色谱进样口注入。

气体采样袋通常由聚乙烯材料或铝塑复合膜制成（见图 13-18），装有塑料接口或金属接口，适合于充装各种气体，如硫化物、卤化物及有机气体。气袋可在 1～3 个月内确保低浓度（10^{-6} 级）组分恒定不变。气体采样袋广泛用于石油、化工、教育、环保、卫生、科研等行业气体样品的采集和保存。

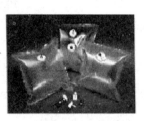

图 13-18　气体采样袋及气密性注射器

@ 注意事项

1. 开关阀通过阀杆操作，阀杆顺时针旋转到底为关，逆时针旋转到底为开，开关阀只能全开或全闭，不能调节流量大小。

2. 使用前应用样品气或惰性气体置换气袋。

3. 充气压力不宜超过 3kPa，直观观察为气袋充分鼓起，但用手指按压并不十分绷紧。

4. 使用温度：−30～50℃。

5. 储存和使用时，应远离明火及高温，不能与坚硬物体触碰，以免刺破膜材。

6. 各种接口与仪器设备、装置连接宜采用相应软胶管过渡。

7. 采集或储存有腐蚀性气体，建议选择全塑料开关阀气袋。

8. 使用采样袋时要注意采样器具对试样的吸附。

思考题

一、选择题

1. 色谱峰在色谱图中的位置用（   ）来说明。

A. 灵敏度　　　　　B. 峰高值　　　　　C. 峰宽值　　　　　D. 保留值

2. 气相色谱分析的仪器中，载气的作用是（   ）。

A. 携带样品，流经气化室、色谱柱、检测器，以便完成对样品的分离和分析

B. 与样品发生化学反应，流经气化室、色谱柱、检测器，以便完成对样品的分离和分析

C. 溶解样品，流经气化室、色谱柱、检测器，以便完成对样品的分离和分析

D. 吸附样品，流经气化室、色谱柱、检测器，以便完成对样品的分离和分析

3. 衡量色谱柱总分离效能的指标是（   ）。

A. 塔板数　　　　　B. 分离度　　　　　C. 分配系数　　　　　D. 相对保留值

4. 气相色谱分析的仪器中，检测器的作用是（   ）。

A. 感应到达检测器的各组分的浓度或质量，将其物质的量信号转变成电信号，并传递给信号放大记录系统

B. 分离混合物组分

C. 将其混合物的量信号转变成电信号

D. 感应混合物各组分的浓度或质量

5. TCD 的基本原理是依据被测组分与载气（   ）的不同。

A. 相对极性　　　　B. 电阻率　　　　　C. 相对密度　　　　D. 热导率

6. 检测器通入 H_2 的桥电流不许超过（   ）。

A. 150mA　　　　　B. 250mA　　　　　C. 270mA　　　　　D. 350mA

7. 热导检测器的灵敏度随着桥电流的增大而增高，因此，在实际操作时，桥电流应该（   ）。

A. 越大越好　　　　　　　　　　B. 越小越好

C. 选用最高允许电流　　　　　　D. 在灵敏度满足需要时，尽量用小桥流

8. 对气相色谱柱分离度影响最大的是（   ）。

A. 色谱柱柱温　　　B. 载气的流速　　　C. 柱子的长度　　　D. 填料粒度的大小

二、判断题

1. 热导检测器中最关键的元件是热丝。（   ）

2. 色谱柱的选择性可用"总分离效能指标"来表示，它可定义为：相邻两色谱峰保留

时间的差值与两色谱峰峰宽之和的比值。（　　）

3. 相邻两组分得到完全分离时，其分离度 $R<1.5$。（　　）

4. 组分 1 和组分 2 的峰顶点距离为 1.08cm，而 $W_1=0.65$cm，$W_2=0.76$cm。则组分 1 和组分 2 不能完全分离。（　　）

5. 气相色谱定性分析中，在适宜色谱条件下标准物与未知物保留时间一致，则可以肯定两者为同一物质。（　　）

6. 在气相色谱分析中通过保留值完全可以准确地给被测物定性。（　　）

7. 气相色谱对试样组分的分离是物理分离。（　　）

8. 气相色谱分析中，提高柱温能提高柱子的选择性，但会延长分析时间，降低柱效率。（　　）

三、计算题

在一根 3m 长的色谱柱上，分离一试样，得如下的色谱图及数据：

（1）用组分 2 计算色谱柱的理论塔板数；

（2）求调整保留时间 t'_{R_1} 及 t'_{R_2}；

（3）若需达到分离度 $R=1.5$，所需的最短柱长为多少？

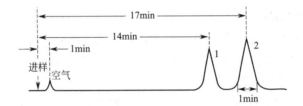

任务三　解读测定化学试剂丙酮中水、甲醇、乙醇国家标准

任务引入

是常用溶剂，有一定毒性，还有……？
关于丙酮，你了解多少？

任务目标

1. 会填写原始记录表格。
2. 会查找方法检测限、精密度和准确度。
3. 会确认所需的仪器、试剂。

工作页

（一）任务分析

1. 明晰任务流程

阅读与查找标准　→　仪器确认　→　试剂确认　→　安全防护

2. 任务难点分析

解读标准。

3. 条件需求与准备

（1）《GB/T 686—2008 化学试剂 丙酮》。

（2）仪器

① 气相色谱仪（TCD）。

② 填充柱（GDX-104）：内径 3mm、长 2m 的不锈钢管或玻璃管。

（3）试剂

丙酮、甲醇、乙醇。

（二）任务实施

✏️ **活动 1　阅读与查找标准**

仔细阅读《GB/T 686—2008 化学试剂 丙酮》，找出本方法的适用范围、检测下限、干扰、方

法原理、精密度和准确度等内容，并列出所需的其他相关标准。将查找结果填入表13-9。

 **活动2　仪器确认**

依据查阅的标准，确认所需的各种仪器是否齐全，是否满足标准的要求。将确认结果填入表13-9。

注意事项

1. 进样口不能拧得太紧，室温下拧得太紧，当气化室温度升高时硅胶密封垫膨胀后会更紧，这时注射器很难扎进去。

2. 进样位置找的不好会使针扎在进样口金属部位。

3. 进样时要稳重，不能急于求快，要通过反复训练，做到动作娴熟流畅，否则会把注射器弄弯。

知识链接

气相色谱进样系统

进样系统包括进样器和气化室两部分，它的作用是把样品瞬间转变为气体，然后由载气将样品气体快速带入色谱柱。

1. 进样器

进样器包括液体进样器和气体进样器。

（1）液体样品进样器

液体样品采用微量注射器（见图13-19）直接注入气化室进样。常用的微量注射器有 $1\mu L$、$5\mu L$、$10\mu L$ 等规格。实际工作中可根据需要选择合适容积的微量注射器，要注意 $1\mu L$ 的进样针容易堵。

使用时要用待测样品润洗3次以上，对某些易污染样品要清洗10次以上，每次用完要及时清洗进样针。

（2）气体进样器

气体样品可以用六通阀进样，如图13-20所示。转式六通阀在取样状态时样气进入定量管，而载气直接进入色谱柱。进样状态时，将阀旋转 $60°$，此时载气通过定量管与色谱柱连接，将管中样气带入色谱柱中。定量管有 0.5mL、1mL、3mL、5mL 等规格，进样时可以根据需要选择合适体积的定量管。

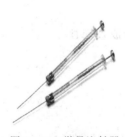

图 13-19　微量注射器

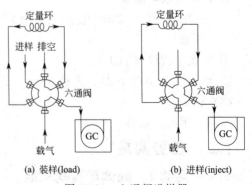

(a) 装样(load)　　　　(b) 进样(inject)

图 13-20　六通阀进样器

六通阀进样器的使用注意事项如下。

在气相色谱分析中，进样是定量分析误差的主要来源之一。在实际分析中，由于样品的气、液、固状态不同，分析目的不同，要求不同，用于GC的进样系统种类繁多，如常压气体样品就有六通阀气体进样或注射针筒进样两种。

常压气体样品采用医用注射器通过注射隔垫注射进样，简单、灵活，但缺点是有样品反冲和渗漏，定量误差大，重复性一般在2.5%以上。六通阀定体积进样，操作方便、迅速且结果也较准确。只要操作合理又掌握一定的技巧，重现性可小于0.5%。另外，六通阀还可以直接用于高压气体进样。

气路系统的气密性：六通阀进样系统接入色谱柱时要保证气路系统不漏气，否则不但影响仪器的稳定性，也不能保证仪器进样的重现性。

定量管体积：在灵敏度满足要求的情况下尽量小，对于填充柱一般不易大于5mL。

温度控制：在环境温度下，样品组分有可能冷凝或含有微量液体气体样品时，应考虑六通阀（含导入仪器的管线）温度影响。

样品处理：应防止灰尘、机械颗粒进入阀内，影响气密性或正常工作，也要避免高沸点杂质对阀的污染。

取样方式：为防止可能造成的环境中的气体组分对样品的污染或干扰，最好通过大注射器针头像液体进样一样打入定量管。

取样工具：目前常用的是金属镀膜取气袋、大注射器或专用取气钢瓶。

定量管内样品的气压：由于气体的含量和气压直接有关，为保证每次进样的重复性，取样后要使定量管的压力与大气压平衡，依据经验一般在取样后平衡20~30s即可。

冲洗定量管样品体积：为防止样品浓度不同带来气体残留的干扰，取样时要求用新样品气对定量管进行冲洗，冲洗气量依据经验应不小于定量体积的5倍。实际影响也可以通过实验峰的重现性来判断与选择。

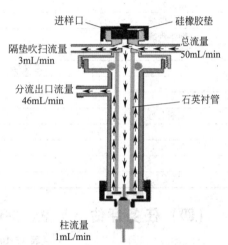

图13-21　气相色谱仪气化室示意

2. 气化室

气相色谱分析要求气化室温度要足够高，图13-21是一种常用的液体样品进样系统，当用微量注射器直接将样品注入气化室时，样品瞬间气化，然后由载气将气化的样品带入色谱柱内进行分离。气化室内不锈钢套管中插入的石英玻璃衬管能起到保护色谱柱的作用。进样口使用硅橡胶材料的密封隔垫，其作用是防止漏气。硅橡胶密封隔垫在使用一段时间后会失去密封作用，应注意更换。

使用毛细管柱时，由于柱内固定相量少，柱容量比填充柱低，为防止色谱柱超负荷，要使用分流进样器。样品在分流进样器中气化后，只有一小部分样品进入毛细管柱，而大部分样品随载气由分流气体出口放空。在分流进样时，进入毛细管柱内的载气流量与放空的载气流量（即进入色谱柱的样品量与放空的样品量）的比称为分流比。毛细管柱分析时使用的分流比一般为(1∶10)~(1∶100)。

活动3 试剂确认

按标准要求确认所需的试剂种类、纯度、数量是否满足要求，并确认实验室提供的纯水等级是否满足需要。填写至表13-9。

活动4 安全防护

查找本项目实施过程中可能存在的安全隐患，并提出预防与防护措施。将查找结果填入表13-9。

（三）任务数据记录（见表13-9）

表13-9 解读检测方法的原始记录

记录编号				
一、阅读与查找标准				
方法原理				
相关标准				
检测限				
准确度		精密度		
二、标准内容				
适用范围		限值		
定量公式		性状		
样品处理				
操作步骤				
三、仪器确认				
所需仪器			检定有效日期	
四、试剂确认				
试剂名称	纯度		库存量	有效期
五、安全防护				
确认人		复核人		

（四）任务评估（见表13-10）

表13-10 任务评价表   日期

评价指标	评价要素	等级评定	
		自评	教师评
阅读与查找标准	标准名称		
	相关标准的完整性		
	适用范围		
	检验方法		
	方法原理		
	试验条件		
	检测主要步骤		
	检测限		
	准确度		
	精密度		
仪器确认	仪器种类		
	仪器规格		
	仪器精度		

评价指标	评价要素	等级评定	
		自评	教师评
试剂确认	试剂种类		
	试剂纯度		
	试剂数量		
安全	设备安全		
	人身安全		
总成绩			

拓展知识　气相色谱仪的分类

常用的气相色谱仪按气路可分为单柱单气路（见图13-22）和双柱双气路（见图13-23）两种类型，包括六大系统：气路系统、进样系统、分离系统、电气系统、检测系统和数据处理系统。

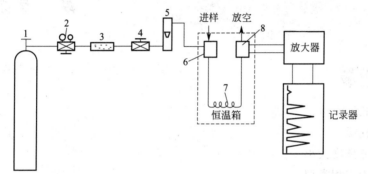

图13-22　单柱单气路系统

1—载气钢瓶；2—减压阀；3—净化器；4—稳流阀；5—流量计；6—气化室；7—色谱柱；8—检测器

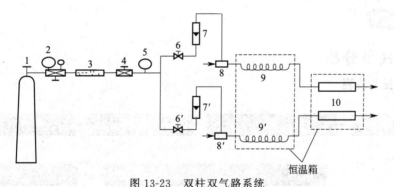

图13-23　双柱双气路系统

1—载气钢瓶；2—减压阀；3—净化器；4—稳流阀；5—压力表；6,6'—针形阀；

7,7'—流量计；8,8'—进样-气化室；9,9'—色谱柱；10—检测器

思考题

1. 气相色谱法测定丙酮中水、甲醇、乙醇的含量测定的依据是（　　　　　　　　）。
2. 气相色谱法的两个基本理论是（　　　　　　）和（　　　　　　　　）。
3. 气相色谱仪的类型包括（　　　　　　　）和（　　　　　　　　）。

任务四　选择色谱分析条件

气相色谱分析条件主要包括：

1. 载气流速的选择

2. 柱温的选择

3. 气化室温度的选择

4. 检测器温度的选择

 任务目标

1. 会选择载气流速。

2. 会选择柱温。

3. 会调整分离度大小。

4. 能说出固定相类型。

5. 能说出色谱分析条件的选择方法。

 工作页

（一）任务分析

1. 明晰任务流程

开机 → 实验条件的初步设置 → 试样的定性分析 → 柱温的选择

↓

关机及结束 ← 选择最佳操作条件 ← 载气流速的选择

2. 任务难点分析

（1）使用色谱工作站。

（2）色谱操作条件的选择。

3. 条件需求与准备

（1）仪器

① 气相色谱仪（TCD）。

② 填充柱（GDX-104）：内径 3mm，长 2m 的不锈钢管或玻璃管。

（2）试剂

丙酮、甲醇、乙醇。

（二）任务实施

 **活动1　实验条件的初步设置**

由于仪器的不同及实验条件的差别，标准中表达的操作条件并不是唯一的，需要根据实际情况选择最佳条件，先按标准要求进行初步设置操作条件。

检测器：热导检测器。

载气及流速：氢气，40mL/min。

温度设置：柱温110℃，气化室温度170℃，检测器温度150℃。

进样量：3μL。

活动2　试样的定性分析

1. 仪器稳定后，分别注入0.2μL丙酮、水、甲醇、乙醇标准样品，记录保留时间至表13-11。

2. 注入1μL未知样品，记录保留时间和半峰宽。

3. 确定未知样品各个峰所代表的物质。

知识链接

定性分析

采用气相色谱法进行定性分析，就是利用合理的方法确定色谱图中每个色谱峰各表示何种组分。

在一定的色谱条件下，每一种物质都有各自确定的保留值，并且不受其他组分的影响。

利用保留值定性：利用保留值定性是最基本的定性方法，其基本依据是：两个相同的物质在相同的色谱条件下应该具有相同的保留值。因此，通过比较标准物和未知物的保留值即可确定未知物是何种物质。利用已知纯物质直接对照进行定性是利用保留时间（t_R）直接比较，这时要求载气的流速、载气的温度和柱温一定要恒定。载气流速的微小波动，载气温度和柱温的微小变化，都会使保留值（t_R）改变，从而对定性结果产生影响。这时可以选择利用相对保留值定性。

用相对保留值定性：由于相对保留值是被测组分与加入的参比组分（其保留值应与被测组分相近）的调整保留值之比，因此，当载气的流速和温度发生微小变化时，被测组分与参比组分的保留值同时发生变化，而它们的比值——相对保留值则不变。也就是说，相对保留值只受柱温和固定相性质的影响，而柱长、固定相的填充情况（即固定相的紧密情况）和载气的流速均不影响相对保留值（$r'_{i,s}$）。因此，在柱温和固定相一定时，相对保留值（$r'_{i,s}$）为定值，可作为较为可靠的定性参数。

气相色谱法除以上定性分析方法外，还有利用与化学反应相结合定性，与红外光谱法、质谱法、核磁共振波谱法等结合的定性分析，已成为先进有力的定性分析手段。

 **活动3　柱温的选择**

在柱温分别为110℃、120℃、130℃、140℃、150℃、重复测定未知样品，结果记录至

表 13-11。

 **注意事项**

1. 改变柱温和流速后，待仪器稳定后再进样。
2. 控制柱温的升温速率，切忌过快，以保持色谱柱的稳定性。

知识链接

操作温度的选择

1. 气化室（进样口）温度

气化温度越高对分离越有利，一般选择比柱温高 30～70℃。进样量大的话一般比柱温高 50～100℃。气体样品本身不需要气化，但为了防止水分凝结，习惯设置在 100℃以上。

正确选择液体样品的气化温度十分重要，尤其对高沸点和易分解的样品，要求在气化温度下，样品能瞬间气化而不分解。一般仪器的最高气化温度为 350～420℃，有的可达450℃，大部分气相色谱仪应用的气化温度在 400℃以下。

2. 柱温

柱温是影响分离最重要的因素，选择柱温主要是考虑试样沸点和对分离的要求，控制柱温的注意事项如下。

（1）应使柱温控制在固定液的最高使用温度（超过该温度，固定液会流失）和最低使用温度（低于该温度，固定液以固体形式存在）之间。

（2）柱温升高，分离度会下降，色谱峰变窄变高，柱温越高组分挥发度越大，低沸点组分的色谱峰易出现重叠。柱温越低，分离度越大，但保留值也变大，一定程度上可以改善组分的分离。

（3）柱温一般选择在接近或略低于组分平均沸点的温度。

（4）对于组分复杂、沸程宽的试样，采用程序升温。

3. 检测器温度

气相色谱仪检测器和气化室各有独立的恒温调节装置，其温度控制及测量和色谱柱的恒温箱类似，不同种类的检测器温度控制精度要求相差很大。

一般要求检测器温度比柱温高 20～50℃，对于 FID 检测器，为了防止水蒸气将在检测器中冷凝成水，减小灵敏度，增加噪声。所以，要求 FID 检测器温度必须在 120℃以上。

活动 4 载气流速的选择

流速调整为 10mL/min、20mL/min、30mL/min、40mL/min、50mL/min、60mL/min，重复测量未知样品，柱温恒定在活动 3 中最佳温度，测定结果记录至表 13-11。

知识链接

载气流速的选择

气相色谱根据速率理论，载气流速高时，传质阻力项是影响柱效的主要因素，流速越高，柱效越低。当载气流速低时，分子扩散项是影响柱效的主要因素，流速越高，柱效越高。由于流速对这两项完全相反的作用，流速对柱效的总影响产生一个最佳流速值，以塔板高度 H 对应流速 u 作图（见图 13-24），曲线最低点的流速即为最佳流速。最佳流速使板高 H 最小，柱效能最高。最佳流速一般通过实验来选择。使用最佳流速虽然柱效高，但分析速度慢，因此实际工作中，为了加快分析速度，同时又不明显增加塔板高度的情况下，一般采用比 u_{opt} 稍大的流速进行测定。

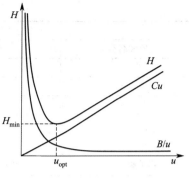

图 13-24　范第姆特曲线

 活动 5　选择最佳操作条件

1. 根据以上的实验结果，选择最佳的柱温和载气流速。

2. 实验结束后，关闭氢气气源、空气压缩机，关闭加热系统。待柱温降至室温后关闭总电源和载气，关闭色谱数据处理机。

知识链接

其他操作条件的选择

1. 进样量的选择

在进行气相色谱分析时，进样量要适当。若进样量过大超过柱容量，将致使色谱峰峰形不对称程度增加，峰变宽，分离度变小，保留值发生变化。峰高和峰面积与进样量不成线性关系，无法定量。若进样量太小，又会因检测器灵敏度不够，不能准确检出。一般对于内径为 3～4mm，固定液用量为 3％～15％的色谱柱，检测器为 TCD 时，液体进样量为 0.1～10μL；检测器为 FID 时，进样量一般不大于 1μL。

2. 检测器的选择

一般以 FID 居多，对于 FID 不能检测的无机气体及水的分析常选择 TCD。

（三）任务数据记录（见表 13-11）

表 13-11　选择色谱条件原始记录

记录编号			
样品名称		样品编号	
检验项目		检验日期	
检验依据		判定依据	
温度		相对湿度	
检验设备（标准物质）及编号			

仪器条件：

检测器＿＿＿＿＿＿＿　　　　　　　　　　　　　　　　　　　　载气＿＿＿流速＿＿＿mL/min；

柱长＿＿＿＿＿＿m　　　　　　　固定相＿＿＿＿＿＿＿＿＿＿

一、标液配制		
溶液名称	浓度	配制方法

二、定性分析				
标准物质名称	丙酮	水	甲醇	乙醇
保留值 t_R/min				
半峰宽				
试样各组分出峰顺序				

三、柱温的选择

柱温/℃	保留值 t_R/min				分离度 R			
	丙酮	水	甲醇	乙醇	1	2	3	4
110								
120								
130								
140								
150								

四、载气流速的选择(柱温_____℃)

载气流速/(mL/min)	保留值 t_R/min				分离度 R			
	丙酮	水	甲醇	乙醇	1	2	3	4
10								
20								
30								
40								
50								
60								
最佳条件								
检验人			复核人					

（四）任务评估（见表 13-12）

表 13-12　任务评价表　日期

评价指标	评价要素	等级评定	
		自评	教师评
标液配制	计算思路 计算结果		
样品称量	天平使用 称量范围		
开机、关机	检查漏气 气体压力设定正确		

评价指标	评价要素	等级评定	
		自评	教师评
数据测量	定性正确 柱温选择合理 载气流速选择合理 调整分离度正确 测量顺序 说出色谱分析条件		
结束工作	关气顺序 电源关闭 填写仪器实验记录卡		
学习方法	预习报告书写规范		
工作过程	遵守管理规程 操作过程符合 现场管理要求 出勤情况		
思维状态	能发现问题、 提出问题、 分析问题、 解决问题		
自评反馈	按时按质完成工作任务 掌握了专业知识点		
经验和建议			
总成绩			

拓展知识　固定相的类型

气相色谱分析中，混合组分分离得好坏，在很大程度上取决于固定相的选择是否合适。毛细管色谱柱最常用的是聚硅氧烷和聚乙二醇，另外还有一类是小的多孔粒子组成的聚合物或沸石（例如氧化铝、分子筛等）。

1. 聚硅氧烷固定相

聚硅氧烷由于其用途广泛、性能稳定，是最常用的固定相。标准的聚硅氧烷是由许多单个的聚硅氧烷连接而成，每个硅原子与两个功能基团相连，最常见的官能团为甲基和苯基，此外还有氰丙基和三氟丙基。这些官能团的类型和数量决定了色谱柱固定相的性质。最基本的聚硅氧烷是由 100％甲基取代的，相应的柱子牌号有：HP-1、BP-1、DB-1、SE-30 等。若有其他取代基取代甲基时，牌号相应成为：HP-5、BP-5、DB-5、SE-54 等，表示有 5％的甲基被取代。

2. 聚乙二醇固定相

聚乙二醇是另外一类广泛应用的固定相。有些被称之为"WAX"或"FFAP"。聚乙二醇的稳定性、使用温度范围都比聚硅氧烷要差一些。聚乙二醇固定相色谱柱的寿命短，而且容易受温度和环境（有氧环境）的影响。但由于它的极性较强，对极性物质有特殊的分离效能，所以仍是常用的固定相之一。常见的牌号有：FFAP、HP-Wax、DB-Wax、Carbowax-10、OV-351 等。

3. 气-固固定相

另外一类由小的多孔粒子组成的聚合物或沸石的固定相称为气-固固定相。气-固固定相就是在管壁表面黏合很薄一层的小颗粒物质，通常叫做多孔层开口管（PLOT）柱。试样是通过在气-固固定相上产生吸附-脱附作用来分离的，它们常用来分离各种气体及低沸点溶剂。最常用的 PLOT 柱固定相有苯乙烯衍生物、氧化铝和分子筛等。相应的柱子牌号有：HP PLOTAl$_2$O$_3$、HP PLOTAl$_2$O$_3$ "KCl"、HP PLOTQ、HP PLOTU 等。由于固体吸附剂种类不多，所以气-固色谱法的应用受到限制。

4. 键合和交联固定相

为了改善柱子的性能，常采用键合和交联的方式。交联是将多个聚合物链单体通过共价键进行连接，键合是将其再通过共价键与载体表面或毛细管管壁表面相连。这样处理的结果使得固定相的热稳定性和溶剂稳定性都有较大的提高。所以，键合交联固定相色谱柱可以通过溶剂的浸洗，从而除去柱内的污染物。

 **思考题**

一、选择题

1. 在一定的柱温下，下列哪个参数的变化不会使保留值发生改变（　　）。

A. 改变检测器性质　　　　　　　　B. 改变固定液种类

C. 改变固定液用量　　　　　　　　D. 增加载气流速

2. 气-液色谱柱中，与分离度无关的因素是（　　）。

A. 增加柱长　　　　　　　　　　　B. 改用更灵敏的检测器

C. 调节流速　　　　　　　　　　　D. 改变固定液的化学性质

3. 启动气相色谱仪时，若使用热导检测器，有如下操作步骤：1-开载气；2-气化室升温；3-检测室升温；4-色谱柱升温；5-开桥电流；6-开记录仪，下面哪个操作次序是绝对不允许的（　　）。

A. 2—3—4—5—6—1　　　　　　　B. 1—2—3—4—5—6

C. 1—2—3—4—6—5　　　　　　　D. 1—3—2—4—6—5

4. 下列因素中，对色谱分离效率最有影响的是（　　）。

A. 柱温　　　　　B. 载气的种类　　　　C. 柱压　　　　　D. 固定液膜厚度

5. 气相色谱仪分离效率的好坏主要取决于何种部件（　　）。

A. 进样系统　　　B. 色谱柱　　　　　C. 热导池　　　　D. 检测系统

6. 气相色谱中进样量过大会导致（　　）。

A. 有不规则的基线波动　　　　　　B. 出现额外峰

C. FID 熄火　　　　　　　　　　　D. 基线不回零

7. 在一定实验条件下，组分 i 与另一标准组分 s 的调整保留时间之比 $r_{i,s}^{\prime}$ 称为（　　）。

A. 死体积　　　　　　　　　　　　B. 调整保留体积

C. 相对保留值　　　　　　　　　　D. 保留指数

8. 两个色谱峰能完全分离时的 R 值应为（　　）。

A. $R \geqslant 1.5$　　　　　　　　　B. $R \geqslant 1.0$

C. $R \leqslant 1.5$　　　　　　　　　D. $R \leqslant 1.0$

9. 气液色谱中选择固定液的原则是（　　　）。

A. 相似相溶　　　　　　　　　　　B. 极性相同

C. 官能团相同　　　　　　　　　　D. 活性相同

10. 气相色谱分析中，气化室的温度宜选为（　　　）。

A. 试样中沸点最高组分的沸点　　　B. 试样中沸点最低组分的沸点

C. 试样中各组分的平均沸点　　　　D. 比试样中各组分的平均沸点高 50~80℃

11. 正确开启与关闭气相色谱仪的程序是（　　　）。

A. 开启时先送气再送电；关闭时先停气再停电

B. 开启时先送电再送气；关闭时先停气再停电

C. 开启时先送气再送电；关闭时先停电再停气

D. 开启时先送电再送气；关闭时先停电再停气

二、计算题

某色谱峰峰底宽为 50s，它的保留时间为 50min，在此情况下，该柱子有多少块理论塔板？

任务五 样品检测与数据采集

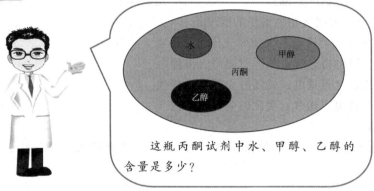

这瓶丙酮试剂中水、甲醇、乙醇的含量是多少？

1. 会进行保留时间定性。
2. 会使用工作软件建立分析方法。
3. 会带质控样检测。
4. 能说出色谱法定量依据。
5. 能说出归一化法特点。

（一）任务分析

1. 明晰任务流程

开启仪器 → 建立分析方法 → 测定校正因子 → 定性分析 → 定量分析 → 关机 → 数据处理

2. 任务难点分析

（1）使用色谱工作站。

（2）归一化法定量分析。

3. 条件需求与准备

（1）仪器

① 气相色谱仪（TCD）。

② 填充柱（GDX-104）：内径 3mm、长 2m 的不锈钢管或玻璃管。

（2）试剂

丙酮、甲醇、乙醇。

（二）任务实施

✏ **活动1　开启仪器**

1. 气路调节

开氢气钢瓶总阀或开启氢气发生器，调减压阀使出口压力值为 $0.15\sim0.18\text{MPa}$

间，调节仪器稳压阀压力为 0.05MPa，检查进样口是否漏气，如果进样口漏气，需要更换气垫。

2. 设置参数

按"温度设置"键，按任务四中选择的最佳色谱条件数据设置柱温、热导检测器温度、进样口温度和桥电流。选择"加热"，当温度达到所设温度时，恒温灯亮。按"显示"键可以查看各项温度值，如图 13-25 所示。

图 13-25　气相色谱仪控制面板示意

3. 建立分析方法

打开"色谱3000"工作站，选择通道1，单击"方法"选择"新建"，按提示建立"校正归一化法"。建立步骤如下：单击"新建"输入样品名，单击"下一步"，然后选择定量基准"峰面积"，在同一页面选择"校正归一化法"，再单击"下一步"，输入"组分名"（水），再单击"添加"按钮，继续添加其他组分（甲醇、乙醇等）。再单击"下一步"，设定样品的"常规信息"（不需要设定的直接单击"下一步"）。单击"下一步"，单击"完成"。

活动 2　测定校正因子

1. 配制标准溶液

将带胶盖气相色谱配样瓶洗净、烘干。依次称取蒸馏水、无水甲醇、无水乙醇各约 0.5mL，丙酮 5mL，分别称量（准确至 0.0001g），混匀。

2. 进样测量

分别吸取 1μL 上述配制的标准溶液，进样，记录水、甲醇、乙醇、丙酮的峰面积，平行进样 4 次，将测量结果填入表 13-13 中。

3. 计算各组分相对校正因子

以水为例计算相对校正因子，按下式计算峰面积相对校正因子，并将计算结果填入表 13-13 中。

$$f_{丙酮,水} = \frac{A_{丙酮}}{A_{水}} \frac{m_{水}}{m_{丙酮}}$$

式中　$m_{水}$、$m_{丙酮}$——水和丙酮的质量，g；

　　　$A_{水}$、$A_{丙酮}$——水和丙酮的峰面积，$\mu V \cdot s$。

同理可以计算出甲醇、乙醇相对于丙酮的峰面积校正因子。

 **注意事项**

在用气相色谱法定量测定某组分含量出现平顶峰时，可以通过减小进样量或降低灵敏度的方法使色谱峰形在正常范围。一般情况下减小进样量较为理想。

 **知识链接**

校正因子

在气相色谱分析中，在一定色谱操作条件下，检测器所产生的响应信号，即色谱图上的峰面积 A_i 或峰高 h_i 与进入检测器的质量（或浓度）成正比，这是色谱定量分析的基础。

即 $A_i \propto m_i$，或 $h_i \propto m_i$

这种正比关系通过比例常数使之成为等式，

$$m_i = f_i A_i \tag{13-6}$$

或

$$c_i = f_i A_i \tag{13-7}$$

式中，m_i 为组分的质量；c_i 为组分的浓度；A_i 为组分 i 的峰面积；f_i 为组分 i 的校正因子。校正因子分为绝对校正因子和相对校正因子。

要得到绝对校正因子 f_i 的值，一方面要准确知道进入检测器的组分的量 m_i，另外还要准确测量峰面积或峰高，需要严格控制操作条件，在实际操作中有困难。因此实际测量中通常不采用绝对校正因子，而采用相对校正因子。

相对校正因子是指组分 i 与另一标准物 s 的绝对校正因子之比，用 $f_{s,i}$ 表示：

$$f_{s,i} = \frac{f_i}{f_s} = \frac{m_i A_s}{m_s A_i} \tag{13-8}$$

式中　f_i——组分 i 的绝对校正因子；

　　　f_s——标准物 s 的绝对校正因子；

　　　A_s——标准物 s 的峰面积；

　　　m_i——组分 i 的质量；

　　　A_i——组分 i 的峰面积；

　　　m_s——主体质量的数值。

气相色谱的相对校正因子常可以从手册和文献查到。但是有些物质的相对校正因子查不到，或者所用检测器类型或载气与文献不同，这时就需要自己测定。测定相对校正因子最好是用色谱纯试剂。若无纯品，也要确知该物质的百分含量。测定时首先准确称量标准物质和待测物，然后将它们混合均匀进样，分别测出其峰面积，再进行计算。

活动3　定性分析

1. 分别吸取 0.5μL 水、甲醇、乙醇、丙酮标样溶液，进样，记录水、甲醇、乙醇、丙酮的保留时间。

2. 吸取 1μL 试样溶液，进样，记录各色谱峰的保留时间，利用保留时间进行定性。

3. 将结果记录于表 13-13 中。

活动4　定量分析

1. 丙酮中水、甲醇、乙醇的质量分数

吸取 1μL 试样溶液，进样，记录水、甲醇、乙醇、丙酮的峰面积，按归一化法计算出丙酮中水、甲醇、乙醇的质量分数。

计算公式如下：

$$X_i = \frac{A_i f_i}{\sum (A_i f_i)}$$

(13-9)

式中　X_i——试样中 i 组分的百分含量；

　　　A_i——组分 i 的峰面积，$\mu V \cdot s$；

　　　f_i——组分 i 的校正因子。

平行测定两次结果的差值不大于 5%，取算术平均值作为测定结果。

2. 质控液测定

按质控样证书的要求，配制质控样。按样品溶液测定方法测定质控液。

3. 将结果记录于表 13-13 中。

 知识链接

定量分析——归一化法

归一化法以样品中被测组分经校正过的峰面积（或峰高）占样品中各组分经过校正的峰面积（或峰高）的总和的比例来表示样品中各组分含量的定量方法，各组分所占比例之和等于 1（100%）。

假设试样中有 n 个组分，每个组分的质量分别为 m_1、m_2、$\cdots$、m_n，在一定条件下，测得各组分的峰面积分别为 A_1、A_2、$\cdots$、A_i、$\cdots$、A_n，则组分 i 的质量分数 x_i 可按下式计算：

$$x_i = \frac{m_i}{m_1 + m_2 + \cdots + m_n} = \frac{f_i A_i}{f_1 A_1 + f_2 A_2 + \cdots + f_n A_n}$$

(13-10)

若各组分的 f_i 值相近或相同，例如同系物中沸点接近的各组分，则上式可简化为：

$$x_i = \frac{A_i}{A_1 + A_2 + \cdots + A_i + \cdots + A_n}$$

$$x_i = \frac{A_i}{\sum\limits_{i=1}^{n} A_i}$$

(13-11)

面积归一化法的计算如图 13-26 所示。

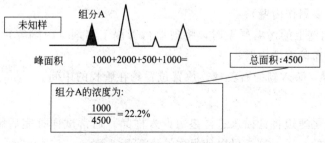

图 13-26　面积归一化法示意

对于狭窄的色谱峰，也有用峰高代替峰面积来进行定量测定。

归一化法适用于样品中所有组分全部流出色谱柱，并在检测器上产生信号时使用。如果试样中有不挥发性组分或易分解组分时，采用该方法将产生较大误差。

归一化法的优缺点是：归一化法简便、准确，不要求准确进样，操作条件的变化（如流速、柱温）对定量的结果影响也不大，适于多组分样品的全分析，不适于痕量分析。但是试样中所有组分必须全部流出色谱柱，并在色谱图上出现色谱峰。另外校正因子的测定比较麻烦。

活动 5　关机及结束

实验结束后，关闭氢气气源、空气压缩机，关闭加热系统。待柱温降至室温后关闭总电源和载气，关闭色谱数据处理机。

 **知识链接**

气相色谱仪维护及保养

1. 气路系统

（1）气源：载气种类可用 H_2、N_2，也可用 CO_2、Ne、Ar。纯度要求大于 99.99%（高纯）。

（2）气体流量：H_2 与 N_2 为 $0 \sim 300mL/min$；空气为 $0 \sim 3000mL/min$；工作压力为 $0 \sim 0.4MPa$。

2. 进样系统

（1）进样隔垫的维护和检修

在下列情况下需检查并更换垫片：注入次数约 100 次；保留时间、峰面积的重复性变差（载气泄漏所引起）；实际达不到设定压力（载气泄漏所引起）；检测出鬼峰（进样垫的污染）；基线波动，噪声干扰。

（2）玻璃衬管的维护和检修

在下列情况下需检查并清洗或更换衬管：重复性变差；出现鬼峰；基线波动，噪声干扰。

（3）清洗方法

① 先将石墨压环卸下；

② 若石英棉上附着进样垫渣，将石英棉用细棒捅出（小心不要划伤内壁）；

③ 清除附着在玻璃衬管内壁上的污垢，除去石英棉后，用蘸溶剂（丙酮等）的纱布等擦洗内壁（小心不要划伤内壁）；

④ 玻璃衬管内壁上的污垢严重时，将玻璃衬管浸于溶剂（丙酮等）中放置数小时，然后，用蘸溶剂的纱布等擦洗内壁；

⑤ 待管壁干燥，装入新的石英棉，放置位置约在管长的中间。

3. 注射器

（1）进样时应迅速边将针插入进样垫边推入样品。通常试样打完后敏捷地拔出注射器。尽快地掌握住自己的打法，这样可以使每次注入重复一致。

（2）注射器内未进试样时，尽量避免推动柱塞。有时会损伤注射器的内壁。另外，在采样前应事先用溶剂等清洗注射器。在一天分析的最后，注射器一定要用适当的溶剂清洗。对此疏忽，试样中的污垢等会残留在注射器内，使柱塞不能动，会导致注射器不能使用。

（3）若柱塞的活动不畅时，用溶剂（准备性质不同的数种）清洗注射器内部。

4. 分离系统

（1）柱箱升温前一定要通载气，等柱箱冷却后再关载气。

（2）载气中若夹带灰尘或其他颗粒状物体可能导致色谱柱迅速损坏，同时还应注意不能让微粒或灰尘进入气化室，因此在载气进入仪器管路前必须经过净化器。

（3）在分析前后需老化色谱柱，目的是将残余溶剂和低沸点杂质赶走，并使固定液在载体表面分布得更均匀。填充好的柱子要在高于操作温度 $10 \sim 25℃$，但低于固定液最高使用温度下加热至基线平稳无峰，同时还要通入载气，流速为 $5 \sim 10 mL/min$。

（4）在大多数情况下，柱的寿命与它的使用温度成反比。采用稍低些的温度上限，可显著提高柱的寿命，程序升温到较高温度所维持的时间越短，对柱的寿命影响越小。

（5）强极性（如甲醇）和高沸点难挥发溶剂（如离子液体等）不易进柱。

5. 检测系统

FID 因附着高沸点成分或污垢，检测器污染时，清扫较麻烦，但如只是轻度污染时，可用下列方法恢复。

（1）FID 点火。

（2）氢流量增到通常时的 3 倍（通常压力为 50kPa 时设定为 150kPa）。

（3）同样，空气流量也增至通常时的 3 倍。

（4）在前面状态下放置 $30 \sim 60 min$ 后，恢复到通常的设定。

这种方法简单可行，1 次试用这种方法后，如果 FID 未恢复正常，请与维修工程师联系。

6. 常见问题及故障排查

（1）选择柱温的一般原则是：在使最难分离的组分有尽可能好的分离前提下，采取适当低的柱温，但以保留时间适宜、峰形不拖尾为度。

（2）气相色谱仪在测定样品时，平行性不好，可能的原因：进样垫不好，即进去的样品量不准和样品有流失；进样技术有关，进样速度必须快，注射器针尖要插到底，动作要熟练，每次动作要力求重复；柱子污染；柱子的寿命将近；载气的气流比没调好。

（3）气路气密性检查：气密性检查是一项十分重要的工作，若气路有漏，不仅直接导致仪器工作不稳定或灵敏度下降，而且还有发生爆炸的危险。当机器出现异常如无压力或气压不够时，可先排查气瓶连接处是否有漏气，用肥皂水逐个接头检漏。查不出原因时，可能是主机内气路有漏，应联系工程师。

（4）进样后峰丢失的可能原因：注射器吸不上样品；未接入检测器，或检测器不起作用，检查设定值；进样温度太低；柱温温度太低；无载气流量，检查压力调节阀，并检查泄漏；柱断裂，如果柱断裂是在柱进样口端或检测器末端，是可以补救的，切去断裂部分，重新安装。

（5）只有溶剂峰的可能原因：注射器有毛病；载气流速太低；样品浓度太稀，请提高仪器灵敏度，或增加注入量；柱箱温度太高；柱不能从溶剂中分离出组分；载气泄漏，检查泄漏处；进样器衬套或柱吸附活性样品；更换衬套。如解决不了就将柱进样端截去 $1\sim2cm$，再重新安装。

（6）基线不规则或不稳定：柱流失或污染；更换衬管。如不能解决问题，就从柱进口端去掉 $1\sim2$ 圈，并重新安装；检测器或进样器污染；载气泄漏；更换隔垫，检查柱泄漏；载气控制不协调；检查载气源压力是否充足。如压力≤500psi，请更换气瓶；检测器出毛病；进样器隔垫流失、老化或更换隔垫。

（三）任务数据记录（见表 13-13）

表 13-13　化学试剂丙酮中水、甲醇、乙醇原始记录

记录编号			
样品名称		样品编号	
检验项目		检验日期	
检验依据		判定依据	
温度		相对湿度	
检验设备（标准物质）及编号			

仪器条件：
载气流速 _____ mL/min　　柱温 _____ ℃
气化室 _____ ℃　　检测器 _____ ℃

一、标液及质控液配制

溶液名称	浓度/（μg/mL）	配制方法
水		
甲醇		
乙醇		
质控液		

二、测定校正因子

测量次数		水	甲醇	乙醇	丙酮	校正因子			
质量 m/g						水	甲醇	乙醇	丙酮
峰面积 $A/\mu V \cdot s$	1								
	2								
	3								
平均校正因子									

三、定性分析

测定结果		t_M/min	t_R/min	t'_R/min	定性结论
试样	色谱峰1				
	色谱峰2				
	色谱峰3				
	色谱峰4				

	三、定性分析			
测定结果	t_M/min	t_R/min	t_R'/min	定性结论
标准溶液 水				
标准溶液 甲醇				
标准溶液 乙醇				
标准溶液 丙酮				

		四、定量分析			
组分名称		水	甲醇	乙醇	丙酮
相对丙酮校正因子					
峰面积 $A/\mu V\cdot s$	1				
峰面积 $A/\mu V\cdot s$	2				
峰面积 $A/\mu V\cdot s$	3				
质量分数/%	1				
质量分数/%	2				
质量分数/%	3				
平均质量分数/%					
相对标准偏差/%					
质控液					
检验人			复核人		

（四）任务评估（见表 13-14）

表 13-14　任务评价表　　日期

评价指标	评价要素	等级评定	
		自评	教师评
标液配制	计算思路 计算结果		
样品称量	天平使用 称量范围		
开机、关机	检查漏气 气体压力设定		
数据测量	条件设置正确 定性正确 分析方法建立 质控样检测 能说出定量依据 能说出归一化法		
结束工作	关气顺序 电源关闭 填写仪器实验记录卡		
学习方法	预习报告书写规范		
工作过程	遵守管理规程 操作过程符合现场管理要求 出勤情况		
思维状态	能发现问题、提出问题、 分析问题、解决问题		
自评反馈	按时按质完成工作任务 掌握了专业知识点		
经验和建议			
	总成绩		

**思考题**

一、填空题

1. 气相色谱法测定丙酮中的水、甲醇、乙醇含量的方法中，所用到的标准物质有（　　　　　　　　　）。

2. 气相色谱归一化法定量的条件是（　　　　　　　　　）流出色谱柱，并且在所用检测器上都能（　　　　　）。

3. 本任务中各组分出峰的顺序是（　　　　　　　　　）。

二、选择题

1. 气相色谱的定性参数有（　　　）。

A. 保留值　　　　　B. 相对保留值　　　　C. 保留指数　　　　D. 峰高或峰面积

2. 气相色谱的定量参数有（　　　）。

A. 保留值　　　　　B. 相对保留值　　　　C. 保留指数　　　　D. 峰高或峰面积

3. 气相色谱用内标法测定 A 组分时，取未知样 $1.0\mu L$ 进样，得组分 A 的峰面积为 $3.0cm^2$，组分 B 的峰面积为 $1.0cm^2$，取未知样 $2.0000g$，标准样纯 A 组分 $0.2000g$，仍取 $1.0\mu L$ 进样，得组分 A 的峰面积为 $3.2cm^2$，组分 B 的峰面积为 $0.8cm^2$，则未知样中组分 A 的质量百分含量为（　　　）。

A. 10%　　　　　　B. 20%　　　　　　C. 30%　　　　　　D. 40%

4. 色谱分析中，归一化法的优点是（　　　）。

A. 不需准确进样　　B. 不需校正因子　　C. 不需定性　　　　D. 不用

5. 气相色谱图中，与组分含量成正比的是（　　　）。

A. 保留时间　　　　B. 相对保留值　　　C. 分配系数　　　　D. 峰面积

6. 色谱分析中，归一化法的优点是（　　　）。

A. 不需准确进样　　B. 不需校正因子　　C. 不需定性　　　　D. 不用标样

7. 在气相色谱法中，可用作定量的参数是（　　　）。

A. 保留时间　　　　B. 相对保留值　　　C. 半峰宽　　　　　D. 峰面积

8. 用气相色谱法定量时，要求混合物中每一个组分都必须出峰的是（　　　）。

A. 外标法　　　　　B. 内标法　　　　　C. 归一化法　　　　D. 工作曲线法

9. 某人用气相色谱测定一有机试样，该试样为纯物质，但用归一化法测定的结果却为含量的 60%，其最可能的原因为（　　　）

A. 计算错误　　　　　　　　　　　　B. 试样分解为多个峰

C. 固定液流失　　　　　　　　　　　D. 检测器损坏

三、计算题

用热导检测器分析乙醇、正庚烷、苯和乙酸乙酯混合物，数据如下：

化合物	峰面积/cm²	相对质量校正因子	化合物	峰面积/cm²	相对质量校正因子
乙醇	5.100	1.22	苯	4.000	1.00
正庚烷	9.020	1.12	乙酸乙酯	7.050	0.99

试计算各组分含量。

任务六 撰写检测报告

任务引入

任务目标

1. 会归一化法处理数据。
2. 会判断检测数据的有效性。
3. 会撰写检测报告。

工作页

（一）任务分析

1. 明晰任务流程

质控判断 → 样品分析 → 撰写报告

2. 任务难点分析

质控判断。

3. 条件需求与准备

计算机。

（二）任务实施

 **活动1 质控判断**

1. 计算质控样浓度

根据质控样的配制方法，即可算出质控样的质量分数。

2. 将结果填入任务五的表13-13。

3. 判定

将质控样检测结果与质控样证书比较，如果超出其不确定度范围，则本次检测无效，需要重新进行检测，若没超出其不确定度范围，则本次检测有效。

当无法得到合适的质控样品时，可以配制标准物质溶液代替质控样进行检测，通常用测定标准物质的回收率来进行检测方法的判定。

活动2　样品分析

1. 若质控样检测结果符合要求，则将样品溶液的质量分数结果记录下来，并确认结果有效。
2. 将结果填入任务五的表13-13。

活动3　撰写报告（见表13-15）

表13-15　检验报告内页

抽样地点			样品编号	
检测项目	检测结果	限值	本项结论	备注
以下空白				

（三）任务评估（见表13-16）

表13-16　任务评价表　　日期

评价指标	评价要素	等级评定	
		自评	教师评
出峰效果	峰形 出峰数目		
质控判断	质控浓度计算 检测有效性判断		
样品计算	样品质量分数 计算过程 有效数字		
撰写报告	无空项 有效数字符合标准规定		
学习方法	预习报告书写规范		
工作过程	遵守管理规程 操作过程符合现场管理要求 出勤情况		
思维状态	能发现问题、提出问题、分析问题、解决问题		
自评反馈	按时按质完成工作任务 掌握了专业知识点		
经验和建议			
总成绩			

拓展知识　峰增高法定性

气相色谱常用的定性分析方法除了用保留值或相对保留值进行定性分析外，还可以用已知物增加峰高法进行分析。

在得到未知样品的色谱图后，在未知样品中加入一定量的已知纯物质，然后在同样的色谱条件下，作已加纯物质的未知样品的色谱图。对比两张色谱图，哪个峰加高了，则该峰就是加入的已知纯物质的色谱峰。这一方法既可避免载气流速的微小变化对保留时间的影响，从而避免影响定性分析的结果，又可避免色谱图图形复杂时准确测定保留时间的困难。这是在确认某一复杂样品中是否含有某一组分的最好办法。

思考题

简答题

1. 色谱定性、定量分析的依据是什么？主要方法有哪些？
2. 质控样是指什么？什么情况下可以不用质控样检测？

项目十四

气相色谱法测定工业酒精中的高级醇

 项目导航

　　工业酒精即工业上使用的酒精，也称变性酒精、工业火酒。工业酒精的主要成分是乙醇 C_2H_5OH，含量在 95％以上，还含有水、甲醇和其他高级醇等物质。高级醇俗称杂醇油，是指碳原子数超过 2 的脂肪族醇类，是酒精发酵的副产品，一般用气相色谱法或气质联用法进行检测。

　　本项目采用气相色谱法测定工业酒精中高级醇的含量，以内标法定量，共包括三个工作任务。

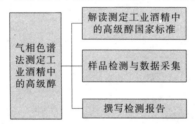

 资源链接

1. GB/T 394.1—2008 工业酒精
2. GB/T 394.2—2008 酒精通用分析方法
3. GB/T 30430—2013 气相色谱仪测试用标准色谱柱

任务一 解读测定工业酒精中的高级醇国家标准

任务引入

工业酒精知多少？

【新民网讯】据《南方都市报》消息，2015年6月，广东东莞市常先生1岁多的儿子发热，听说用酒精可以降温，他就从工厂拿来一瓶工业酒精，擦孩子的腋下，约用了1000毫升。哪知孩子擦了酒精后就不省人事，抢救无效死亡。

任务目标

1. 会填写原始记录表格。
2. 会查找方法检测限、精密度和准确度。
3. 会确认所需的仪器、试剂。

工作页

（一）任务分析

1. 明晰任务流程

阅读与查找标准 → 仪器确认 → 试剂确认 → 安全防护

2. 任务难点分析

解读标准。

3. 条件需求与准备

（1）《GB/T 394.1—2008 工业酒精》。

（2）仪器

①气相色谱仪。

②PEG-20M 毛细管柱。

（3）试剂

正丙醇、正丁醇、异丁醇、异戊醇。

（二）任务实施

 活动1 阅读与查找标准

仔细阅读《GB/T 394.1—2008 工业酒精》，找出本方法的适用范围、检测下限、干扰、方法原理、精密度和准确度等内容，并列出所需的其他相关标准。将查找结果填入表14-2。

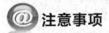 注意事项

《GB/T 394.2—2008 工业酒精》中所用的基准乙醇，均为95%（体积分数）乙醇，其

中主要杂质的限量规定为：甲醇小于 2mg/L，正丙醇小于 2mg/L，高级醇（异丁醇＋异戊醇）小于 1mg/L。

活动 2　仪器确认

依据查阅的标准，确认所需的各种仪器是否齐全，是否满足标准的要求。将确认结果填入表 14-2。

知识链接

气相色谱检测器（FID）

1. 氢火焰离子化检测器工作原理

氢火焰离子化检测器（FID），简称氢焰检测器，是气相色谱检测器中使用最广泛的一种（见图 14-1）。它是典型的破坏性、质量型检测器，主要用于含碳有机化合物的检测。常用氮气做载气，也有用氦气的。

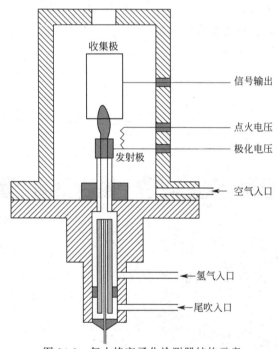

图 14-1　氢火焰离子化检测器结构示意

进样后，样品随载气进入检测器，并在氢火焰中发生电离，生成正、负离子和电子。在外加电场的作用下，这些粒子向两极移动，形成微弱电流，此电流与引入氢火焰的样品的质量流量成正比。微弱电流经过高阻放大，送至记录仪记录下相应的色谱峰，因此可以根据信号的大小对有机物进行定量分析。

为了使 FID 灵敏度较高，氮气、氢气、空气的流速比值一般为 1∶1∶10，一般空气流量选择为 300～500mL/min。

极化电压会影响 FID 的灵敏度，正常操作时，极化电压一般为 150～300V。

2. 氢火焰离子化检测器的特点及应用

FID 的特点是灵敏度高（比 TCD 的灵敏度高约 10^3 倍）、检测限低（可达 10^{-12} g/s）、线性范围宽（可达 10^7）。FID 结构简单，既可以用于填充柱，也可以用于毛细管柱。FID 对能在火焰中燃烧电离的有机化合物都有响应，是目前应用最为广泛的气相色谱检测器之一。FID 的主要缺点是不能直接检测永久性气体、水、一氧化碳、二氧化碳、氮的氧化物、硫化氢等物质。

活动 3　试剂确认

按标准要求确认所需的试剂种类、纯度、数量是否满足要求，并确认实验室提供的纯水等级是否满足需要。将确认结果填入表 14-2 。

 知识链接

1. PEG-20M 交联石英毛细管柱

PEG-20M 交联柱是一种极性毛细管柱，它的应用范围是：碳氢化合物、芳香化合物、农药、酚类、除草剂、胺、脂肪酸甲酯、醇类、香精油、挥发性游离酸等，详见产品信息。常见毛细管柱见表 14-1。

表 14-1　常见毛细管柱类型

型号	化学名	极性
SE-30,OV-1,OV-101 高惰性交联	100％甲基聚硅氧烷	非极性
SE-52、SE-54 高惰性交联	5％苯基,95％甲基聚硅氧烷	弱极性
OV-1701 高惰性交联	7％氰甲基,7％苯基,86％甲基聚硅氧烷	中等极性
OV-17 高惰性交联	50％苯基,50％甲基聚硅氧烷	中等极性
XE-60 高惰性交联	25％氰乙基,75％甲基聚硅氧烷	中等极性
OV-225 高惰性交联	25％氰乙基,25％苯基,50％甲基聚硅氧烷	中等极性
PEG-20M 高惰性交联	聚乙二醇 20M	极性
FFAP 高惰性交联	聚乙二醇 20M 与对苯二甲酸的反应产物	极性
OV-624 高惰性交联	6％氰丙基 94％甲基聚硅氧烷	中等极性

2. 气相色谱的气路系统

气路系统是指流动相连续运行的密闭管路系统，它包括气源、净化器和管路三大块。通过该系统可以获得纯净的、流速稳定的载气。它的气密性、载气流速的稳定性对分析结果有很大影响。

（1）气源

气源包括载气和辅助气，载气是输送样品气体运行的气体，是气相色谱的流动相。常用的载气为 N_2、H_2，He、Ar 由于价格高，应用较少。辅助气是检测器的工作气体，常用 H_2 为燃气，空气为助燃气。

气源的种类有钢瓶和气体发生器两种（见图 14-2），不管任何类型的气源，提供的气体必须为色谱级的高纯气体，即纯度 99.99%，如果检测器为 FID，载气纯度可略低。载气如果由高压气体钢瓶提供，气体钢瓶要求放置在钢瓶柜内。

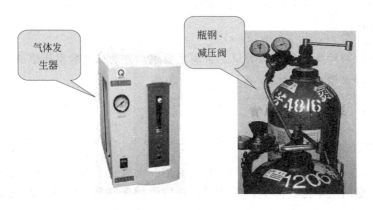

图 14-2　气相色谱仪气源系统

（2）气路系统主要部件

减压阀：一般气相色谱仪使用的载气压力为 0.1～0.5MPa，因此需要通过减压阀（见图 14-2）调节钢瓶输出压力。

净化器：多为分子筛和活性炭管的串联，可除去水、氧气以及其他杂质。

压力表：多为两级压力指示，第一级，钢瓶压力（总是高于常压，对填充柱为 0.07～0.35MPa；对开口毛细柱为 0.007～0.2MPa）；第二级，由柱头压力指示。

流量计：在柱头前使用转子流量计，但不太准确。通常在柱后，以皂膜流量计测流速。许多现代仪器装置有电子流量计（EPC），并以计算机控制其流速保持不变。

（3）管路连接

气相色谱仪内部的连接管路使用不锈钢管。气源至仪器的连接管路多采用不锈钢管或铜管，也可采用成本较低、连接方便的塑料管。连接管道时，要求既要保证气密性，又不损坏接头。

活动 4　安全防护

查找本项目实施过程中可能存在的安全隐患，并提出预防与防护措施。将查找结果填入表 14-2。

（三）任务数据记录（见表 14-2）

表 14-2　解读检测方法的原始记录

记录编号			
一、阅读与查找标准			
方法原理			
相关标准			
检测限			
准确度		精密度	

二、标准内容			
适用范围		限值	
定量公式		性状	
样品处理			
操作步骤			

三、仪器确认			
所需仪器			检定有效期

四、试剂确认			
试剂名称	纯度	库存量	有效期

五、安全防护			
确认人		复核人	

（四）任务评估（见表14-3）

表14-3　任务评价表　　日期

评价指标	评价要素	等级评定	
		自评	教师评
阅读与查找标准	标准名称		
	相关标准的完整性		
	适用范围		
	检验方法		
	方法原理		
	试验条件		
	检测主要步骤		
	检测限		
	准确度		
	精密度		
仪器确认	仪器种类		
	仪器规格		
	仪器精度		
试剂确认	试剂种类		
	试剂纯度		
	试剂数量		
安全	设备安全		
	人身安全		
总成绩			

拓展知识　气相色谱电气系统和数据处理系统

1. 气相色谱电气系统

气相色谱操作中需要控制色谱柱、气化室、检测器三部分的温度。温度控制直接影响色谱柱的分离效能、组分的保留值、检测器的灵敏度和稳定性，因此气相色谱操作中温度的设置是非常重要的技术指标。

2. 数据处理系统

早期的气相色谱仪使用记录仪记录色谱图，后来出现了色谱数据处理机（单片机），现在绝大多数气相色谱仪使用计算机进行数据采集和处理，高端仪器还可以通过计算机对气相色谱仪进行实时控制。

目前，国内市场上已出现多款中文操作界面"色谱工作站"，使用起来较方便，但这类产品只能实现数据采集和处理，并不具备控制仪器的功能。

 **思考题**

一、填空题

1. 测定工业酒精中高级醇含量的依据是（　　　　　　　　　　　　　）。

2. 气相色谱仪常用的检测器有（　　　）、（　　　）、（　　　）和（　　　）。

3. 气相色谱气路系统的作用是（　　　　　　　　　　　　　　　　　　）。

二、选择题

1. 气液色谱法中，氢火焰离子化检测器（　　）优于热导检测器。

A. 装置简单化　　　B. 灵敏度　　　　C. 适用范围　　　　D. 分离效果

2. 氢火焰离子化检测器的检测依据是（　　）。

A. 不同溶液折射率不同　　　　　　　B. 被测组分对紫外线的选择性吸收

C. 有机分子在氢氧焰中发生电离　　　D. 不同气体热导率不同

3. 影响氢火焰离子化检测器灵敏度的主要因素是（　　）。

A. 检测器温度　　　B. 载气流速　　　C. 三种气的配比　　　D. 极化电压

4. 氢火焰离子化检测器中，使用（　　）作载气将得到较好的灵敏度。

A. H_2　　　　　　　B. N_2　　　　　　　C. He　　　　　　　D. Ar

5. FID 点火前需要加热至 100℃ 的原因是（　　）。

A. 易于点火　　　　　　　　　　　　B. 点火后不容易熄灭

C. 防止水分凝结产生噪声　　　　　　D. 容易产生信号

任务二　样品检测与数据采集

任务引入

内标法测定要注意什么？
如何选择内标物？

任务目标

1. 会选择内标物。
2. 会配制内标溶液。
3. 会样品处理。
4. 会程序升温操作。
5. 会进行保留时间定性。
6. 会用已知标准物增加峰高法定性。
7. 会进行内标法测定。
8. 会带质控样检测。

（一）任务分析

1. 明晰任务流程

标液配制 → 样品处理 → 质控样配制 → 开机预热 → 测定校正因子 → 数据测定 → 关机及结束

2. 任务难点分析

（1）测定方法的建立。

（2）数据处理。

3. 条件需求与准备

（1）仪器

① 气相色谱仪。

② PEG 20M 毛细管柱。

（2）试剂

正丙醇、正丁醇、异丁醇、异戊醇。

（二）任务实施

活动1　标液配制

根据《GB/T 394.1—2008 工业酒精》、《GB/T 394.2—2008 酒精通用分析方法》中的"9. 高级醇"、《GB/T 9722—2006 化学试剂气相色谱法通则》、《GB/T 602—2002 化学试剂杂质测定用标准溶液的制备》的要求，配制合适质量浓度的各标准使用液。

（1）正丙醇溶液（1g/L）：作标样用。称取正丙醇（色谱纯）0.05g，精确至 0.0001g，用基准乙醇定容至 50mL。

（2）正丁醇溶液（1g/L）：作内标用。称取正丁醇（色谱纯）0.05g，精确至 0.0001g，用基准乙醇定容至 50mL。

（3）异丁醇溶液（1g/L）：作标样用。称取异丁醇（色谱纯）0.05g，精确至 0.0001g，用基准乙醇定容至 50mL。

（4）异戊醇溶液（1g/L）：作标样用。称取异戊醇（色谱纯）0.05g，精确至 0.0001g，用基准乙醇定容至 50mL。

 知识链接

内标法

气相色谱法测定时若试样中所有组分不能全部出峰，或只要求测定试样中某个或某几个组分的含量时，可采用内标法。内标法是选择一种物质作为内标物，与试样混合后进行分析。具体做法是：准确称取样品，加入一定量某种纯物质作为内标物，然后进行色谱分析，再由被测物和内标物在色谱图上相应的峰面积和相对校正因子，求出某组分的含量。

根据内标法的校正原理，得到以下计算公式：

$$\frac{A_i}{A_s} = \frac{f_s}{f_i} \times \frac{m_i}{m_s}$$

转化后得到

$$m_i = \frac{A_i f_i}{A_s f_s} m_s \tag{14-1}$$

所以

$$w_i = \frac{m_i}{m} = \frac{A_i f_i}{A_s f_s} \times \frac{m_s}{m} \tag{14-2}$$

式中，m_s、m 分别为内标物和样品的质量；A_i、A_s 分别为被测组分和内标物的峰面积（也可以用峰高代替）；若 f_i、f_s 分别为被测组分和内标物的相对校正因子。

计算公式可以简化为：

$$w_i = \frac{A_i}{A_s} \times \frac{m_s}{m} f_i \tag{14-3}$$

内标法测定可能看作是试样与内标物的比较法，结果如图 14-3 所示。

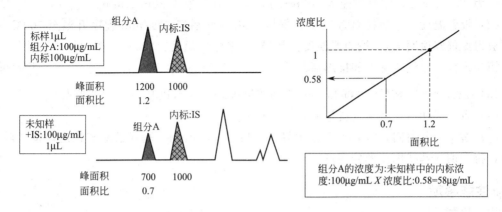

图 14-3　内标法

内标法的准确性较高，操作条件和进样量的稍许变动对定量结果的影响不大，但对于每个试样的分析，都要先进行两次称量，不适合大批量试样的快速分析。

缺点：选择合适的内标物比较困难，内标物的称量要准确，操作麻烦。

 **活动 2　配制样品溶液和质控样溶液**

1. 配制样品溶液

取少量待测酒精试样于 10mL 容量瓶中，准确加入正丁醇溶液 0.2mL，然后用待测样稀释至刻度，混匀。

2. 配制质控样溶液

按质控样证书的要求，配制质控样溶液，然后同试样溶液一样采用内标法测定。

 知识链接

内标物的选择

内标法是结合了峰面积归一化法和外标法的优点的一种方法，它在加入内标物后，按峰面积归一化法的方法进行分析，这就避免了由于进样的一致性及样品歧视效应导致的偶然误差。

因而，它的分析精密度也是比较高的，是一种比较理想的定量分析方法。它的弱点是前处理比较复杂，所花费的时间也比较长，同时必须要有合适的标样及内标物才能进行内标法定量分析。

对于内标法定量分析来说，内标物的选择是极其重要的。它必须满足如下条件：

（1）内标物应是试样中不存在的纯物质。

（2）内标物的性质应与待测组分性质相近，以使内标物的色谱峰与待测组分色谱峰靠近，但完全分离。

（3）内标物与样品应完全互溶，但不能发生化学反应。

（4）内标物加入量应接近待测组分含量，从而使二者色谱峰大小相近。

 **活动 3　开机**

气相色谱仪开机

（1）开载气

载气（高纯氮）：设置流量为 $0.5\sim1.01\text{mL/min}$，分流比为（20∶1）～（100∶1），尾吹气约为 30mL/min，空气流速为 300mL/min，氢气流速为 30mL/min。

（2）设置温度，起始柱温为 $70℃$，保持 3min，然后以 $5℃/\text{min}$ 程序升温至 $100℃$（设置方法根据仪器说明书）。检测器温度：$200℃$，进样口温度：$200℃$。按"加热"按钮，色谱柱箱、进样口（气化室）和检测器开始升温，至温度指示灯亮。

> 注意安全

（3）点火，调空气流量到 300mL/min，氢气流量到 50mL/min 以上，按点火按钮点火。

（4）点火成功后，将氢气流量调到 30mL/min。

（5）过了一段时间，"Ready"指示灯亮，再过一段时间，基线已基本稳定，按"调零"按钮，将当前的基线电压调到零点。

@ 注意事项

1. 使用氢火焰离子化检测器时，严防色谱柱未接入检测器而打开气路系统的氢气，以防氢气充入柱箱，一旦开机可能引起爆炸！

2. 注意定期检查整个氢气气路的密封性，避免出现漏气现象。

3. 为防止氢气泄漏引起爆炸事故，放置仪器的房间必须通风良好，并遵守消防条例的规定。

4. 关机前一定要先熄灭氢火焰！

活动4 测定校正因子

1. 校正因子的测定

吸取正丙醇溶液、异丁醇溶液、异戊醇溶液各 0.20mL 于 10mL 容量瓶中，准确加入正丁醇溶液 0.20mL，然后用基准乙醇稀释至刻度，混匀后，进样 $1\mu\text{L}$，色谱峰流出顺序为乙醇、正丙醇、异丁醇、正丁醇（内标）、异戊醇。

2. 记录各组分峰的保留时间，并根据峰面积和添加的内标量，计算出各组分的相对校正因子 $f_{s,i}$ 值。校正因子的计算公式：

$$f_{s,i}=\frac{f_i}{f_s}=\frac{m_iA_s}{m_sA_i}$$

则可得到：

$$f_{s,i}=\frac{f_i}{f_s}=\frac{d_iA_s}{d_sA_i} \tag{14-4}$$

式中 $f_{s,i}$——组分与内标物的相对校正因子；

A_s——内标物的峰面积；

A_i——组分 i 的峰面积；

d_i——组分 i 的相对密度；

d_s——内标物的相对密度。

知识链接

程序升温法

气相色谱分析中，色谱柱的温度控制方式分为恒温和程序升温两种，分离效果如图14-4所示。所谓程序升温就是指在一个样品的分析周期里，色谱柱的温度按事先设定的升温程序，随着分析时间的增加从低温升到高温。起始温度、终点温度、升温速率等参数可调。

程序升温具有改进分离、使峰变窄、检测限下降及省时等优点。因此，对于沸点范围很宽的混合物，往往采用程序升温法进行分析，程序升温测定与恒温分离效果对比如图 14-4 所示。

程序升温法的优点：采用较低的初始温度，低沸点组分早流出的峰能够得到良好分离，而高沸点组分则被逐渐升高的柱温推出色谱柱，其色谱峰与早流出的一样尖锐，并且总的分析时间缩短了，色谱峰灵敏度也随温度的升高而提高。

程序升温法的不足之处在于基线的漂移不可避免，用双柱双检测器补偿流失的方法，可以维持一定的稳定基线。此外，就是一针样品运行完毕，还要等待降温。

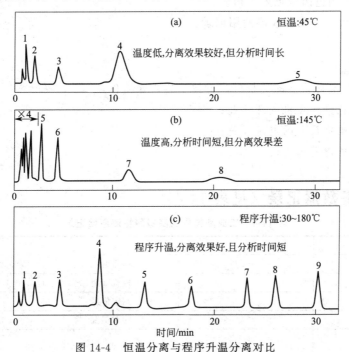

图 14-4　恒温分离与程序升温分离对比

✏️ 活动 5　数据测定

1. 于活动 2 中配制好的试样溶液中取 $1\mu L$ 进样，根据组分峰与内标峰的出峰时间定性。根据峰面积之比计算出各组分的含量，平行测定两次。

2. 质控样测定

质控样溶液的测定与样品溶液测定方法相同。

3. 结果计算

各组分含量的测定计算公式如下：

$$\rho_i = f_i \times \frac{A_i}{A_s} \times 0.020 \times 10^3 \tag{14-5}$$

式中　ρ_i——试样中各组分的质量浓度，mg/L；

　　　$f_{s,i}$——组分 i 的相对校正因子；

　　　A_i——组分 i 的峰面积；

　　　A_s——添加于试样中的内标峰面积；

0.020——试样中添加内标的质量浓度，g/L。

试样中高级醇的含量以异丁醇与异戊醇之和表示，所得结果表示至整数。

4. 精密度计算

在重复性条件下获得的各组分两次独立测定值之差，若含量大于等于 10mg/L，不得超过平均值的 10%；若含量小于 10mg/L，大于 5mg/L，不得超过平均值的 20%；若含量小于等于 5mg/L，不得超过平均值的 50%。

活动 6　关机和结束工作

1. 实验结束后，关闭氢气气源、空气压缩机，关闭加热系统。待柱温降至室温后关闭总电源和载气，关闭色谱数据处理机。

2. 清理仪器台面，填写仪器使用记录。

@ 注意事项

当出现紧急情况而需立即关机时，请按下述步骤操作：

① 关闭气相色谱仪主机电源开关；

② 关闭所有辅助设备的电源开关；

③ 将氢气的气源总阀关闭；

④ 拔下仪器电源插头。

（三）任务数据记录（见表 14-4）

表 14-4　工业酒精中的高级醇检测原始记录

记录编号						
样品名称				样品编号		
检验项目				检验日期		
检验依据				判定依据		
温度				相对湿度		
检验设备（标准物质）及编号						

仪器条件：

载气：_____ mL/min　　　　分流比：_____

尾吹气：_____ mL/min　　　氢气：_____ mL/min

空气：_____ mL/min

柱温：_____

进样口温度：_____ ℃　　检测器温度 _____ ℃

一、标准溶液测定						
组分名	乙醇	正丙醇	异丁醇	异戊醇	正丁醇（内标）	其他
浓度/（g/L）						
t_R						
d_i						
A_i						
f						
二、样品溶液定性分析						
t_R						其他
组分名					正丁醇（内标）	

三、样品溶液定量分析					
组分名					
保留时间 t_R					
峰面积 A					
各组分含量/(mg/L)					
高级醇含量/(mg/L)					
相对标准偏差/%					
四、质控样溶液分析					
组分名					
保留时间 t_R					
峰面积 A					
各组分含量/(mg/L)					
检验人			复核人		

（四）任务评估（见表 14-5）

表 14-5　任务评价表　　　　日期

评价指标	评价要素	等级评定	
		自评	教师评
标液配制	计算思路 计算结果		
样品称量	天平使用 称量范围		
开机、关机	检查漏气 气体压力设定		
数据测量	条件设置 选择内标物 配制内标溶液 样品处理 程序升温设置 定性分析 测量顺序 定量分析 控制样分析		
结束工作	燃烧器清洗 关气顺序 电源关闭 填写仪器实验记录卡		
学习方法	预习报告书写规范		
工作过程	遵守管理规程 操作过程符合现场管理要求 出勤情况		
思维状态	能发现问题、提出问题、 分析问题、解决问题		
自评反馈	按时按质完成工作任务 掌握了专业知识点		
经验和建议			
总成绩			

思考题

一、填空题

1. 测定工业酒精中的高级醇含量是指（　　　）和（　　　）的含量之和。

2. 气相色谱分析内标法定量要选择一个适宜的（　　　），并要与其他组分（　　　）。

3. 气相色谱分析用内标法定量时，内标峰与（　　　）要靠近，内标物的量也要接近（　　　）的含量。

二、选择题（含多选题）

1. 选择程序升温方法进行分离的样品主要是（　　　）。

A. 同分异构体　　　　　　　　　　B. 同系物

C. 沸点差异大的混合物　　　　　　D. 极性差异大的混合物

2. 程序升温色谱图中的色谱峰与恒温色谱比较，正确的说法是（　　　）。

A. 程序升温色谱图中的色谱图峰数大于恒温色谱图中的色谱峰数

B. 程序升温色谱图中的色谱图峰数与恒温色谱图中的色谱峰数相同

C. 改变升温程序，各色谱峰的保留时间改变，但峰数不变

D. 使样品中的各组分在适宜的柱温下分离，有利于改善分离

3. 气相色谱分析的定量方法中，（　　　）方法必须用到校正因子。

A. 外标法　　　　B. 内标法　　　　C. 标准曲线法　　　　D. 归一化法

4. 色谱定量分析的依据是色谱峰的（　　　）与所测组分的质量（或浓度）成正比。

A. 峰高　　　　　B. 峰宽　　　　　C. 峰面积　　　　　D. 半峰宽

5. 气相色谱分析中常用的载气有（　　　）。

A. 氮气　　　　　B. 氧气　　　　　C. 氢气　　　　　D. 甲烷

6. 气相色谱仪在使用中若出现峰不对称，应通过（　　　）排除。

A. 减少进样量　　　　　　　　　　B. 增加进样量

C. 减少载气流量　　　　　　　　　D. 确保气化室和检测器的温度合适

7. 影响气相色谱数据处理机所记录的色谱峰宽度的因素有（　　　）。

A. 色谱柱效能　　　　　　　　　　B. 记录时的走纸速度

C. 色谱柱容量　　　　　　　　　　D. 色谱柱的选择性

8. 下列气相色谱操作条件中，正确的是（　　　）。

A. 气化温度愈高愈好

B. 使最难分离的物质对能很好分离的前提下，尽可能采用较低的柱温

C. 实际选择载气流速时，一般略低于最佳流速

D. 检测室温度应低于柱温

9. 气相色谱定量分析时，当样品中各组分不能全部出峰或在多种组分中只需定量其中某几个组分时，可选用（　　　）。

A. 归一化法　　　　B. 标准曲线法　　　　C. 比较法　　　　D. 内标法

任务三 撰写检测报告

**任务引入**

工业酒精

这些工业酒精中含有多少高级醇？

**任务目标**

1. 会内标法处理数据。
2. 会判断检测数据的有效性。
3. 会撰写检测报告。

**工作页**

（一）任务分析

1. 明晰任务流程

质控判断 → 样品计算 → 撰写报告

2. 任务难点分析

质控判断。

3. 条件需求与准备

计算机。

（二）任务实施

活动1 质控判断

1. 计算质控样浓度

根据质控样的配制方法，即可算出质控样的质量浓度。

2. 将结果填入任务二的表14-4。

3. 判定

将质控样检测结果与质控样证书比较，如果超出其不确定度范围，则本次检测无效，需要重新进行检测，若没超出其不确定度范围，则本次检测有效。

 **知识链接**

气相色谱法分离原理

色谱分析法是一种依据物质的物理化学性质不同（溶解性、极性、离子交换能力、分子大小等），进行分离的分析方法。

日常生活中有很多与色谱分离相似的情形，如：运动会上进行的跑步比赛和游泳比赛，运动员们都是在同一起跑线出发，却不是同时到达终点的，原因是因为他们的速度不同。色谱分离的基本原理是同样的。茨维特实验中，不同的色素在碳酸钙与石油醚的共同作用下在玻璃柱中呈现不同的运行速度，使其实现彼此分离。填充了 $CaCO_3$ 的玻璃管柱称为色谱柱，$CaCO_3$ 固体颗粒称为固定相，石油醚称为流动相，流出的色带称为色谱图。色谱分离的原理是利用不同物质在通过色谱柱时与流动相和固定相之间发生相互作用（固体固定相为吸附-脱附，液体固定相为溶解-挥发），由于这种相互作用的能力不同而产生不同的分配率，经过多次分配使混合物分离，并按先后次序从色谱柱后流出，如图 14-5 所示。

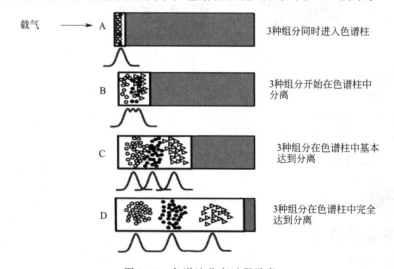

图 14-5　色谱法分离过程示意

✏ **活动 2　样品分析**

1. 若质控样检测结果符合要求，则将样品溶液的质量浓度结果记录至检测报告，并确认结果有效。

2. 将结果填入任务二的表 14-4。

✏ **活动 3　撰写报告**（见表 14-6）

表 14-6　检验报告内页

抽样地点			样品编号	
检测项目	检测结果	限值	本项结论	备注
以下空白				

（三）任务评估（见表 14-7）

表 14-7　任务评价表　　　日期

评价指标	评价要素	等级评定	
		自评	教师评
出峰效果	峰形 出峰数目		
质控判断	质控浓度计算 检测有效性判断		
样品计算	样品质量分数 计算过程 有效数字		
撰写报告	无空项 有效数字符合标准规定		
学习方法	预习报告书写规范		
工作过程	遵守管理规程 操作过程符合现场管理要求 出勤情况		
思维状态	能发现问题、提出问题、 分析问题、解决问题		
自评反馈	按时按质完成工作任务 掌握了专业知识点		
经验和建议			
总成绩			

拓展知识　峰面积的测量

色谱峰的峰高（h）是其峰顶与基线之间的距离，测量比较简单。峰面积（A）的大小不易受操作条件如柱温、流动相的流速、进样速度等的影响，因此更适合作为定量分析的参数。峰面积的测量方法如下。

1. 峰高（h）乘半峰宽（$W_{h/2}$）法

当峰形对称时可采用此法，理论上已经证明，峰面积等于峰高与半峰宽乘积的 1.065 倍，即

$$A = 1.065hW_{h/2} \tag{14-6}$$

2. 峰高乘平均峰宽法

对于峰形不对称的前伸峰或拖尾峰可采用此法，可在峰高 $0.15h$ 和 $0.85h$ 处分别测定峰宽，由式（14-7）计算峰面积：

$$A = \frac{1}{2}(W_{0.15h} + W_{0.85h})h \tag{14-7}$$

3. 自动积分和微机处理法

采用色谱数据处理机或色谱工作站可自动测量出峰面积和保留值数据并可以打印出来，此法精密度好，节省人力，实际工作中一般采用此法。

思考题

简答题

1. 程序升温法适用于哪种样品的分析？
2. 内标法与归一化法有哪些不同的操作？

项目十五

气相色谱法测定居住区大气中苯、甲苯和二甲苯

 项目导航

在居住区的新居和办公场所装修过程中，大量的苯、甲苯、二甲苯等苯系物被用作油漆、涂料中的稀释剂和黏合剂，居民开窗通风后，苯、甲苯、二甲苯便释放到了周围的大气中。苯、甲苯、二甲苯对人的中枢神经系统及血液系统具有毒害作用，长期吸入较高浓度的有毒有害苯类气体，会引起头痛、头晕、失眠及记忆力衰退并导致血液系统疾病。

本项目为外标法测定居住区大气中苯、甲苯、二甲苯的含量，共包括三个工作任务。

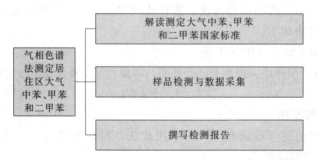

 资源链接

1. HJ 584—2010 环境空气 苯系物的测定 活性炭吸附 二硫化碳解吸-气相色谱法
2. GB/T 30430—2013 气相色谱仪测试用标准色谱柱

任务一 解读测定大气中苯、甲苯和二甲苯国家标准

 **任务引入**

世界环境日是每年的 6 月 5 日，于 1974 年 6 月 5 日由《联合国人类环境会议》建议并确立。

 **任务目标**

1. 会填写原始记录表格。
2. 会查找方法检测限、精密度和准确度。
3. 会确认所需的仪器、试剂。

 **工作页**

（一）任务分析

1. 明晰任务流程

阅读与查找标准 → 仪器确认 → 试剂确认 → 安全防护

2. 任务难点分析

（1）测定原理。

（2）测定方法。

3. 条件需求与准备

（1）《HJ 584—2010 环境空气 苯系物的测定 活性炭吸附/二硫化碳解吸-气相色谱法》。

（2）仪器

① 气相色谱仪（FID）。

② 毛细管柱：色谱固定液（聚乙二醇 PEG-20M），30m×0.32mm，膜厚 1.00μm。

③ 空气采样器：能在 0～1.5L/min 内精确保持流量。

④ 活性炭采样管。

⑤ 温度计：精度 0.1℃。

⑥ 气压计：精度 0.01kPa。

⑦ 磨口具塞试管：2mL。

（3）试剂

二硫化碳、苯、甲苯、二甲苯。

（二）任务实施

 活动1 阅读与查找标准

仔细阅读《HJ 584—2010 环境空气 苯系物的测定 活性炭吸附/二硫化碳解吸-气相色谱法》，找出本方法的适用范围、检测下限、干扰、方法原理、精密度和准确度等内容，并列出所需的其他相关标准。将查找结果填入表15-1。

活动2 仪器确认

依据查阅的标准，确认所需的各种仪器是否齐全，是否满足标准的要求（如精度、计量检定等）。将确认结果填入表15-1。

知识链接

大气采样器与活性炭管

大气采样器是采集大气污染物或受污染空气的仪器或装置。其种类很多，按采集对象可分为气体采样器和颗粒物采样器；按使用场所可分为环境采样器、室内采样器和污染源采样器。此外，还有特殊用途的大气采样器，如同时采集气体和颗粒物质的采样器。气体采样器一般由收集器、流量计和抽气动力系统三部分组成。

大气采样器对于空气以及环境中有害气体的检测起到了很好的作用。随着科学技术的不断进步，大气采样器也不断推出新品，常用的大气采样器具有体积小、使用方便、使用简单等特点，如图 15-1 所示。

图 15-1 大气采样器

图 15-2 活性炭采样管

活性炭采样管（见图 15-2）可采集苯、甲苯、二甲苯、丁二烯、碘甲烷、甲烷、吡啶、三氯乙烷、环乙烷、乙苯等许多毒物。一般有两种型号：溶剂解吸型即二硫化碳解吸型和热解吸型。溶剂解吸型：规格为 6mm×75mm，内装处理好的 20～40 目活性炭 150mg，共分为两段：前段为 50mg，后段为 100mg，熔封口两段直径约为 2mm，该采样管与采样器配套使用。采样时在采样点用小砂轮打开采样管两端，50mg 端与采样器进气口相连，然后根据需要调节好采样器流量和采样时间开始采样，采样结束后将采样管两端套上塑料帽密封，带回实验室用气相色谱仪处理分析，分析方法参照《GB 车间空气监测方法》第三版。

热解吸型：规格为 6mm×120mm，内装处理好的 20～40 目活性炭 100mg 并偏向一端，熔封口两段直径约为 2mm，该采样管与采样器配套使用。采样时在采样点用小砂轮打开采样管两端，活性炭偏向的一端与采样器进气口相连，然后根据需要调节好采样器流量和采样时间开始采样，采样结束后将采样管两端套上塑料帽密封，带回实验室用热解吸炉处理分析，分析方法参照《GB 车间空气监测方法》第三版。

@ 注意事项

不同生产厂家可配套的气体采样器会有所差别，使用时需要确认是否配套，最好配套购买。

活动 3　试剂确认

按标准要求确认所需的试剂种类、纯度、数量是否满足要求，并确认实验室提供的纯水等级是否满足需要。将确认结果填入表 15-1。

活动 4　安全防护

查找本项目实施过程中可能存在的安全隐患，并提出预防与防护措施。将查找结果填入表 15-1。

（三）任务数据记录（见表 15-1）

表 15-1　解读检测方法原始记录

记录编号			
一、阅读与查找标准			
方法原理			
相关标准			
检测限			
准确度		精密度	
二、标准内容			
适用范围		限值	
定量公式		性状	
样品处理			
操作步骤			
三、仪器确认			
所需仪器		检定有效日期	
四、试剂确认			
试剂名称	纯度	库存量	有效期
五、安全防护			
确认人		复核人	

（四）任务评估（见表 15-2）

表 15-2　任务评价表　　　　日期

评价指标	评价要素	等级评定	
		自评	教师评
阅读与查找标准	标准名称		
	相关标准的完整性		
	适用范围		
	检验方法		
	方法原理		
	试验条件		
	检测主要步骤		
	检测限		
	准确度		
	精密度		
仪器确认	仪器种类		
	仪器规格		
	仪器精度		
试剂确认	试剂种类		
	试剂纯度		
	试剂数量		
安全	设备安全		
	人身安全		
总成绩			

拓展知识　气相色谱仪常见检测器简介

1. 热导检测器

热导检测器（TCD）属于浓度型检测器，即检测器的响应值与组分在载气中的浓度成正比。它的基本原理是基于不同物质具有不同的热导率，几乎对所有的物质都有响应，是目前应用最广泛的通用型检测器。由于在检测过程中样品不被破坏，因此可用于制备和其他联用鉴定技术。

2. 氢火焰离子化检测器

氢火焰离子化检测器（FID）利用有机物在氢火焰的作用下化学电离而形成离子流，借测定离子流强度进行检测。该检测器灵敏度高、线性范围宽、操作条件不苛刻、噪声小、死体积小，是有机化合物检测常用的检测器。但是检测时样品被破坏，一般只能检测那些在氢火焰中燃烧产生大量碳正离子的有机化合物。

3. 电子捕获检测器

电子捕获检测器（ECD）是利用电负性物质捕获电子的能力，通过测定电子流进行检测的。ECD 具有灵敏度高、选择性好的特点。它是一种专属型检测器，是目前分析痕量电负性有机化合物最有效的检测器，元素的电负性越强，检测器灵敏度越高，对含卤素、硫、氧、羰基、氨基等的化合物有很高的响应。电子捕获检测器已广泛应用于有机氯和有机磷农药残留量、金属配合物、金属有机多卤或多硫化合物等的分析测定。它可用氮气或氩气作载气，最常用的是高纯氮。

4. 火焰光度检测器

火焰光度检测器（FPD）对含硫和含磷的化合物有比较高的灵敏度和选择性。其检测原理是，当含磷和含硫物质在富氢火焰中燃烧时，分别发射出具有特征的光谱，透过干涉滤光片，用光电倍增管测量特征光的强度。

5. 质谱检测器

质谱检测器（MSD）是一种质量型、通用型检测器，其原理与质谱相同。它不仅能给出一般 GC 检测器所能获得的色谱图（总离子流色谱图或重建离子流色谱图），而且能够给出每个色谱峰所对应的质谱图。通过计算机对标准谱库的自动检索，可提供化合物分析结构的信息，故是 GC 定性分析的有效工具。常称为色谱-质谱联用（GC-MS）分析，是将色谱的高分离能力与 MS 的结构鉴定能力结合在一起。

气相色谱操作中需要控制色谱柱、气化室和检测器三部分的温度。温度控制直接影响色谱柱的分离效能、组分的保留值、检测器的灵敏度和稳定性，因此气相色谱操作中温度的设置是非常重要的技术指标。

常用检测器的性能如表 15-3 所示。

表 15-3　常用检测器的性能

项目	TCD	FID	ECD	FPD
类型	浓度	质量	浓度	质量
通用选择性	各类气相物质	含碳有机物	含电负性物质	含 S、P 有机物
灵敏度	通用型	通用型	选择型	选择型
检测限	$10mV \cdot cm/g$	$10^{-2}mV \cdot s/g$	$800A \cdot mL/g$	$400mV \cdot s/g$
最小检测浓度	$2 \times 10^{-9}g/mL$	$10^{-12}g/s$	$10^{-14}g/mL$	$10^{-11}(S) \sim 10^{-12}(P)$
线性范围	10^4	10^7	$10^2 \sim 10^4$	$10^2(S)，10^2 \sim 10^3(P)$

 思考题

一、填空题

1. 测定大气中苯、甲苯和二甲苯的依据是（　　　　　　　　　　　　　　　　　　），检测方法是（　　　　　　　　　　　　　　　　）。

2. 气相色谱定量分析方法有（　　　　　　）、（　　　　　　　　）、（　　　　　　　　）。

二、选择题

1. 气相色谱仪的毛细管柱内（　　）填充物。

A. 有　　　　　　B. 没有　　　　　　C. 有的有，有的没有　　　　D. 不确定

2. 在气相色谱分析中，一个特定分离的成败，在很大程度上取决于（　　）的选择。

A. 检测器　　　　B. 色谱柱　　　　C. 皂膜流量计　　　　　　D. 记录仪

3. 在气相色谱流程中，载气种类的选择，主要考虑与（　　）相适宜。

A. 检测器　　　　B. 气化室　　　　C. 转子流量计　　　　　　D. 记录

4. 气液色谱分离主要是利用组分在固定液上（　　）不同。

A. 溶解度　　　　B. 吸附能力　　　　C. 热导率　　　　　　　D. 温度系数

5. 在气相色谱中，直接表示组分在固定相中停留时间长短的保留参数是（　　　）。

A. 保留时间　　　B. 保留体积　　　C. 相对保留值　　　　　D. 调整保留时间

6. 在气-固色谱中，首先流出色谱柱的是（　　　）。

A. 吸附能力小的组分　　　　　　B. 脱附能力小的组分

C. 溶解能力大的组分　　　　　　D. 挥发能力大的组分

7. 在色谱分析中，有下列五种检测器，测定以下样品，你要选用哪一种检测器（写出检测器序号即可）。

A. 热导检测器　　　　　　　　B. 氢火焰离子化检测器　　　C. 电子捕获检测器

D. 碱火焰离子化检测器　　　　　E. 火焰光度检测器

（　　　　）从野鸡肉的萃取液中分析痕量含氯农药

（　　　　）在有机溶剂中测量微量水

（　　　　）测定工业气体中的苯蒸气

（　　　　）对含卤素、氮等杂质原子的有机物

（　　　　）对含硫、磷的物质

任务二　样品检测与数据采集

大气中的苯系物主要来自涂料装修材料和家具！

能不能检测我们周围的空气呢？

 任务目标

1. 采用微量注射器配制标准溶液。
2. 会样品处理。
3. 会使用医用注射器进样。
4. 会用已知标准物增加峰高法定性。
5. 会进行外标法测定。
6. 会带质控样检测。

 工作页

（一）任务分析

1. 明晰任务流程

采样 → 样品处理 → 开启仪器 → 绘制标准曲线 → 样品分析 → 数据处理 → 关机及结束

2. 任务难点分析

（1）测定方法的建立。

（2）操作过程及数据处理。

3. 条件需求与准备（见表15-4）

表15-4　操作条件及准备

操作条件及准备	
仪器：	
1. 气相色谱仪(FID)	6. 注射器：1mL

操作条件及准备	
2. 色谱柱聚乙二醇(PEG-20M)	7. 微量注射器:1～5μL
3. 活性炭采样管	8. 具塞刻度试管:2mL
4. 空气采样器	9. 温度计:精度0.1℃
5. 气压计	10. 吸量管:1mL

试剂:	
1. 苯	3. 二甲苯
2. 甲苯	4. 二硫化碳

操作条件:

载气(高纯氮):2.6mL/min 检测器温度:250℃

氢气:流速为40mL/min 进样口温度:150℃

空气:流速为400mL/min 色谱柱温度:65℃(10min) $\xrightarrow{5℃/min}$ 90℃,保持2min

尾吹气:30mL/min

分流比:30.0∶1

(二)任务实施

活动1 采样及样品处理

1. 采样前对采样器进行校准

在采样现场,将一只采样管与空气采样器装置相连,调整采样装置流量,此采样管只作为调节流量用,不作采样分析。

2. 采样

在采样地点敲开活性炭管两端,孔径至少为2mm,与空气采样器入气口垂直连接,以0.2～0.6L/min的速度采气1～2h(废气采样时间5～10min)。采样后,将管的两端套上塑料帽,并记录采样流量、当前温度、大气压力和采样地点。

3. 样品的保存

采集好的样品立即用塑料帽将活性炭采样管的两端封闭,避光密闭保存,室温下8h测定。否则放入密闭容器中,保存于-20℃冰箱中,保存期限为1d。

4. 空白样品的采集

将活性炭管带到采样现场,敲开两端后立即用塑料帽密封,并同已采集样品的活性炭管一同存放并带回实验室分析。每次采集样品,都应至少带回一个现场空白样品。

5. 样品(空白)的解吸

将采样管的前后段活性炭分别放入磨口具塞试管中,各加入1.0mL二硫化碳,塞紧管塞,振摇1min,在室温下解吸1h,解吸液供测定。若浓度超过测定范围,用二硫化碳稀释后测定,计算时乘以稀释倍数。

@ 注意事项

采样后的样品有两种处理方式,热解析法和二硫化碳提取法。本项目中采用二硫化碳提取法,注意区分。

活动2 仪器及操作软件的开启

1. 开载气,设置压力为0.5MPa左右。

2. 开启仪器及操作条件设置

设置载气流量 2.6mL/min，尾吹气流量 30mL/min。分流比 30.0∶1。

设定柱温为 65℃，保持时间 10min，以 5℃/min 速率升温到 90℃，保持 2min，进样口温度为 150℃，检测器温度为 250℃。

3. 按"加热"按钮，色谱柱箱、进样口（气化室）和检测器开始升温。

4. 点火，调空气流量到 400mL/min，氢气流量到 50mL/min 以上，按点火按钮点火（如果点火成功，你会听到一声清脆的爆鸣声）。

5. 点火成功后，将氢气流量调到 40mL/min。

6. 等待基线基本稳定，按"调零"按钮，将当前的基线电压调到零点。

 **知识链接**

载气的选择

选择什么气体作为载气（或毛细管柱尾吹气），取决于色谱柱和检测器的需要。通常选择气体除了取决于色谱柱和检测器的需要之外，可能还要考虑价格因素及购买是否方便。表 15-5 和表 15-6 是对载气选择常规方式及载气流速的推荐。

表 15-5 常用载气

检测器	载气	说明
TCD	He	通用型
	H_2	灵敏度高
	N_2	H_2 检测
	Ar	H_2 灵敏度最高
FID、NPD、FPD	N_2	灵敏度最高
	He	可用于替换
ECD	N_2	灵敏度最高
	Ar/CH_4	最大动态范围

表 15-6 载气流速推荐

类型	直径	载气流速/(mL/min)		
		氢气	氦气	氮气
填充柱	1/8in	30	30	20
填充柱	1/4in	60	60	50
毛细管柱	0.05mm	0.2～0.5	0.1～0.3	0.02～0.1
毛细管柱	0.1mm	0.3～1	0.2～0.5	0.05～0.2
毛细管柱	0.2mm	0.7～1.7	0.5～1.2	0.2～0.5
毛细管柱	0.25mm	1.2～2.5	0.7～1.7	0.3～0.6
毛细管柱	0.32mm	2～4	1.2～2.5	0.4～1.0
毛细管柱	0.53mm	5～10	3～7	1.3～2.6

注：1in=25.4mm。

活动3 绘制标准曲线

根据《HJ 584—2010 环境空气 苯系物的测定 活性炭吸附/二硫化碳解吸-气相色谱法》、《GB/T 9722—2006 化学试剂气相色谱法通则》、《GB/T 602—2002 化学试剂杂质测定用标准溶液的制备》的要求，配制合适质量浓度的各标准使用液。

1. 配制标准贮备液

于 3 个 50mL 容量瓶中，先加入少量二硫化碳，用 10μL 注射器准确量取一定量的苯、甲苯和二甲苯，分别注入容量瓶中，加二硫化碳至刻度，配成一定浓度的贮备液（20℃时，1μL 苯质量 0.8787mg，甲苯质量 0.8669mg，邻、间、对二甲苯质量分别为 0.8802mg、0.8642mg、0.8611mg）。

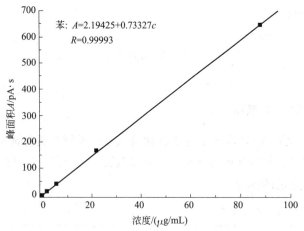

图 15-3　苯的标准曲线

2. 配制标准工作液

取一定量的贮备液用二硫化碳逐级稀释成苯、甲苯和二甲苯含量为 0.5μg/mL、1.0μg/mL、5.0μg/mL、20.0μg/mL、90.0μg/mL 的混合标准液。

3. 绘制标准曲线

分别取 1μL 上述各标准溶液进样，测量保留时间及峰面积，每个浓度重复 3 次，取峰面积的平均值，以苯、甲苯和二甲苯的含量（μg/μL）为横坐标，平均峰面积为纵坐标，绘制标准曲线（由工作软件完成）。以苯为例如图 15-3 所示。

外　标　法

对于分析组成简单的大量样品时常采用外标法，即标准曲线法。外标法不是把标准物质加到被测样品中，而是在与被测样品相同的色谱条件下单独测定，把得到的色谱峰面积（或峰高）绘制成峰面积（或峰高）-浓度标准曲线，并从曲线上查出被测组分的浓度，或用回归方程计算。有时甚至用单点校正法，即与单个标准物质对比的方法。

标准曲线法的优点是绘制好标准工作曲线后，可直接从标准曲线上读出含量，因此适合大量样品的测定。

外标法不使用校正因子，准确性较高，不论样品中其他组分是否出峰，均可对待测组分定量。但要求进样量非常准确，操作条件也要严格控制。需要实际样品组成与标准物质组成接近，因此一般用于简单样品的分析。

图 15-4　样品溶液色谱图

1—二硫化碳；2—苯；3—甲苯；4—乙苯；5—对二甲苯；6—间二甲苯；7—异丙苯；8—邻二甲苯；9—苯乙烯

活动 4　样品分析

1. 样品溶液测定

用测定标准系列的操作条件测定样品的解析液。取 1μL 进色谱柱，色谱图如图 15-4 所示。用保留时间定性，峰面积定量。每个样品作三次分析，求峰面积的平均值。同时，测量空白管的平均峰面积。测得的样品峰面积减去空白对照峰面积后，由标准曲线得苯、甲苯和二甲苯的浓度（$\mu g/mL$）。

2. 空白溶液测定

用测定标准系列的操作条件测定空白解析液。取 $1\mu L$ 进色谱柱，用保留时间定性，峰面积定量。平行测定三次，求峰面积的平均值。

3. 加标回收测定

（1）在两个试样溶液中加入标准物质，各组分的加标量分别为 $10\mu g$ 和 $50\mu g$，按试样溶液的测定方法进行测定。

（2）计算溶液的测定结果，扣除试样测定的浓度后，计算溶液的加标回收率，以进行方法准确度测定。

 **注意事项**

加标量应和样品中所含待测物的测量精密度控制在相同的范围内，一般情况下作如下规定。

（1）加标量尽量与样品中待测物含量相等或相近，并应注意对样品容器的影响。

（2）当样品中待测物含量接近方法检测限时，加标量控制在校准曲线的低浓度范围。

（3）在任何情况下加标量均不得大于待测物含量的 3 倍。

（4）加标后的测定值不应超过方法测量上限的 90％。

（5）当样品中待测物浓度高于标准曲线的中间浓度时，加标量应控制在待测物浓度的半量。

 知识链接

自 动 进 样

自动取样进样器（见图 15-5），不仅能克服注射器进样时造成的误差，而且它是自动流

安捷伦6890系列气相色谱仪进样口配有自动进样器和样品托盘

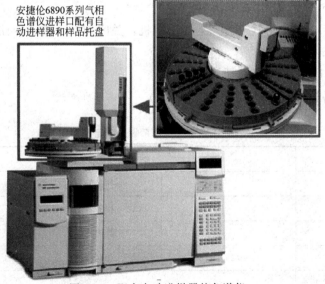

图 15-5　配有自动进样器的色谱仪

程色谱仪中不可缺少的重要部分。自动进样是指色谱分析中通过一个阀件（包括它的传动机构）自动地、周期性地、定量地自样品管线取来样品，然后把它送到色谱柱。目前比较成熟的气体自动取样阀有气动膜式六通取样阀、六通拉杆阀、六通平面阀。六通平面阀是比较理想的阀件，使用温度较高，寿命长，耐腐蚀，死体积小，气密性好，可在低压下使用。也可加工为八通阀、十通阀、十二通阀，以满足多流道的要求。

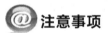 **活动5　任务数据与处理**

1. 定性分析

根据各保留时间定性。

2. 定量分析

样品溶液测定结束后，根据活动 2 中绘制的标准曲线，根据标准曲线计算苯、甲苯和二甲苯的浓度。

3. 结果计算与表示

气体中目标化合物的浓度，按照式(15-1)进行计算。

$$\rho = \frac{(w - w_0)V}{V_{nd}} \tag{15-1}$$

式中　ρ——气体中被测组分的质量浓度，mg/m^3；

　　　w——由标准曲线计算的样品解吸液的质量浓度，$\mu g/mL$；

　　　w_0——由标准曲线计算的空白解吸液的质量浓度，$\mu g/mL$；

　　　V——解吸液体积，mL；

　　　V_{nd}——标准状态下（$101.325kPa$，$275.15K$）的采样体积，L。

@注意事项

当测定结果小于 $0.1mg/m^3$ 时，保留小数点后四位；大于 $0.1mg/m^3$ 时，保留小数点后三位。

活动6　关机和结束工作

1. 实验结束后，关闭氢气气源、空气压缩机，关闭加热系统。待柱温降至室温后关闭总电源和载气，关闭工作软件。

2. 清理仪器台面，填写仪器使用记录。

（三）任务数据记录（见表 15-7）

表 15-7　环境空气中苯系物的测定原始记录

记录编号			
样品名称		样品编号	
检验项目		检验日期	
检验依据		判定依据	
温度		相对湿度	
检验设备(标准物质)及编号			

仪器条件：

载气：_____mL/min 分流比：_____

尾吹气：_____mL/min 氢气：_____mL/min

空气：_____mL/min

柱温：_____

进样口温度：_____℃ 检测器温度_____℃

一、采样及样品处理

采样人姓名		采样地点	
采样体积/L		采样时间	
解吸液名称		大气压力	
解吸液体积		稀释倍数	

二、样品分析

1. 绘制标准曲线法

标准物质名称	质量/mg	体积/L	贮备液浓度/(mg/L)
苯			
甲苯			
二甲苯			

工作液名称	移取体积/mL	浓度/(μg/mL)	保留时间	峰面积 1	峰面积 2	峰面积 3	峰面积 平均	相关系数
苯								
甲苯								
二甲苯（按各组分总和计）								

2. 样品测定

组分名称	平行测定 保留值/min	峰面积 1	峰面积 2	峰面积 3	峰面积 平均	浓度/(μg/mL)	空白值/(μg/mL)	RSD
苯								
甲苯								
二甲苯 邻								
二甲苯 间								
二甲苯 对								

3. 大气中苯、甲苯和二甲苯的浓度计算

组分名称	解吸液体积/mL	采样体积/L	测量浓度/(μg/mL)	空白值/(μg/mL)	大气浓度/(mg/m³)
苯					
甲苯					
二甲苯					

三、加标回收测定					
组分名称 加标量	苯		甲苯		二甲苯
组分峰面积					
加标后浓度/(μg/mL)					
试样浓度/(μg/mL)					
测定加标量/μg					
实际加标量/μg					
回收率					
检验人			复核人		

（四）任务评估（见表 15-8）

表 15-8　任务评价表　　　日期

评价指标	评价要素	等级评定	
		自评	教师评
标液配制	计算思路 计算结果		
样品称量	天平使用 称量范围		
开机、关机	检查漏气 气体压力设定		
数据测量	溶液配制 样品处理 进样操作 定性方法 外标法定量 质控样测定 测量顺序		
结束工作	关气顺序 电源关闭 填写仪器实验记录卡		
学习方法	预习报告书写规范		
工作过程	遵守管理规程 操作过程符合现场管理要求 出勤情况		
思维状态	能发现问题、提出问题、 分析问题、解决问题		
自评反馈	按时按质完成工作任务 掌握了专业知识点		
经验和建议			
总成绩			

拓展知识 用面积外标法做一个样品

第一步：打开 N3000 色谱工作站软件，先选择需要打开的通道 1，生成窗口如图 15-6 所示。

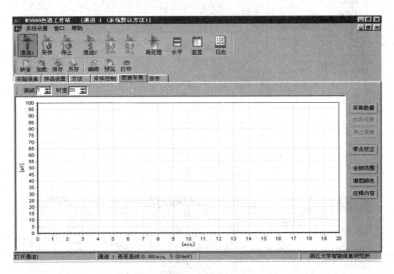

图 15-6 窗口一

第二步：点击"窗口一"中的"实验信息"栏，点击"实验信息"，根据需要如实填入实验标题、实验人姓名、实验单位及实验简介。生成窗口如图 15-7 所示。

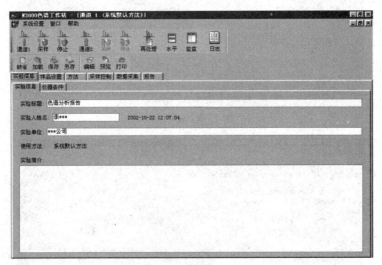

图 15-7 窗口二

在"窗口二"中点击"实验信息"栏中的"仪器条件"，根据要求输入相应的仪器条件。生成窗口如图 15-8 所示。

第三步：点击"窗口一"中的"样品设置"栏，输入样品名，选择组分浓度单位、样品类型，确定后点击"采用"按钮。生成窗口如图 15-9 所示。

第四步：点击"窗口一"中的"方法"栏，选择面积、外标法，点击"采用"按钮，弹出对话框，输入方法名"白酒外标"，点击"确定"按钮。生成窗口如图 15-10 所示。

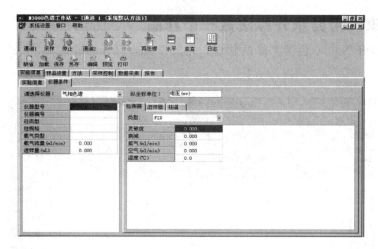

图 15-8　窗口三

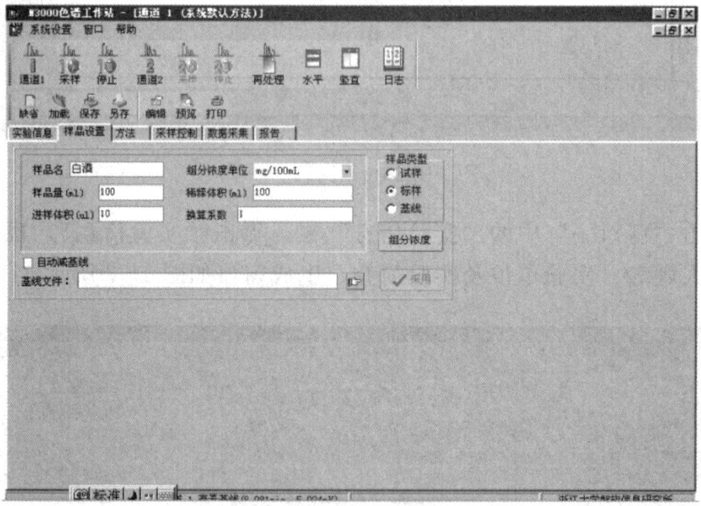

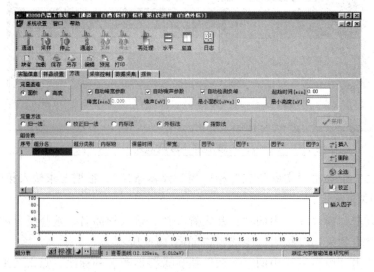

图 15-9　窗口四

图 15-10　窗口五

第五步：点击"窗口一"中的"采样控制"栏，根据要求输入采样结束时间、数据采集保存路径、文件保存方式，确定后点击"采用"按钮。生成窗口如图15-11所示。

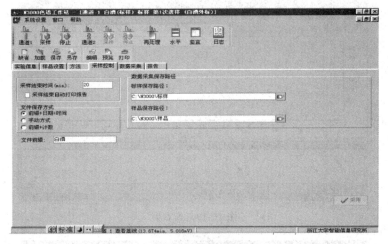

图 15-11　窗口六

第六步：点击"窗口一"中的"数据采集"栏，进样后立即点击"采集数据"或按下远程开关即可，采样结束后点击"停止采集"。按"停止采集"为自动保存，按"放弃采集"为不保存。生成窗口如图15-12所示。

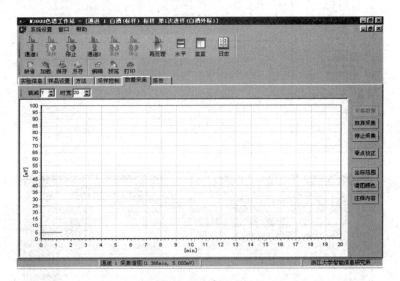

图 15-12　窗口七

第七步：采样结束后，可以点击"窗口一"中"再处理"，生成窗口如图15-13所示。

第八步：在"窗口八"中点击"谱图"按钮，点击"N3000"文件夹中的"标样"文件夹，同时选择"窗口九"状态栏中的"标样谱图"，生成窗口如图15-14所示。

第九步：在"窗口九"中双击"白酒.std"，生成窗口如图15-15所示。

第十步：在"窗口十"中点击"方法"，在"组分表"栏"序号1"中输入组分名"甲醇"，按下键盘上"Shift"键，用鼠标选中外标峰，双击加入保留时间。接着点击"组分表"中的"插入"按钮，在"序号2"输入组分名"异丁醇"，按下键盘上"Shift"键，用

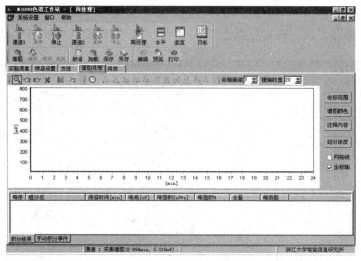

图 15-13　窗口八

图 15-14　窗口九

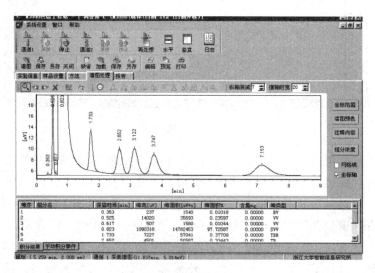

图 15-15　窗口十

鼠标选中外标峰，双击加入保留时间。再点击"组分表"中的"插入"按钮，在"序号 3"输入组分名"异戊醇"，按下键盘上"Shift"键，用鼠标选中外标峰，双击加入保留时间。点击"采用"按钮，生成窗口如图 15-16 所示。

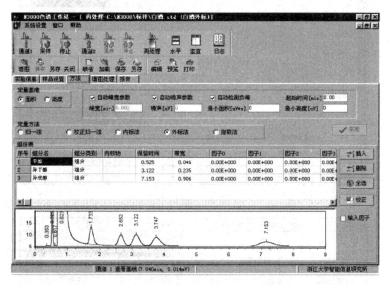

图 15-16　窗口十一

在"窗口十一"中点击"校正"按钮，生成窗口如图 15-17 所示。

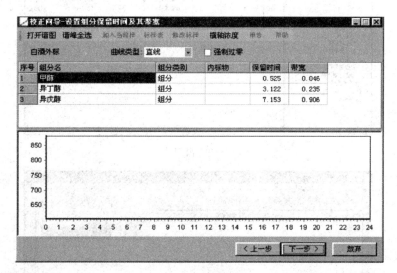

图 15-17　窗口十二

第十一步：点击"窗口十二"中"下一步"，生成窗口如图 15-18 所示。

第十二步：点击"窗口十三"中"添加标样"按钮，生成窗口如图 15-19 所示。

第十三步：双击"窗口十四"中"白酒.std"，生成窗口如图 15-20 所示。

第十四步：点击"窗口十五"中"白酒"，生成窗口如图 15-21 所示。

第十五步：在"窗口十六"中依次输入甲醇、异丁醇、异戊醇的含量，在"称量信息"栏中输入组分浓度单位，点击"修改"按钮，最后点击"确定"按钮。生成窗口如图 15-22 所示。

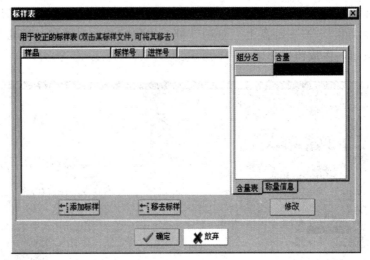

图 15-18　窗口十三

图 15-19　窗口十四

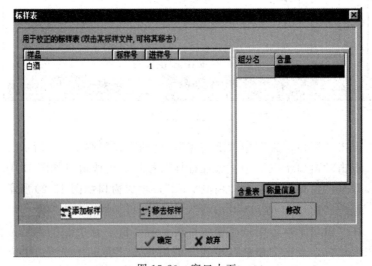

图 15-20　窗口十五

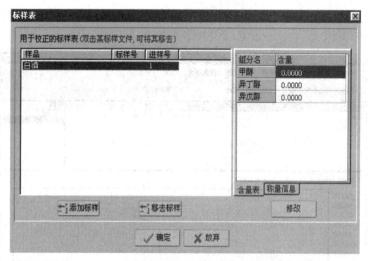

图 15-21　窗口十六

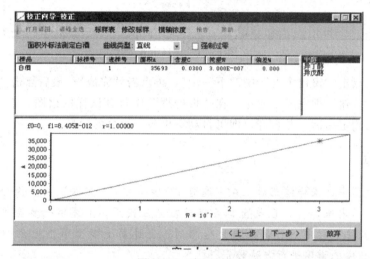

图 15-22　窗口十七

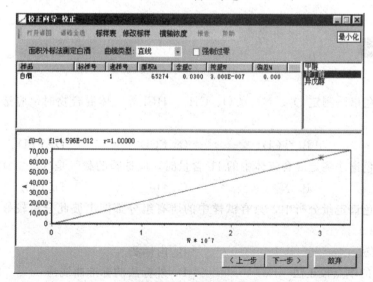

图 15-23　窗口十八

第十六步：点击"窗口十七"中的"异丁醇"、"异戊醇"，依次生成窗口如图 15-23 和图 15-24 所示。

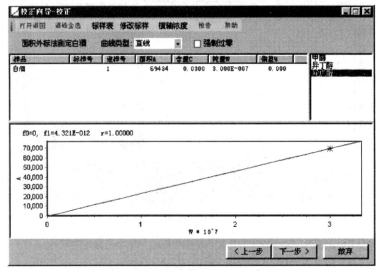

图 15-24 窗口十九

第十七步：点击"窗口十九"中"下一步"，再点击"完成"，最后点击"窗口十一"中的方法"保存"按钮，即完成了校正。在"再处理"中打开试样的谱图，点击"打开"，选中"面积外标法测定白酒"并打开，即可自动算出各个组分的含量。

@ 注意事项

实际操作过程中，采样结束后，在"通道1"窗口中，"方法"栏"组分表"中实时采样谱图会自动显示出来，可以在此窗口直接进行方法校正。上述第七步至第十七步可以在"通道1"的"方法"栏中进行，操作过程相同。上述第七步至第十七步的操作实际上是"再处理"中对已做的谱图进行方法校正。

选择题

1. 用气相色谱法测定 O_2、N_2、CO、CH_4、HCl 等气体混合物时，应选择的检测器是（   ）。

A. FID   B. TCD   C. ECD   D. FPD

2. 用气相色谱法测定混合气体中的 H_2 含量时，应选择的载气是（   ）。

A. H_2 B. N_2 C. He   D. CO_2

3. 在气相色谱定量分析中，只有试样中的所有组分都能出彼此分离较好的峰才能使用的方法是（   ）。

A. 归一化法   B. 内标法

C. 外标法的单点校正法   D. 外标法的标准曲线法

4. 在气相色谱分析中，一般以分离度（   ）作为相邻两峰已完全分开的标志。

A. 1　　　　　　　B. 0　　　　　　　C. 1.2　　　　　　　D. 1.5

5. 相对校正因子是物质（i）与参比物质（s）的（　　　）之比。

A. 保留值　　　　B. 绝对校正因子　　　C. 峰面积　　　　D. 峰宽

6. 有机物在氢火焰中燃烧生成的离子，在电场作用下，能产生电信号的器件是（　　　）。

A. 热导检测器　　　　　　　　B. 氢火焰离子化检测器

C. 火焰光度检测器　　　　　　D. 电子捕获检测器

7. 色谱柱的分离效能，主要由（　　　）所决定。

A. 载体　　　　　B. 流动相　　　　C. 固定液　　　　D. 固定相

8. 色谱峰在色谱图中的位置用（　　　）来说明。

A. 保留值　　　　B. 峰高值　　　　C. 峰宽值　　　　D. 灵敏度

9. 在气相色谱定量分析中，在已知量的试样中加入已知量的能与试样组分完全分离且能在待测物附近出峰的某纯物质来进行定量分析的方法，属于（　　　）。

A. 归一化法　　　　　　　　B. 内标法

C. 外标法-比较法　　　　　　D. 外标法-标准工作曲线法

任务三　撰写检测报告

任务引入

完成了以上任务，快来对你的结果做个总结吧！

任务目标

1. 会用内标法处理数据。
2. 会判断检测数据的有效性。
3. 会撰写检测报告。

工作页

（一）任务分析

1. 明晰任务流程

线性回归　→　样品计算　→　加标回收　→　撰写报告

2. 任务难点分析

（1）样品浓度的计算。

（2）加标回收。

3. 条件需求与准备

计算机。

（二）任务实施

活动1　一元线性回归

1. 根据任务二中的测量数据绘制苯、甲苯、二甲苯的标准曲线。

2. 以苯、甲苯和二甲苯的质量浓度对应峰面积，计算一元线性回归方程。

3. 根据标准曲线计算试样中各组分的浓度。

4. 计算大气中各组分的原始浓度。

5. 将结果填入任务二的表15-7。

 **注意事项**

一元线性回归方程可由工作软件直接得到，也可以用手动方法计算得到，但是计算过程比较繁琐，容易算错。

活动2　加标回收

1. 计算加标液浓度

根据标准物质的加入量和溶液体积，计算加标液的浓度，代入标准曲线求出各组分的加标量。

2. 将结果填入任务二的表15-7。

3. 判定

将加标量计算结果与实际加标量比较，计算加标回收率，根据加标回收率判断本次检测结果的准确度，如果不能达到方法标准的回收率范围，则此次检测结果无效，需要重新进行检测，若没超出其回收率范围，则本次检测有效。

活动3　样品结果评价

根据标准《HJ 584—2010 环境空气 苯系物的测定 活性炭吸附/二硫化碳解吸-气相色谱法》中关于方法精密度、准确度的要求，对照实验数据分别进行计算，并对测定结果进行评价。

活动4　撰写报告（见表15-9）

表15-9　检验报告内页

抽样地点			样品编号	
检测项目	检测结果	限值	本项结论	备注
以下空白				

（三）任务评估（见表15-10）

表15-10　任务评价表　　　日期

评价指标	评价要素	等级评定	
		自评	教师评
回归方程	自变量、因变量的选择 分辨斜率、截距		
样品计算	从回归方程计算浓度 样品质量分数 计算过程 有效数字		
回收判断	加标浓度计算 准确度判断 检测有效性判断		
撰写报告	无空项 有效数字符合标准规定		

评价指标	评价要素	等级评定	
		自评	教师评
学习方法	预习报告书写规范		
工作过程	遵守管理规程 操作过程符合现场管理要求 出勤情况		
思维状态	能发现问题、提出问题、 分析问题、解决问题		
自评反馈	按时按质完成工作任务 掌握了专业知识点		
经验和建议			
	总成绩		

拓展知识　气相色谱在各领域的应用

1. 气相色谱在药物分析中的应用

2000 年版《中国药典》收载品种共计 2691 种，抗生素和激素类化学药品的含量测定大多采用了高效液相色谱法，气相色谱法有 44 种（次）。

2. 气相色谱在合成药物和临床分析中的应用

尽管在合成药物及临床分析中常常采用 HPLC 法，但是气相色谱在合成药物和临床分析中的应用也有很多文献报道，实际上气相色谱方法简单，易于操作，如果用气相色谱可以满足分析要求，它应该是首选的方法。特别是把 GC 和 MS 结合起来是一种集分离和鉴定、定性与定量于一体的方法，如果把固相微萃取（SPME）和 GC 或 GC2MS 结合在一起，又把样品处理及定性与定量于一体，在临床分析中很有意义。

3. 气相色谱在食品分析中的应用

食品的营养成分和食品安全是当今世界十分关注的重大问题，因而食品分析就起着关键性作用。食品分析涉及营养成分分析、食品添加剂分析和食品中污染物和有害物质的分析。在这三个方面气相色谱都能发挥其优势。重要的营养组分如氨基酸、脂肪酸、糖类都可以用 GC 进行分析。食品的添加剂有千余种，其中有许多可用 GC 来检测。至于食品中的污染物如农药残留量，很多都是用 GC 进行分析的。

4. 气相色谱在环境污染物分析中的应用

改善人类生存环境、治理环境污染，对环境污染物的检测分析是当今世界一个重要的课题。用气相色谱法进行大气、室内气体、各种水体和其他类型污染物的分析被广泛采用。

5. 气相色谱在石油和石化分析中的应用

气相色谱在石油和石化领域有着极大的应用。尽管近年高效液相色谱和近红外光谱在石油和石化分析中的应用研究颇受青睐，但在石油和石化分析中，气相色谱仍是主要的分析手段。

6. 气相色谱在化工产品高聚物分析中的应用

由于气相色谱法在所有的色谱方法当中是最容易做的方法，所以在各种化工生产的产品检验中对多成分、可挥发性组分的测定，GC 应该是首选的方法，在高聚物分析中，GC 也发挥了积极的作用，像裂解气相色谱和反向气相色谱都是针对高聚物分析的有力技术。

思考题

一、判断题

1. 气相色谱分析时进样时间应控制在 1s 以内。（   ）

2. 载气流速对不同类型气相色谱检测器响应值的影响不同。（   ）

3. 气相色谱检测器灵敏度高并不等于灵敏度好。（   ）

4. 气相色谱法测定中随着进样量的增加，理论塔板数上升。（   ）

5. 气相色谱分析时，载气在最佳线速下，柱效高，分离速度较慢。（   ）

6. 测定气相色谱法的校正因子时，其测定结果的准确度受进样量影响。（   ）

二、简答题

何种情况下采用内标法定量？比较内标法和外标法的异同点。

项目十六

顶空气相色谱法测定卷烟条与盒包装纸中挥发性有机化合物

 项目导航

　　烟草的包装盒及封口花中，由于使用了大量的油墨和溶剂，导致香烟在使用中可能产生一些挥发性有机化合物（VOCs），对接触者带来潜在的健康危害。为了控制烟草产品中 VOCs 的使用量，国家烟草专卖局发布了《YC/T 207—2006 卷烟条与盒包装纸中挥发性有机化合物的测定 顶空-气相色谱法》和《YC 263—2008 卷烟条与盒包装纸中挥发性有机化合物的限量》，对其中的 16 种挥发性有机化合物（VOCs）进行了控制。

　　顶空气相色谱法可以免除冗长繁琐的样品前处理过程，避免有机溶剂带入的杂质对分析造成干扰，减少对色谱柱及进样口的污染。它在环境检测（如饮用水中挥发性卤代烃和工业污水中挥发性有机物）、药物中有机残留溶剂检测、食品、法庭科学、石油化工、包装材料、涂料及酿酒业分析等领域得到了广泛应用。本项目共包括三个工作任务。

 资源链接

1. YC/T 207—2006 卷烟条与盒包装纸中挥发性有机化合物的测定 顶空-气相色谱法
2. YC 263—2008 卷烟条与盒包装纸中挥发性有机化合物的限量
3. GB/T 9722—2006 化学试剂 气相色谱法通则

任务一　解读卷烟条与盒包装纸中挥发性有机化合物检测国家标准

任务引入

　　烟草行业标准 YC/T 207—2006 规定了卷烟条、盒包装纸中挥发性有机化合物的测定方法，该方法最大的优点是不需要对样品进行复杂的预处理，直接取其顶空气体进行分析，简便、快速。让我们一起来解读该标准吧！

任务目标

1. 会查找方法检测限、精密度。
2. 会确认所需的仪器。
3. 会确认所需的试剂。

工作页

（一）任务分析

1. 明晰任务流程

$$\boxed{\text{阅读与查找标准}} \rightarrow \boxed{\text{仪器确认}} \rightarrow \boxed{\text{试剂确认}} \rightarrow \boxed{\text{安全防护}}$$

2. 任务难点分析

查找相关标准。

3. 条件需求与准备

（1）《YC/T 207—2006 卷烟条与盒包装纸中挥发性有机化合物的测定 顶空-气相色谱法》。

（2）仪器

① 气相色谱仪（FID）。

② VOC 毛细管柱（VOCOL 柱或等效柱）：60m×0.32mm（内径）×1.8μm（膜厚）。

③ 顶空进样器（带 20mL 顶空瓶）。

④ 移液枪：1000μL。

（3）试剂

苯、甲苯、乙苯、二甲苯、乙醇、异丙醇、正丁醇、丙酮、4-甲基-2-戊酮、丁酮、环己酮、乙酸乙酯、乙酸正丙酯、乙酸正丁酯、乙酸异丙酯、丙二醇甲醚、三乙酸甘油酯。

（二）任务实施

 **活动1　阅读与查找标准**

仔细阅读《YC/T 207—2006 卷烟条与盒包装纸中挥发性有机化合物的测定 顶空-气相色谱法》，找出本方法的适用范围、检测下限、干扰、方法原理、精密度和准确度等内容，并列出所需的其他相关标准。将查找结果填入表 16-1。

知识链接

1. 顶空进样气相色谱分析

顶空进样气相色谱分析（见图 16-1）是把样品放入密闭的小玻璃瓶内，将其气相部分（称作顶空，缩写为 HS）导入气相色谱仪进行检测和定量。

可以把顶空分析看成是一种气相萃取方法，即用气体作"溶剂"来萃取样品中的挥发性成分，因而，顶空分析就是一种理想的样品净化方法。传统的液-液萃取以及固相萃取（SPE）都是将样品溶在液体中，不可避免地会有一些共萃取物干扰分析，况且溶剂本身的纯度也是一个问题，这在痕量分析中尤为重要。而气体作溶剂就可避免不必要的干扰，因为高纯度气体很容易得到，且成本较低。这也是顶空 GC 被广泛采用的一个重要原因。顶空分析只取气相部分进行分析，大大减少了样品基质对分析的干扰。

顶空技术依据其不同的取样和进样方式，可分为静态顶空和动态顶空。

静态顶空：将样品放置在一密闭容器中，在一定温度下放置一段时间，使气液两相达到平衡，取气相部分进入 GC 分析，又称平衡顶空或者一次气相萃取。

动态顶空：在样品中连续通入惰性气体，挥发性组分随该萃取气体从样品中溢出，然后通过一个吸附装置（捕集器）将样品浓缩，最后再将样品解吸进入气谱色谱仪分析。这是一种连续的多次气相萃取，直到样品中的挥发性组分完全萃取出来。

2. 静态顶空气相色谱的理论依据

下面先来看一个容积为 V、装有体积为 V_0 液体样品的密封容器（见图 16-2），其气相体积为 V_g，液相体积为 V_1，则

$$V = V_1 + V_g$$

$$相比 \beta = \frac{V_g}{V_1}$$

当在一定温度下达到气液平衡时，可以认为液体的体积 V_1 不变，即 $V_1 = V_0$。这时，气相中的样品浓度为 c_g，液相中为 c_1，样品的原始浓度为 c_0。则

$$平衡常数 K = \frac{c_1}{c_g}$$

由于顶空样品瓶是密封的，样品不会损失，故

$$c_0 V_0 = c_0 V_1 = c_g V_g + c_1 V_1 = c_g V_g + K c_g V_1 = c_g(V_g + K V_1)$$

$$c_0 = c_g(V_g + K V_1)/V_1 = c_g(\beta + K)$$

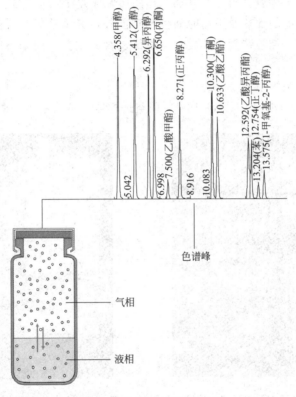

图 16-1 平衡顶空分析

在一定条件下，K 和 β 均为常数，则

$$c_g = c_0/(\beta + K) = K'c_0$$

$$K' = \frac{1}{\beta + K}$$

这就是说，在平衡状态下，在气相中的待测组分浓度与原样品中的浓度成正比关系。当用 GC 分析得到 c_g 后，就可以算出原来样品的组成，这就是静态顶空气相色谱的理论依据。

图 16-2 顶空样品瓶

活动 2 仪器确认

依据查阅的标准，确认所需的各种仪器是否齐全，是否满足标准的要求（如精度、计量检定等）。将确认结果填入表 16-1。

知识链接

1. 静态顶空自动进样器

目前，商品化的顶空自动进样器有多种设计，但其原理基本可分为三种。

（1）采用注射器进样

此类仪器往往是对普通自动进样器改进的结果，主要采用气密注射器和样品控温装置。比如，日本岛津公司的 HSS-2B 顶空分析系统（见图 16-3）就是在自动进样器样品盘的上方增加了一个金属加热块，通过样品盘下面的气动装置将样品瓶依次转移到加热块中，待气液平衡后，由注射器插入样品瓶取样并注入 GC 分析。可见，除了采用气密注射器，增加了样品的加热及平衡时间控制功能外，其余功能与普通自动进样器类似。当然，注射器一般也要有控温装置。此类顶空进样装置的主要问题是不能控制样品的压力，故使用较少。

（2）压力平衡顶空进样系统

PE 公司的 TurboMatrix 40（见图 16-4）顶空进样器就是采用压力平衡顶空进样系统。

图 16-3　HSS-2B 顶空分析系统　　图 16-4　TurboMatrix 40 顶空分析系统

这类进样系统的原理如图 16-5 所示，样品加热平衡时，取样针头位于加热套中［见图 16-5(a)］。载气大部分进入 GC，只有一小部分通过加热套，以避免其被污染。取样针头用 O 形环密封。样品气液平衡后，取样针头穿过密封垫插入样品瓶，此时载气分为三路［见图 16-5(b)］：一路为低流速，由出口针形阀控制，继续吹扫加热套，另外两路分别进入 GC 和样品瓶，对样品瓶进行加压，直到样品瓶的压力与柱前压相等为止（这就是压力平衡的意思）。然后，关闭电磁阀 V_1、V_2［见图 16-5(c)］，切断载气流。由于样品瓶中的压力与柱前压相等，故此时样品瓶中的气体将自动膨胀，载气与样品气体的混合气就通过加热的

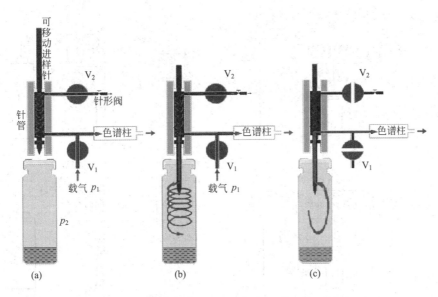

图16-5 压力平衡顶空进样系统

(a) 样品平衡; (b) 压力平衡; (c) 进样

V_1、V_2—电磁开关阀; p_1—柱前压; p_2—样品瓶中原来的顶空压力

输送管进入 GC 柱。控制此过程的时间就可控制进样量。压力平衡进样装置与 GC 共用一路载气,操作简便。采用这种装置时,必须控制平衡时样品瓶中的压力低于 GC 柱前压,否则,针尖一旦插入样品瓶,顶空气体就会在载气切断之前进入 GC,造成分析结果不准确。

实际工作中并不总能满足上述压力要求,比如样品平衡温度高时,顶空气体压力就高,若采用大口径的短毛细管柱进行分析,柱前压往往低于样品瓶中的顶空气体压力。这时,可以采用另一路载气对样品瓶加压,以防止 GC 载气切断前样品进入色谱柱,这一方法叫做加压取样。另外,也可在色谱柱后接一段细的空柱管,以提高柱压降,但这会造成仪器的连接变得复杂。

(3) 压力控制定量环进样系统

安捷伦(原惠普化学分析部)公司的 HP7694(见图16-6)就采用压力控制定量环进样系统。

这类进样系统的原理如图16-7所示,其分析过程可分为四个步骤。

图16-6 HP7694 顶空分析系统

第一步平衡 [见图16-7(a)]。即将样品定量加入顶空样品瓶,加盖密封,然后置于顶空进样器的恒温槽中,在设定的温度和时间条件下进行平衡。此时,载气旁路直接进入 GC 进样口,同时用低流速载气吹扫定量环,而后放空,以避免污染定量环。

第二步加压 [见图16-7(b)]。待样品平衡后,将取样针头插入样品瓶的顶空部分,V_4 切换,使通过定量环的载气进入样品瓶进行加压,为下一步取样作准备。加压时间和压力大小由进样器自动控制。此时,大部分载气仍然直接进入 GC 柱。

第三步取样 [见图16-7(c)]。V_2 和 V_4 同时切换,样品瓶中经加压的气体通过针头进

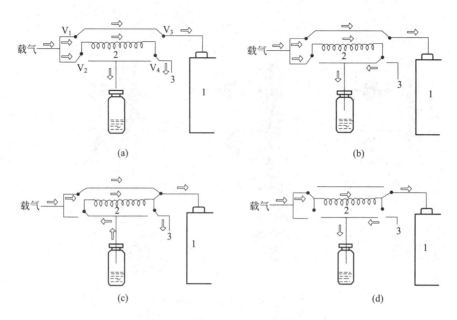

图 16-7　压力控制定量环的顶空进样系统

（a）平衡；（b）加压；（c）取样；（d）进样

V_1、V_2、V_3、V_4—切换阀；

1—GC；2—定量环；3—放空出口

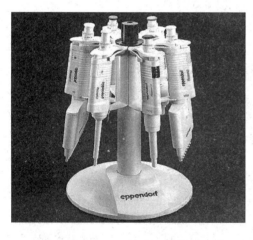

图 16-8　移液枪及枪头

入定量环。取样时间应足够长，以保证样品气体充满定量环，但也不应太长，以免损失样品。具体时间应根据样品瓶中压力的高低和定量环的大小而定，由进样器自动控制。一般不超过 10s。

第四步进样［见图 16-7(d)］。V_1、V_2、V_3 和 V_4 同时切换，使所有载气都通过定量环，将样品带入 GC 进行分析。

这样就完成了一次顶空 GC 分析。然后将取样针头移动到下一个样品瓶，根据 GC 分析时间的长短，在某一时刻开始对下一个样品重复上述操作。

2. 移液枪

移液枪（见图 16-8）是移液器的一种，常用于实验室少量或微量液体的移取，不同规格的移液枪配套使用不同大小的枪头，不同生产厂家生产的形状也略有不同，但工作原理及操作方法基本一致。移液枪属精密仪器，使用及存放时均要小心谨慎，防止损坏，避免影响其量程。

活动3　试剂确认

按标准要求确认所需的试剂种类、纯度、数量是否满足要求。将确认结果填入表 16-1。

活动 4　安全防护

查找本项目实施过程中可能存在的安全隐患，并提出预防与防护措施。将查找结果填入表 16-1。

（三）任务数据记录（见表 16-1）

表 16-1　解读检测方法的原始记录

记录编号				
一、阅读与查找标准				
方法原理				
相关标准				
检测限				
准确度		精密度		
二、标准内容				
适用范围		限值		
定量公式		性状		
样品处理				
操作步骤				
三、仪器确认				
所需仪器			检定有效期	
四、试剂确认				
试剂名称	纯度		库存量	有效期
五、安全防护				
确认人		复核人		

（四）任务评估（见表 16-2）

表 16-2　任务评价表　　　　日期

评价指标	评价要素	等级评定	
		自评	教师评
阅读与查找标准	标准名称 相关标准的完整性 适用范围 检验方法 方法原理 试验条件 检测主要步骤 检测限 准确度 精密度		

评价指标	评价要素	等级评定	
		自评	教师评
仪器确认	仪器种类 仪器规格 仪器精度		
试剂确认	试剂种类 试剂纯度 试剂数量		
安全	设备安全 人身安全		
总成绩			

拓展知识　顶空进样分类

1. 动态顶空（吹扫-捕集）进样装置

图 16-9 所示为典型的吹扫-捕集进样器气路原理。在样品管中加入 18～20mL 液体样品（如水），通过样品管下部的玻璃筛板渗入储液管，直到两边的液面达到同一水平。然后打开吹扫气阀，气体通过储液管，经玻璃筛板后分散成小气泡，吹扫气流的大小由一调节阀控制。吹扫出的挥发性成分随载气进入捕集器，其中常填充有 Tenax、硅胶或活性炭。捕集器尺寸一般为长 30cm，内径 3mm 的不锈钢管。在此吹扫过程中，液体样品将在吹扫气的作用下全部进入样品管。

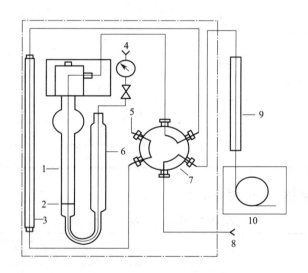

图 16-9　吹扫-捕集进样装置气路原理

1—样品管；2—玻璃筛板；3—吸附捕集管；4—吹扫气入口；

5—放空；6—储液瓶；7—六通阀；8—GC 载气；

9—可选择的除水装置和/或冷阱；10—GC

当吹扫过程结束后，关闭吹扫气阀，同时转动六通阀，载气就通过捕集管进入 GC。注意此时捕集管中的气流方向与吹扫过程的方向相反。然后，捕集管加热装置开始工作（多用电加热），迅速达到解吸温度（200～800℃），样品以尽可能窄的初始谱带进入色谱柱。吹扫-捕集进样装置与 GC 的连接方式与静态顶空系统相似。连接管要保持在一定的温度，以避免样品组分冷凝。用填充柱和大口径柱时，输送管接在填充柱进样口，用常规毛细管柱时接在分流-不分流进样口。

吹扫-捕集技术分析的样品多为水溶液。吹扫过程中往往有大量的水蒸气进入捕集管，如果这些水进入色谱柱，势必影响分离结果和定量准确度，故在捕集管中除装有有机物吸附剂外，还常常装有部分吸水性强的硅胶，以减少进入色谱柱的水分。如果这样仍不能满足 GC 分析的要求，还可在 GC 之前连接一个干燥管或吸水管，以便更有效地除去水。

2. 静态顶空和动态顶空特点比较（见表 16-3）

表 16-3　静态顶空和动态顶空特点比较

方法	优点	缺点
静态顶空	样品基质(如水)的干扰极小 仪器较简单,不需要吸附装置 挥发性样品组分不会丢失	灵敏度稍低 难以分析较高沸点的样品
动态顶空	可将挥发性组分全部萃取出来,并在捕集装置中浓缩后分析 灵敏度较高 比静态顶空应用范围更广,适用于沸点较高的组分	样品基质可能干扰分析 仪器较复杂 吸附和解吸可能造成样品组分的丢失

 **思考题**

填空题

1. 顶空分析根据取样和进样方式的不同，可分为（　　　　　　　）和（　　　　　　　　）两种。

2. 常见的静态自动顶空进样器按原理分（　　　　　　　）、（　　　　　　　　　）、（　　　　　　）三种。

3. 顶空气相色谱法的理论依据是（　　　　　　　　　　）。

4. 顶空气相色谱可以减小（　　　　　　　）的影响。

任务二　样品检测与数据采集

　　顶空-气相色谱法测定步骤和气相色谱法类似，在GC上的方法设定完全和普通气相色谱法一样，只是我们除了操作GC外，还需要操作顶空进样器，但是它的操作是很简单的。

任务目标

1. 会填写原始记录表格。
2. 会进行保留时间定性。
3. 会使用顶空进样器。
4. 会进行保留时间定性。

工作页

（一）任务分析

1. 明晰任务流程

开机预热 → 定性分析 → 样品处理 → 标系准备 → 数据测定 → 关机

2. 任务难点分析

顶空进样器和气相色谱仪的条件设置。

3. 条件需求与准备

（1）《YC/T 207—2006 卷烟条与盒包装纸中挥发性有机化合物的测定 顶空-气相色谱法》。

（2）仪器

① 气相色谱仪（FID）。

② VOC毛细管柱（VOCOL柱或等效柱）：$60m \times 0.32mm$（内径）$\times 1.8\mu m$（膜厚）。

③ 顶空进样器（带20mL顶空瓶）。

④ 移液枪：$1000\mu L$。

（3）试剂

① VOCs系列标准溶液：第1～5级。

在250mL容量瓶中加入苯、甲苯、乙苯和二甲苯各20～30mg，以及乙醇、异丙醇、正丁醇、丙酮、4-甲基-2-戊酮、丁酮、环己酮、乙酸乙酯、乙酸正丙酯、乙酸正丁酯、乙酸异丙酯和丙二醇甲醚各200～300mg，分别准确称量（准确至0.1mg），以三乙酸甘油酯定容，定为第1级标准溶液；第2～5级标准溶液分别由上一级标准溶液用三乙酸甘油酯稀释5倍。标准溶液置于冰箱（-18℃）中保存，有效期6个月。取用时放置于常温下，达到常温后方可使用。

② VOCs标准样品：质量浓度接近第1级标准溶液。

（二）任务实施

活动1　开机预热

1. GC开机，按表16-4设置条件。

表16-4　GC条件

载气	氦气	进样口温度	150℃
柱流量	3.8mL/min	分流比	10：1
FID温度	250℃	氢气流量	40mL/min
空气流量	450mL/min	补充气(He)流量	30mL/min
柱程序升温	40℃保持2min，然后以4℃/min的速率升温至180℃，保持15min		

2. 顶空进样器开机，按表16-5设置条件。

表16-5　顶空进样器条件

样品环	3mL	样品平衡温度	80℃
样品环温度	100℃	传输线温度	120℃
样品平衡时间	45.0min	样品瓶加压压力	138kPa
加压时间	0.20min	充气时间	0.20min
样品环平衡时间	0.05min	进样时间	1.0min

注意事项

1. 不同的色谱柱、顶空进样器和气相色谱仪，条件设置会有所不同，需要进行适当的调整，要求对每种组分有较好的分离、峰形对称。

2. 样品平衡温度一般比顶空瓶中溶剂的沸点低10℃以上。否则在样品平衡过程中压力过高，可能使顶空瓶帽和隔垫崩开或泄漏。

3. 样品环和传输线的温度应当设置得比样品平衡温度高一些，以避免浓缩。

知识链接

压力控制定量环顶空进样器术语

样品平衡温度：指顶空进样器的恒温槽温度。

样品环温度：指顶空进样器的定量环温度。

传输线温度：指把顶空进样器取样针和 GC 相连接的连接线的温度。

样品平衡时间：顶空瓶在加热样品的恒温槽中的时间。适当的时间长度取决于样品的类型（固体、液体）、样品数量和分析物的分配系数。在大多数情况下，顶空瓶平衡时间的长度应该足以使样品在顶空瓶中达到气液平衡。

顶空瓶加压压力：指待样品平衡后，将取样针头插入顶空瓶的顶空部分，加压使载气进入顶空瓶的压力。

加压时间：指顶空瓶加压气体引入顶空瓶，从而为顶空瓶增加额外压力的时间。

充气时间：顶空瓶加压气体混合物通过样品环路到放空的时间。在这段时间内，将向样品环路中充装精确量的顶空气体。

样品环平衡时间：放空阀关闭后使样品环路中的分析物平衡到较高的环路温度并使环路中的压力和流量稳定的时间。

进样时间：样品环路中的气体注入 GC 中的时间。该时间必须足以完成样品传送。如果时间太短，分析将损失灵敏度，因为并非所有的样品都已被传送。如果时间比需要的时间长，那么这将不构成问题。所需的实际时间取决于载气流速和样品环路体积。

活动2　定性分析

在 20mL 顶空瓶中，用移液枪加入 $1000\mu L$ 三乙酸甘油酯，然后用微量注射器加入 $50\mu L$ 各纯组分，密封后测定。每个组分分别测定，确定各组分的保留时间。混合标样的色谱图见图 16-10。

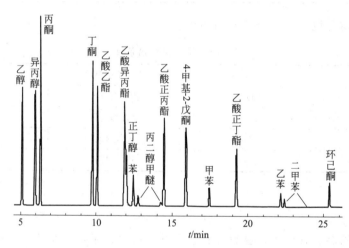

图 16-10　混合标样色谱图

@ 注意事项

移液枪的使用

（1）在调节量程过程中，禁止将按钮旋出量程，否则会卡住内部机械装置而损坏移液枪。

（2）当移液枪枪头内有液体时，切忌将移液枪水平放置或倒置，以免液体倒流腐蚀活塞弹簧。

（3）如不使用，要把移液枪的量程调至最大值的刻度，使弹簧处于松弛状态，以保护弹簧。

（4）定期用肥皂水或60%的异丙醇清洗移液枪，再用蒸馏水清洗，自然晾干。

（5）为确保更好的准确性和精度，建议移液量在枪头的35%～100%量程范围内。

 **知识链接**

移液枪的使用与维护方法

（1）量程的调节

调节量程时，如果要从大体积调为小体积，则按照正常的调节方法，逆时针旋转旋钮即可；但如果要从小体积调为大体积，则可先顺时针旋转刻度旋钮至超过量程的刻度，再回调至设定体积，这样可以保证量取的最高精确度。

（2）枪头的装配

将移液枪垂直插入枪头中，稍微用力左右微微转动即可使其紧密结合。如果是多道（如8道或12道）移液枪，则可以将移液枪的第一道对准第一个枪头，然后倾斜地插入，往前后方向摇动即可卡紧。枪头卡紧的标志是略微超过O形环，并可看到连接部分形成清晰的密封圈。

（3）移液的方法

移液之前，要保证移液枪、枪头和液体处于相同温度。吸取液体时，移液枪保持竖直状态，将枪头插入液面下2～3mm。在吸液之前，可以先吸放几次液体，以润湿吸液嘴（尤其是要吸取黏稠或密度与水不同的液体时）。

两种移液方法如下：

① 前进移液法（见图16-11） 吸液：用大拇指将按钮按下至第一停点（A），然后慢慢松开按钮回原点（B）。

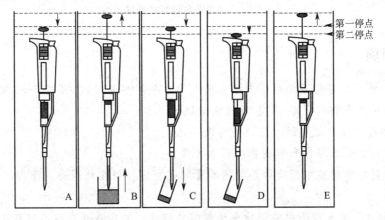

图16-11　前进移液法示意

排液：将按钮按至第一停点排出液体（C），稍停片刻继续按按钮至第二停点吹出残余的液体（D），最后松开按钮（E）。

② 反向移液法 此法先吸入多于设置量程的液体，转移液体的时候不用吹出残余的液体。一般用于转移高粘液体、生物活性液体、易起泡液体或极微量的液体。

吸液：用大拇指将按钮按下至第二停点，慢慢松开按钮至原点。

排液：将按钮按至第一停点排出设置好量程的液体，继续保持按住按钮位于第一停点，取下有残留液体的枪头，弃去。

（4）移液枪的放置

使用完毕，将其竖直挂在移液枪架上。

活动3　样品处理

1. 试样制备在常温常压下进行，制样应快速准确，并确保样品不受污染。每个样品制备两个平行试样。

2. 硬盒包装纸：取一张硬盒包装纸，参照印刷压痕准确裁取主包装面，面积为 22.0cm × 5.5cm（见图 16-12），裁取 4 张，2 张做测定用，2 张测定加标回收率。将所裁试样印刷面朝里卷成筒状，立即分别放入 4 只 20mL 顶空瓶中。

（1）样品测定用的顶空瓶：加入 1000μL 三乙酸甘油酯，密封后待测。重复测定两次，取平均值。

（2）测定加标回收率用的顶空瓶：用 50μL 微量注射器将 50μL VOCs 标准样品打在筒状硬盒包装纸表面，然后立即加入 950μL 三乙酸甘油酯，密封后待测。重复测定两次，取平均值。

图 16-12　卷烟硬盒包装纸取样示意

@ 注意事项

1. 软盒包装纸、条包装纸取样方法有所差异，具体参考《YC/T 207—2006 卷烟盒包装纸中挥发性有机化合物的测定 顶空-气相色谱法》。

2. 进行加标回收率测定时，应该注意以下几点。

（1）加标物的形态应该和待测物的形态相同。

（2）加标量应和样品中所含待测物的测量精密度应控制在相同的范围内，一般情况下作如下规定。

① 加标量应尽量与样品中待测物含量相等或相近，并应注意对样品容积的影响。

② 当样品中待测物含量接近方法检测限时，加标量应控制在校准曲线的低浓度范围。

③ 加标量一般为样品含量的 0.5～2 倍，且加标后的总浓度不应超过方法测定上限的 90%；当测定的样品中待测组分浓度高于标准曲线的中间浓度时，加标量应控制在待测组分浓度的半量。本次检测采用与《YC/T 207—2006 卷烟盒包装纸中挥发性有机化合物的测定 顶空-气相色谱法》中加标回收率测定时相似的加标量，以便比较。

加标回收率

在测定样品的同时，于同一样品的子样中加入一定量的标准物质进行测定，将其测定结果扣除样品的测定值，以计算加标回收率（P）。

加标回收率的测定可以反映测试结果的准确度。当按照平行加标进行回收率测定时，所得结果既可以反映测试结果的准确度，也可以判断其精密度。

$$加标回收率 = \frac{加标试样测定值 - 试样测定值}{加标量}$$

活动 4　准备标准系列

以相应包装纸原纸为样品基质，按活动 3 制取试样，分别加入 $1000\mu L$ 第 1～5 级标准溶液，密封后待测。每级标准溶液重复测定两次，取平均值。

活动 5　数据测定

依次将标准系列和试样放入顶空进样器，进行顶空-气相色谱分析。

@ 注意事项

标准系列测定完成后，为避免残留干扰，可以先测定一到两次内装洁净空气或氮气的顶空瓶，确保无残留后测定试样。

活动 6　关机和结束工作

1. 任务完毕，关闭顶空进样器电源；
2. 按 GC 关机程序关闭 GC；
3. 关闭电源总开关；
4. 清理实验工作台，填写仪器使用记录。

（三）任务数据记录（见表 16-6）

表 16-6　卷烟条与盒包装纸中挥发性有机化合物检测原始记录

记录编号			
样品名称		样品编号	
检验项目		检验日期	
检验依据		判定依据	
温度		相对湿度	
检验设备(标准物质)及编号			
GC 条件			
载气		进样口温度	
柱流量		分流比	
FID 温度		氢气流量	
空气流量		补充气流量	
柱程序升温			

顶空进样器条件			
样品环		样品平衡温度	
样品环温度		传输线温度	
样品平衡时间		样品瓶加压压力	
加压时间		充气时间	
样品环平衡时间		进样时间	

一、定性分析

组分名称	保留时间/min	组分名称	保留时间/min
乙醇		异丙醇	
丙酮		丁酮	
乙酸乙酯		乙酸异丙酯	
正丁醇		苯	
1-甲氧基-2-丙醇 2-甲氧基-1-丙醇		乙酸正丙酯	
4-甲基-2-戊酮		甲苯	
乙酸正丁酯		乙苯	
间/对二甲苯 邻二甲苯		环己酮	
注:	丙二醇甲醚分2个组分2个色谱峰:1-甲氧基-2-丙醇、2-甲氧基-1-丙醇 二甲苯分3个组分2个色谱峰:间/对二甲苯、邻二甲苯		

二、标准系列

(一)称量

组分名称	m/g	组分名称	m/g
乙醇	$m_初$: $m_终$: m:	2-甲氧基-1-丙醇	$m_初$: $m_终$: m:
异丙醇	$m_初$: $m_终$: m:	乙酸正丙酯	$m_初$: $m_终$: m:
丙酮	$m_初$: $m_终$: m:	4-甲基-2-戊酮	$m_初$: $m_终$: m:
丁酮	$m_初$: $m_终$: m:	甲苯	$m_初$: $m_终$: m:
乙酸乙酯	$m_初$: $m_终$: m:	乙酸正丁酯	$m_初$: $m_终$: m:
乙酸异丙酯	$m_初$: $m_终$: m:	乙苯	$m_初$: $m_终$: m:

<table>
<tr><td colspan="4">二、标准系列</td></tr>
</table>

组分名称	m/g	组分名称	m/g
正丁醇	$m_初$： $m_终$： m：	间/对二甲苯	$m_初$： $m_终$： m：
苯	$m_初$： $m_终$： m：	邻二甲苯	$m_初$： $m_终$： m：
1-甲氧基-2-丙醇	$m_初$： $m_终$： m：	环己酮	$m_初$： $m_终$： m：

（一）称量

（二）标准系列质量浓度

级别 $\rho /(\mu g/mL)$	1	2	3	4	5
乙醇					
异丙醇					
丙酮					
丁酮					
乙酸乙酯					
乙酸异丙酯					
正丁醇					
苯					
1-甲氧基-2-丙醇					
2-甲氧基-1-丙醇					
乙酸正丙酯					
4-甲基-2-戊酮					
甲苯					
乙酸正丁酯					
乙苯					
间/对二甲苯					
邻二甲苯					
环己酮					

（三）标准系列峰面积及回归方程

级别 组分	1	2	3	4	5
乙醇					
	回归方程			相关系数	

二、标准系列					
（三）标准系列峰面积及回归方程					
组分 ＼ 级别	1	2	3	4	5
异丙醇					
	回归方程		相关系数		
丙酮					
	回归方程		相关系数		
丁酮					
	回归方程		相关系数		
乙酸乙酯					
	回归方程		相关系数		
乙酸异丙酯					
	回归方程		相关系数		
正丁醇					
	回归方程		相关系数		
苯					
	回归方程		相关系数		
1-甲氧基-2-丙醇					
	回归方程		相关系数		
2-甲氧基-1-丙醇					
	回归方程		相关系数		
乙酸正丙酯					
	回归方程		相关系数		
4-甲基-2-戊酮					
	回归方程		相关系数		

二、标准系列					
（三）标准系列峰面积及回归方程					
级别 / 组分	1	2	3	4	5
甲苯					
	回归方程		相关系数		
乙酸正丁酯					
	回归方程		相关系数		
乙苯					
	回归方程		相关系数		
间/对二甲苯					
	回归方程		相关系数		
邻二甲苯					
	回归方程		相关系数		
环己酮					
	回归方程		相关系数		

三、试样检测			
组分	峰面积	ρ /(μg/mL)	检测结果 /(mg/m^2)
乙醇			
异丙醇			
丙酮			
丁酮			
乙酸乙酯			
乙酸异丙酯			
正丁醇			
苯			
1-甲氧基-2-丙醇			
2-甲氧基-1-丙醇			
乙酸正丙酯			
4-甲基-2-戊酮			
甲苯			
乙酸正丁酯			

	三、试样检测			
组分	峰面积	ρ /($\mu g/mL$)		检测结果 /(mg/m^2)
乙苯				
间/对二甲苯				
邻二甲苯				
环己酮				

	四、加标回收率检测			
组分	峰面积	ρ /($\mu g/mL$)		检测结果 /(mg/m^2)
乙醇				
异丙醇				
丙酮				
丁酮				
乙酸乙酯				
乙酸异丙酯				
正丁醇				
苯				
1-甲氧基-2-丙醇				
2-甲氧基-1-丙醇				
乙酸正丙酯				
4-甲基-2-戊酮				
甲苯				
乙酸正丁酯				
乙苯				
间/对二甲苯				
邻二甲苯				
环己酮				
检验人		复核人		

（四）任务评估（见表 16-7）

表 16-7　任务评价表　　日期

评价指标	评价要素	等级评定	
		自评	教师评
开机	GC 设置 HS 设置		
溶液配制	微量注射器使用 移液枪使用 顶空瓶密封		

评价指标	评价要素	等级评定	
		自评	教师评
试样配制	取样位置 取样方法		
结束工作	关闭 HS 电源 关闭 GC 关闭电源 填写仪器实验记录卡		
学习方法	预习报告书写规范		
工作过程	遵守管理规程 操作过程符合现场管理要求 出勤情况		
思维状态	能发现问题、提出问题、 分析问题、解决问题		
自评反馈	按时按质完成工作任务 掌握了专业知识点		
经验和建议			
总成绩			

思考题

一、填空题

1. 样品平衡温度必须比顶空瓶中溶剂的沸点低（　　　）℃以上。

2. 样品环和传输线的温度应当设置得比（　　　　　）温度高。

3. 放空阀关闭后使样品环路中的分析物平衡到较高的环路温度，并使环路中的压力和流量稳定的时间称为（　　　　　　）时间。

4. 移液枪有两种移液方法，分别是（　　　　　　）、（　　　　　　）。

5. 用移液枪移取高黏度样品时，应采用的移液方法是（　　　　　　）。

6. 移液枪可以用的洗涤溶液是（　　　　　）。

二、简答题

配制定性用的单组分溶液时，组分的量需要准确的加入吗？为什么？

任务三　撰写检测报告

任务引入

YC/T 207 中，对试样的结果处理过程比较复杂，需要认真思考，完整理解标准中数据处理过程，以免功亏一篑。

任务目标

1. 会标准曲线法处理数据。
2. 会撰写检测报告。

工作页

（一）任务分析

1. 明晰任务流程

线性回归 → 样品计算 → 质控判断 → 撰写报告

2. 任务难点分析

样品计算。

3. 条件需求与准备

计算机。

（二）任务实施

活动1　一元线性回归

1. 计算标准系列中各组分的质量浓度，单位采用 $\mu g/mL$。

2. 以各组分峰面积对应的质量浓度，计算标准曲线相应的一元线性回归方程，要求标准曲线强制过原点（即回归方程截距为零）。

3. 将结果填入任务二的表 16-6。

活动 2　样品 & 加标样品计算

1. 根据样品（或加标样品）中相应组分的峰面积，代入回归方程求出各组分的质量浓度，然后将质量浓度换算为单位面积包装纸中所含化合物的质量，单位用 mg/m²。将平行测定两次的结果取平均值，保留小数点后两位。

2. 将结果填入任务二的表 16-6。

@ 注意事项

1. 当平均值 ≥ 1.00mg/m² 时，两次测定值之间相对偏差应小于 10%；当平均值 < 1.00mg/m² 时，两次测定值之间绝对偏差应小于 0.10mg/m²。

2. 丙二醇甲醚检测结果为 2 个组分（1-甲氧基-2-丙醇、2-甲氧基-1-丙醇）之和；二甲苯检测结果为 3 个组分（间/对二甲苯、邻二甲苯）之和。

活动 3　质控判断

1. 计算加标回收率。

2. 将结果填入任务二的表 16-6。

3. 判定

将计算所得的加标回收率与《YC/T 207—2006 卷烟盒包装纸中挥发性有机化合物的测定 顶空-气相色谱法》中加标回收率比较，如果回收率弱于检测标准中的值，则本次检测无效，需要重新进行检测，反之，本次检测有效。

活动 4　撰写报告（见表 16-8）

表 16-8　检验报告内页

抽样地点			样品编号	
检测项目	检测结果	限值	本项结论	备注
以下空白				

（三）任务评估（见表16-9）

表16-9 任务评价表 日期

评价指标	评价要素	等级评定	
		自评	教师评
工作曲线	自变量、因变量的选择 绘制方法		
样品计算	查找质量浓度 计算结果 计算过程 有效数字		
撰写报告	无空项 有效数字符合标准规定		
学习方法	预习报告书写规范		
工作过程	遵守管理规程 操作过程符合现场管理要求 出勤情况		
思维状态	能发现问题、提出问题、 分析问题、解决问题		
自评反馈	按时按质完成工作任务 掌握了专业知识点		
经验和建议			
总成绩			

思考题

计算题

按照《YC/T 207—2006 卷烟条与盒包装纸中挥发性有机化合物的测定 顶空-气相色谱法》检测所得乙醇一元线性回归方程为 $A = 2898\rho$（ρ 单位为 $\mu g/mL$），两次平行测定样品硬盒包装纸（面积为 22.0cm×5.5cm）所得峰面积分别为 189231、173023，求样品中乙醇的含量（mg/m^2）？检测精密度是否符合要求？

附　　录

附录Ⅰ　标准物质证书示例

国家质量监督检验检疫总局批准

GBW（E）080223

标 准 物 质 证 书

水中亚硝酸盐氮溶液标准物质

N-NO$_2^-$ in water

样品编号　**1207**

定值日期　**2012 年 7 月**

中国计量科学研究院

中国　北京

本标准物质可作为标准储备溶液，通过逐级稀释配制成各种工作用标准溶液，用于测量仪器校准、分析方法确认与评价、测量过程质量控制及技术仲裁与认证评价等。

一、样品制备

本标准物质以纯度经准确定值的高纯亚硝酸钠和三次纯化水（反渗透、离子交换、石英器蒸馏）为原料，在室温为20℃±2℃的洁净室中采用重量法准确配制而成。

二、溯源性及定值方法

本标准物质以重量法配制值作为浓度标准值，并采用离子色谱法进行量值核对。高纯亚硝酸钠的纯度通过氧化还原称量滴定法测定，并通过使用满足计量学特性要求的制备、测量方法和计量器具，保证标准物质的量值溯源性。

三、特性量值及不确定度

编号	名称	标准值 /(μg/mL)	相对扩展不确定度(k=2)/%	基体
GBW(E)080223	水中亚硝酸盐氮	100(以氮计)	2	H₂O
	水中亚硝酸根	329(以亚硝酸根计)		
	水中亚硝酸钠	493(以亚硝酸钠计)		

标准值的不确定度由高纯物质纯度、高纯物质和溶液称量及温度变化引入的不确定度合成。

四、均匀性检验及稳定性考察

根据国家《一级标准物质》技术规范的要求，用离子色谱法对该标准溶液随机抽样进行均匀性检验和稳定性考察。结果表明，本标准物质均匀性、稳定性良好。

该标准物质自定值日期起，有效期为1年，研制单位将继续跟踪监测该标准物质的稳定性，有效期内如发现量值变化，将及时通知用户。

五、包装、储存及使用

本标准物质以玻璃安瓿封装，每支20mL。置于清洁阴凉处保存。

使用前应恒温至（20±5）℃，并充分摇动以保证均匀。本标准物质打开后一次性使用，使用过程中应严格防止沾污。

声明

1. 本标准物质仅供实验室研究与分析测试工作使用。因用户使用或储存不当所引起的投诉，不予承担责任。

2. 收到后请立即核对品种、数量和包装、相关赔偿只限于标准物质本身，不涉及其他任何损失。

3. 仅对加盖"中国计量科学研究院标准物质专用章"的完整证书负责，请妥善保管此证书。

4. 如需获得更多与应用有关的信息，请与技术咨询部门联系。

中国计量科学研究院　　　　　地址：北京市北三环东路18号

电话：+86-10-64524710（发售）；64524776、64524795、64524709（技术咨询）

传真：+86-10-64524716

网址：www.nim.ac.cn；www.ncrm.org.cn（国家标准物质信息平台）

附录Ⅱ　质控样证书示例

中华人民共和国国家标准
GSBZ 50005—88

环境标准样品证书

名　　　称:水质 氨氮
批　　　号:200556
定值日期:2012 年 7 月
有效期限:2017 年 6 月

环境保护部标准样品研究所

地址:北京市朝阳区育慧南路1号　　网址:www.icrm.com.cn
电话:(010)84634279;84665732　传真:84628431　邮编:100029

本环境标准样品按照 GB/T 15000 系列《标准样品工作导则》（等同采用 ISO 指南 31、34 和 35 等）及 GB/T 15481（等同采用 ISO/TEC17025）的有关要求进行生产和定值，主要用于环境监测及相关分析测试中方法评价、质量控制、能力验证和技术仲裁。

本环境标准样品可室温或冷藏保存，运输时应避免挤压、碰撞和猛摔。安瓿打开后应一次性使用完毕，有效期限是指安瓿未打开前在规定保存条件下可以使用的最后日期。

本环境标准样品应按以下程序稀释后方可使用：临用前小心打开安瓿，用 10mL 干燥洁净移液管从安瓿中准确量取 10mL 浓样至 250mL 容量瓶中，用纯水稀释定容至刻度，混匀后立即使用。

本环境标准样品在超净实验室中配制，通过水质标准样品分装设备灌封于 20mL 安瓿中，经均匀性检验合格。由国家环境标准样品协作测定实验网采用上述相同程序稀释浓样，并采用纳氏试剂分光光度法共同进行测定，测定结果经统计检验和专家经验判断剔除离群值后以测定总均值评定标准值、以实验室间再现性标准偏差评定不确定度。

本环境标准样品制备和测定所采用的天平、玻璃量器及分析仪器等均经中国计量科学研究院周期检定，且在有效期内。

本环境标准样品稀释后的标准值和扩展不确定度（包含因子 $k=2$）如下：

水质　氨氮　200556

计量单位：mg/L

特性名称	标准值	不确定度
氨氮	2.06	0.11

＊＊＊＊＊＊＊＊检测中心

检　测　报　告

报告编号：　　＊＊＊＊＊＊＊＊＊＊＊＊＊

检测类别：　　　委托检测

项目名称：　　＊＊＊＊＊＊＊＊＊＊中心水质检测

委托单位：　　上海＊＊＊＊＊＊＊＊＊＊集团有限公司

报告日期：　　　＊＊＊＊年＊＊月＊＊日

水 质 检 测 报 告

说　明

1. 本报告涂改增删无效；

2. 本报告复印件未加盖本单位印章无效；

3. 本报告只对当次检测有效；如来样送检，本报告仅对来样负责；

4. 如何本报告有异议可向本实验室管理办公室申诉。

单位信息

地　　址：**********

邮政编码：******

电　　话：＋8621-********

传　　真：＋8621-********

电子信箱：********

投诉电话：＋8621-********

水 质 检 测 报 告

项目名称	＊＊＊＊＊＊＊＊＊＊＊中心水质检测		
项目地址	＊＊＊＊＊＊路＊＊＊＊＊＊号		
委托单位名称	＊＊＊＊＊＊＊＊＊＊＊＊＊＊＊集团有限公司		
委托单位地址	＊＊＊＊＊＊路＊＊＊＊＊＊号		
检测性质	委托检测		
样品数量	2	样品状况	完好/液体
样品性状	澄清、透明	委托日期	＊＊＊＊＊＊＊＊＊＊＊
采样日期	＊＊＊＊＊＊＊＊＊＊＊	检测日期	＊＊＊＊＊＊＊＊＊＊＊
检测项目	色度、浑浊度、臭和味、溶解性总固体、肉眼可见物、pH值、电导率、总硬度、阴离子合成洗涤剂、挥发酚、氯化物、硝酸盐氮、氟化物、氰化物、硫酸盐、铬（六价）、砷、汞、镉、铅、硒、铝、铁、锰、铜、锌、耗氧量、三氯甲烷、四氯化碳、游离余氯、亚氯酸盐、氯酸盐、一氯胺、二氧化氯、细菌总数、总大肠菌群、耐热大肠菌群、大肠埃希氏菌		
检测依据	GB/T 5750.4—2006《生活饮用水标准检验方法 感官性状和物理指标》 GB/T 5750.5—2006《生活饮用水标准检验方法 无机非金属指标》 GB/T 5750.6—2006《生活饮用水标准检验方法 金属指标》 GB/T 5750.7—2006《生活饮用水标准检验方法 有机物综合指标》 GB/T 5750.10—2006《生活饮用水标准检验方法 消毒副产物指标》 GB/T 5750.11—2006《生活饮用水标准检验方法 消毒剂指标》 GB/T 5750.12—2006《生活饮用水标准检验方法 微生物指标》		
评价依据	GB 5749—2006《生活饮用水卫生标准》		
批准：＊＊＊ ＊＊＊＊＊＊＊＊＊＊＊	审核：＊＊＊ ＊＊＊＊＊＊＊＊＊＊＊	主检：＊＊＊ ＊＊＊＊＊＊＊＊＊＊＊	

水 质 检 测 报 告

抽样地点	绿化带用水处(市政管网水)				样品编号		W20121212-1-001	
检测项目	色度 (度)	浑浊度 (NTU)	臭和味	肉眼 可见物	pH	游离 余氯 (mg/L)	电导率 (μS/cm)	溶解性 总固体 (mg/L)
检测结果	5	0.39	无	无	7.46	0.05	289	84
限值标准	15	1	无异臭无异味	无	6.5～8.5	≥0.05	—	1000
检测项目	总硬度 (mg/L)	阴离子合成洗涤剂 (mg/L)	挥发酚 (mg/L)	氯化物 (mg/L)	硝酸盐氮 (mg/L)	氟化物 (mg/L)	氰化物 (mg/L)	硫酸盐 (mg/L)
检测结果	129	＜0.024	＜0.002	34.9	3.02	0.26	＜0.003	34.8
限值标准	450	0.3	0.002	250	10	1.0	0.05	250
检测项目	铬(六价) (mg/L)	砷 (mg/L)	汞 (mg/L)	镉 (mg/L)	铅 (mg/L)	硒 (mg/L)	铝 (mg/L)	铁 (mg/L)
检测结果	0.009	＜0.01	0.0008	＜0.0005	＜0.0025	0.0006	0.038	＜0.3
限值标准	0.05	0.01	0.001	0.005	0.01	0.01	0.2	0.3
检测项目	锰 (mg/L)	铜 (mg/L)	锌 (mg/L)	耗氧量 (mg/L)	三氯甲烷 (mg/L)	四氯化碳 (mg/L)	亚氯酸盐 (mg/L)	一氯胺 (mg/L)
检测结果	＜0.1	＜0.2	0.33	2.21	0.0129	＜0.0003	0.44	0.29
限值标准	0.1	1.0	1.0	3	0.06	0.002	0.7	≥0.05
检测项目	氯酸盐 (mg/L)	二氧化氯 (mg/L)	细菌总数 (cfu/mL)	总大肠菌群 (MPN/100mL)	耐热大肠菌群 (MPN/100mL)	大肠埃希菌 (MPN/100mL)		
检测结果	0.23	0.04	未检出	未检出	未检出	未检出		
限值标准	0.7	≥0.02	100	不得检出	不得检出	不得检出		

抽样地点	1号楼4楼男卫生间(末梢水)				样品编号		W20121212-1-002	
检测项目	色度 (度)	浑浊度 (NTU)	臭和味	肉眼 可见物	pH	游离 余氯 (mg/L)	电导率 (μS/cm)	溶解性 总固体 (mg/L)
检测结果	5	0.47	无	无	7.43	0.05	318	210
限值标准	15	1	无异臭无异味	无	6.5～8.5	≥0.05	—	1000
检测项目	总硬度 (mg/L)	阴离子合成洗涤剂 (mg/L)	挥发酚 (mg/L)	氯化物 (mg/L)	硝酸盐氮 (mg/L)	氟化物 (mg/L)	氰化物 (mg/L)	硫酸盐 (mg/L)
检测结果	128	＜0.024	＜0.002	33.8	2.95	0.40	＜0.003	32.8
限值标准	450	0.3	0.002	250	10	1.0	0.05	250

水 质 检 测 报 告

检测项目	铬（六价）(mg/L)	砷(mg/L)	汞(mg/L)	镉(mg/L)	铅(mg/L)	硒(mg/L)	铝(mg/L)	铁(mg/L)
检测结果	0.011	＜0.01	0.0001	＜0.0005	＜0.0025	0.0006	0.033	＜0.3
限值标准	0.05	0.01	0.001	0.005	0.01	0.01	0.2	0.3

检测项目	锰(mg/L)	铜(mg/L)	锌(mg/L)	耗氧量(mg/L)	三氯甲烷(mg/L)	四氯化碳(mg/L)	亚氯酸盐(mg/L)	一氯胺(mg/L)
检测结果	＜0.1	＜0.2	0.27	1.99	0.0148	＜0.0003	0.45	0.31
限值标准	0.1	1.0	1.0	3	0.06	0.002	0.7	≥0.05

检测项目	氯酸盐(mg/L)	二氧化氯(mg/L)	细菌总数(cfu/mL)	总大肠菌群(MPN/100mL)	耐热大肠菌群(MPN/100mL)	大肠埃希菌(MPN/100mL)
检测结果	0.26	0.05	7	未检出	未检出	未检出
限值标准	0.7	≥0.02	100	不得检出	不得检出	不得检出

评价

　　本次所采的1号楼4楼男卫生间（末梢水）、绿化带用水处（市政管网水）的水所作参数的色度、浑浊度、臭和味、溶解性总固体、肉眼可见物、pH、总硬度、阴离子合成洗涤剂、挥发酚、氯化物、硝酸盐氮、氟化物、氰化物、硫酸盐、铬（六价）、砷、汞、镉、铅、硒、铝、铁、锰、铜、锌、耗氧量、三氯甲烷、四氯化碳、游离余氯、亚氯酸盐、氯酸盐、一氯胺、二氧化氯、细菌总数、总大肠菌群、耐热大肠菌群、大肠埃希菌均符合GB 5749—2006《生活饮用水卫生标准》的限值要求。

以下空白

参 考 文 献

[1] 武汉大学．分析化学（下）．第 5 版．北京：高等教育出版社，2007.

[2] 黄一石．仪器分析．第 2 版．北京：化学工业出版，2009.

[3] 丁敬敏等．仪器分析测试技术．北京：化学工业出版社，2011.

[4] 董慧茹．仪器分析．北京：化学工业出版社．2000.

[5] 刘永生．仪器分析技术．北京：化学工业出版社，2012.

[6] 刘珍．化验员读本仪器分析（下）．第 4 版．北京：化学工业出版，204.

[7] 魏培海等．仪器分析．北京：高等教育出版社，2007.

[8] 熊开元等．仪器分析．第 2 版．北京：化学工业出版社，2006.

[9] 国家药典委员会．中华人民共和国药典（2010 年版一部）．北京：化学工业出版社，2010.

[10] GB 11905—89.

[11] GB/T 5009.14—2003.

[12] GB 5749—2006.

[13] GB 6819—2004.

[14] GB 8978—1996.

[15] GB 9723—88.

[16] GB/T 14666—2003.

[17] GB/T 14671—93.

[18] GB/T 23770—2009.

[19] GB/T 394.1—2008.

[20] GB/T 394.2—2008.

[21] GB 3100—1993.

[22] GB 3101—1993.

[23] GB 3102.6—1993.

[24] GB 3102.8—1993.

[25] GB/T 4946—2008.

[26] GB/T 5750.2—2006.

[27] GB/T 5750.4—2006.

[28] GB/T 5750.5—2006.

[29] GB/T 5750.6—2006.

[30] GB/T 6368—2008.

[31] GB/T 686—2008.

[32] GB/T 694—1995.

[33] GB/T 8170—2008.

[34] GB/T 8322—2008.

[35] GB 8978—1996.

[36] GB/T 9722—2006.

[37] GB/T 9723—2007.

[38] GB/T 9724—2007.

[39] HJ 487—2009.

[40] HJ 584—2010.

[41] GB/T 40430—2013.

[42] JJF 1032—2005.

[43] JJG 119—2005.

[44] JJG 178—2007.

[45] JJG 694—2009.

[46] JJG 700—1999.

[47] YC 263—2008.

[48] YC/T 207—2006.